機器學習－使用 Python

徐偉智　編著

全華圖書股份有限公司

國家圖書館出版品預行編目資料

機器學習：使用 Python / 徐偉智編著. -- 初版.
-- 新北市：全華圖書股份有限公司, 2023.04
面； 公分
ISBN 978-626-328-446-3(平裝)

1.CST: 機器學習 2.CST: 資料探勘 3.CST: Python(電腦程式語言)

312.831 112005428

機器學習－使用 Python

作者 / 徐偉智
發行人 / 陳本源
執行編輯 / 李孟霞
出版者 / 全華圖書股份有限公司
郵政帳號 / 0100836-1 號
印刷者 / 宏懋打字印刷股份有限公司
圖書編號 / 06506007
初版一刷 / 2023 年 05 月
定價 / 新台幣 450 元
ISBN / 978-626-328-446-3
全華圖書 / www.chwa.com.tw
全華網路書店 Open Tech / www.opentech.com.tw
若您對本書有任何問題，歡迎來信指導 book@chwa.com.tw

臺北總公司(北區營業處)
地址：23671 新北市土城區忠義路 21 號
電話：(02) 2262-5666
傳真：(02) 6637-3695、6637-3696

南區營業處
地址：80769 高雄市三民區應安街 12 號
電話：(07) 381-1377
傳真：(07) 862-5562

中區營業處
地址：40256 臺中市南區樹義一巷 26 號
電話：(04) 2261-8485
傳真：(04) 3600-9806(高中職)
(04) 3601-8600(大專)

序言

2023 年初有一個在一週內就達百萬人註冊的 AI 應用－「 ChatGPT」。雖然只是在測試階段，其令人驚艷的能力，使得許多人不禁擔心工作即將被取代。筆者不免俗，向 ChatGPT 提問了一個問題「請寫一段介紹徐偉智教授的文章」，底下是 ChatGPT 的回答。

『徐偉智教授是一位在資訊科學領域有著廣泛貢獻的學者。他專長於資料探勘、機器學習、人工智慧等領域，在各項研究領域上都取得了卓越的成就。他在資料探勘領域發表大量倫文，並在國際學術會議上發表過多篇演講。他還擔任過多個國際學術期刊的編輯委員會成員。徐教授是國內外學術界的權威專家之一，也是國內資訊科學領域的領軍人物之一。』

以上回答，連我自己都瞠目結舌，懷疑是自己在某個時候寫的自我介紹文稿。不僅 ChatGPT 有這種優異的文本生成能力，還有其他生成式 AI 也都具有類似的能力。這不禁讓許多人都大呼「AI 時代來了，許多工作都將被 AI 取代」。實際上，這是一種迷思，AI 再如何驚艷，其本質還是資料驅動 (Data-Driren)，也就是基於巨量的訓練資料集，經過學習得到模型，再據以生成結果。「AI 時代來臨，工作不保」的說法是太過誇大其實了，正確的認知是「AI 時代來臨，我們要善用 AI 來提升工作能力與效率」。如何做到此點，理解 AI 背後資料驅動的本質是最重要的，如此一來才能理解 AI 的局限與破解許多對 AI 的迷思，也才能發揮人機協作的最大效率。

本書即基於此理念撰寫，定位為入門教材。除了原理說明，並輔以大量的範例實作，非常適合稍具資訊背景者閱讀。閱讀本書後，即具備進一步到 Google 上學習大量 AI 相關進階內容的能力。

2023 年 02 月 21 日

徐偉智

編輯部序

本書共分為九章，第一章闡述人工智慧的應用；第二、三章簡單說明 Python 基礎及進階編程語法，以範例程式說明各語法的使用；第四章為資料分析的基本觀念，講述資料分析會使用的方法，例如隨機取樣、摘要統計、分群演算法等；第五章講解線性迴歸模型，從數學原理開始，以線性代數說明求解過程，再說明模型的應用，最後講解羅吉斯迴歸及梯度下降演算法的使用時機；第六、七章介紹線性分類器及非線性分類器，並針對各類分類器原理及應用來作說明；第八章闡述模型評估會使用的方法，其方法包含分類器效能指標、ROC 曲線、殘差分析；最後，第九章則是介紹其他 AI 相關主題，例如單純貝氏分類器、資料前處理、集成學習等。本書除了原理說明外，並輔以大量的範例實作供讀者練習，幫助讀者奠定良好基礎。

同時，為了使您能有系統且循序漸進研習相關方面的叢書，我們以流程圖方式，列出各有關圖書的閱讀順序，以減少您研習此門學問的摸索時間，並能對這門學問有完整的知識。若您在這方面有任何問題，歡迎來函連繫，我們將竭誠為您服務。

目錄

第 1 章　AI、AI 技術與 AI 應用

第 2 章　Python 基礎編程語法

第 3 章 Python 進階編程語法

第 4 章 資料分析的基本觀念

第 5 章 線性迴歸模型

第 6 章 線性分類器

第 7 章　非線性分類器

第 8 章　模型評估

第 9 章　其他 AI 相關主題

附錄 A　Python 安裝與使用

相關叢書介紹

書號：06393
書名：機率學(附參考資料光碟)
編著：姚賀騰

書號：19382
書名：人工智慧導論
編著：鴻海教育基金會

書號：19412
書名：量子科技入門
編著：鴻海教育基金會.黃琮暐
余怡青.陳宏斌.鄭宜帆

書號：06068
書名：線性代數
英譯：江大成.林俊昱.陳常侃

書號：06148
書名：人工智慧－現代方法
(附部份內容光碟)
英譯：歐崇明.時文中.陳 龍

書號：05417
書名：資料結構－使用 C 語言
(附範例光碟)
編著：蔡明志

書號：06443
書名：一行指令學 Python：用
機器學習掌握人工智慧
編著：徐聖訓

流程圖

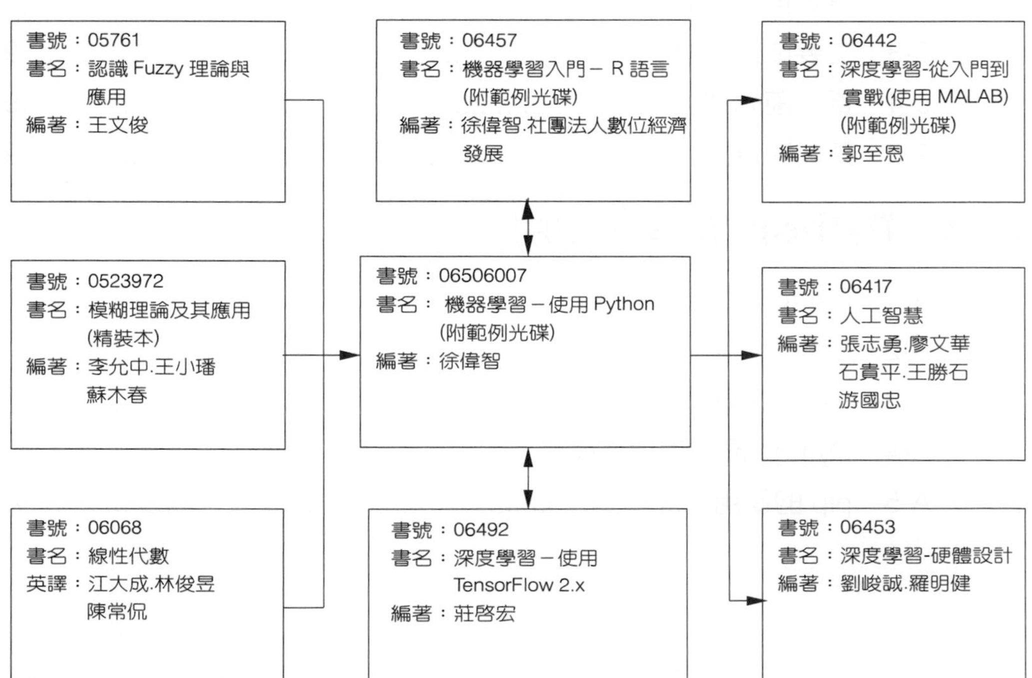

1 AI、AI 技術與 AI 應用

1-1 人工智慧

談到人工智慧 (artificial intelligence, AI)，許多人眼睛都會爲之一亮，可見人類對 AI 的確有一股想望。有一部電影「A.I. 人工智慧」，原著小說早在 1982 年之前即已完成，電影則在 2001 年上映，上映後即屢創票房。還有其它票房表現不俗的電影也在探討 AI 議題，例如「銀翼殺手」及「全民公敵」。由此可以看出，人們對 AI 想望之程度。

那 AI 到底是指什麼？ AI 會多麼像人類？其實，AI 最早的概念是指能夠通過圖靈測試 (Turing test) 而人們無法與眞人做區別的運算機器。1950 年代有一位英國數學家，艾倫·圖靈 (Alan Turing)，他同時也是邏輯學家，被稱爲電腦科學之父。他發表一篇論文：運算機器與智慧 (computing machinery and intelligence)，提出現在被稱爲圖靈測試 (Turing test) 的實驗。人類測試員透過螢幕與打字機之類的裝置，同時與在不同房間的人與電腦對談。人類測試員不知道人與電腦分別在哪一個房間，如果電腦的應答能夠騙倒測試員，讓測試員以爲它是眞人，那麼這台電腦就算通過了圖靈測試。

圖靈測試的步驟非常簡單，測試員事先準備好問題，然後對在不同房間的人與電腦提問，然後根據他們的回答辨識房間裡的答題者是人還是電腦。換句話說，電腦如果能在對話過程中充分表現「人性」，就可以讓測試員以爲是與眞人在互動。雖然經過許多研究者的努力，目前仍然沒有電腦通過圖靈測試，最多只能達到某種程度的近似。

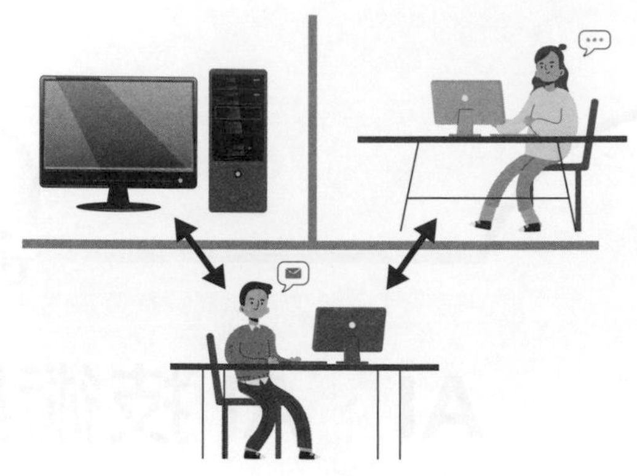

▲圖 1-1-1　圖靈測試的示意圖

談到 AI 的應用，我們不應期待 AI 取代人來思考事情，而是期待 AI 可以幫助我們思考得更完整，決策能更精準。

AI 的應用例，不勝枚舉。在預測上的應用上，有些企業使用需求預測技術，先透過多維度的時間序列歷史資料以機器學習方式，預測未來需求，並依預測結果做出以「需求導向」(demand-driven) 的決策。國際調研機構 Gartner 指出，企業以「需求導向」做決策，平均可降低 15~30% 的庫存成本。美國賽仕軟體 (SAS) 公司是財富 500 強企業，使用最多的軟體供應商。在網頁，「讓 AI 入魂，精準預測你的需求與庫存」，舉出 3 個 AI 應用案例分別是：

一、美國本田公司 (American Honda Motor)

美國本田公司 (American Honda Motor) 爲了務實控制生產管理成本，希望能夠掌握客戶未來的需求會在何時發生，因此尋求導入預測技術。將 1,200 個經銷商的客戶銷售與維修資料建立預測模型，推估未來幾年內車輛回到經銷商維修的數量，這些資訊進一步轉爲各項零件預先準備的指標。該轉變讓美國本田做到預測準確度高達 99%，並降低 3 倍的客訴時間。

▲圖 1-1-2　(圖片來源：HONDA 官網)

二、Levi's

老字號品牌 Levi's 利用分析功能掌握數百萬名全球各地消費者的需求，以及客戶所在地區特殊性與購買行為，還透過單一視圖平台做全球各分部銷售預估策略的溝通管道，並且應用需求預測的技術做出商品規劃、鋪貨及庫存計畫。Levi's 因受惠於能確保經銷商和批發商維持最佳庫存量，且能有效掌握各地每種造型的需求量，每年為 Levi's 全球的生產流程節省 1.75 至 2 億美元 (約 52.5 至 60 億新台幣)。

▲圖 1-1-3　(圖片來源：Levi's 官網)

三、雀巢 Nestle

雀巢 Nestle 很在乎銷售預測，因為這會影響到原物料的採購量。原物料不似維修零件，一旦超訂，過了保鮮期就只能銷毀一途。雀巢有上千種商品，在製造廠有許多產線與人力配置、倉儲 / 物流中心運量大，還有廣大的銷售通路等。雀巢將總體經濟、季節氣象資訊等時間序列變因納入考慮，加上客群的喜好，以及商品促銷事件也放入統計模型中。結果，雀巢除了提升 9% 商品銷量預測精準度、降低庫存成本外，也能為商品估算出更好的保鮮期提供更好的估算。

圖 1-1-4　(圖片來源：Nestle 官網)

1-2 AI 技術

AI 當然要透過 AI 技術來實現。然而，目前的 AI 技術尚無法實現人類對 AI 的想望。也就是能像人類一樣思考，而且比人類更聰明的電腦的那個時間點 (奇點，singularity) 尚未來到。「AI」與「AI 技術」，這是兩個完全不同的概念，前者是人類的想望，後者是實現此種想望的技術。即使模擬「神經元」的訊息傳導模式所發展出來的類神經網路技術，雖然其運作模式接近無腦生物 (如海星) 的神經元，但是從無腦生物再到會思考的人類大腦之間，運作機制的差異其實有著非常非常遙遠的距離。目前非常火紅的 AI 其實主要是指 AI 技術，而 AI 應用的正確說法是 AI 技術的應用。

東ロボ君 (機器人小東君) 是 2011~2016 年，由日本國立情報學研究所主導、東京大學負責開發的人工智慧電腦。開發目標是參加日本大學入學考試，並能取得足以考取東京大學的成績。儘管東ロボ君在 2013 年已達到能夠考取日本前段班公私立大學部分科系的能力，但「閱讀理解力」一直無法突破現今人工智慧技術的極限，因而在 2016 年計畫中止。計畫主要成員，新井紀子博士所著的《AI vs 教科書が めない子供たち》(「人工智慧 vs 無法閱讀教科書的孩子們」) 此書已名列其出版社一東洋經濟新潮社 2018 年度最暢銷書籍之一。本書提出三個重點：(1) 現今已知的人工智慧尚未進步到具有思考能力；(2) 政府應改變思維模式來因應 AI 時代；(3) 人力危機來臨：AI 技術的程度已足以勝任多數人類的工作，而現今教育制度不符合 AI 時代的需求。這三個觀點很適合最為 AI 時代的註腳。

AI 技術可以分成四大類：符號智慧 (symbolic intelligence)、計算智慧 (computatonal intelligence)、機器感知 (machine perception)、機器學習 (machine learning)。符號智慧是指人工智慧技術中，使用基於人類可讀的高階符號來表示問題、推論和搜索的方法的集合。符號人工智慧最典型的例子是專家系統，使用人類可讀的符號來建立規則，藉此進行推論。所產出的規則是以類似「If-Then-Else 語句的關係」來連接符號，形成規則推論網路。計算智慧的主要目的之一是從許許多多的可能路經中尋找最佳化的一個，例如基因演算法。機器感知是使電腦或機器具有類似人的感知能力，它是電腦或機器獲取外部訊息的重要途徑；模式識別 (pattern recognition)、自然語言處理、語音識別等都屬於機器感知 AI 技術。機器學習主要是透過收集到的過往資料與經驗

中進行學習，並且找到這些資料的詮釋規則，也就是找到可以描述這些資料的模型 (model)。

目前一些大家常聽到的類神經網路 (neural network)、決策樹 (decision tree)、支援向量機 (supporting vector machine)、迴歸 (regression)…等都是機器學習技術的一種。許多人也常聽到的深度學習 (deep learning)，也是機器學習的一種，它是基於類神經網路所發展起來的技術。

AI、機器學習、深度學習的關係，如圖 1-2-1 所示。最大圈是 AI，機器學習是 AI 的子集合，而深度學習則是機器學習的子集合。

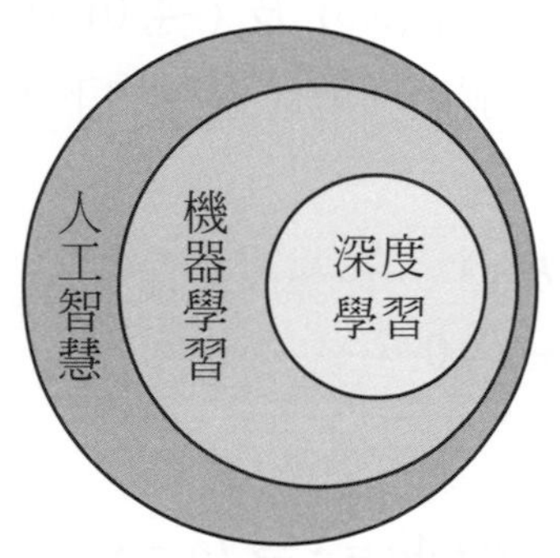

▲圖 1-2-1　人工智慧、機器學習、深度學習的關係

機器學習所需要的過往資料或經驗的集合叫作資料集 (dataset)。運用資料集的機器學習塑模架構，如圖 1-2-2 所示。

▲圖 1-2-2　機器學習塑模架構

AI 技術裡最重要的一個觀點是資料塑模 (modeling)，如上圖所示。機器學習演算法的輸出就是模型，給定訓練用資料集之後，經過演算法的運算後就會輸出模型。這是假設資料集可以運用某一種方式詮釋，至於詮釋的方式可以是數學或非數學形式。底下就以給定 2 個二維座標點，(3,3),(-4,0) 為例做說明。假設這 2 個座標點可以使用一條直線詮釋，也就是會有一條直線通過這 2 點，如圖 1-2-3 所示。

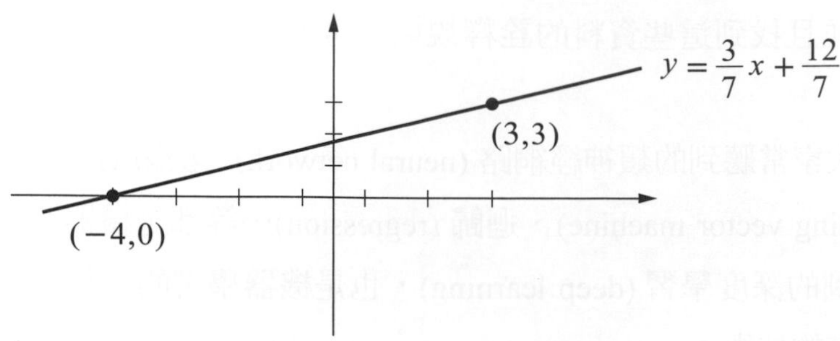

▲圖 1-2-3　兩個資料點使用直線詮釋

國中數學就已學過直線方程式的數學表示為 $y = ax + b$，這裡的 a 是斜率 (slope)，b 是截距 (intercept)。將 2 個座標點 (3,3) 及 (−4, 0) 代入方程式可解出 a 及 b，因為兩個未知數只需兩道方程式即可解出。解題過程如下：

$$\begin{cases} 3 = 3a + b \\ 0 = -4a + b \end{cases} \Rightarrow \begin{cases} 3a + b = 3 \cdots\cdots\cdots\cdots\cdots ① \\ -4a + b = 0 \cdots\cdots\cdots\cdots\cdots ② \end{cases}$$

由②知 $b = 4a$，代入①得 $3a + 4a = 3 \Rightarrow 7a = 3 \Rightarrow a = \frac{3}{7}, b = \frac{12}{7}$ 就二維平面而言，2 點即可唯一決定一條直線，也就是如果資料集只有這 2 筆資料點，那要決定這條直線，只要依照前面的計算步驟，即可解出。然而資料集通常不只 2 筆，現在給定資料點有 3 個，$(3,3),(-4,0),(3,-2)$，假設這 3 點可以使用一條直線詮釋，那就有許多可能的直線，如圖 1-2-4 所示，我們只列出 3 種可能性 $L1$、$L2$、$L3$。

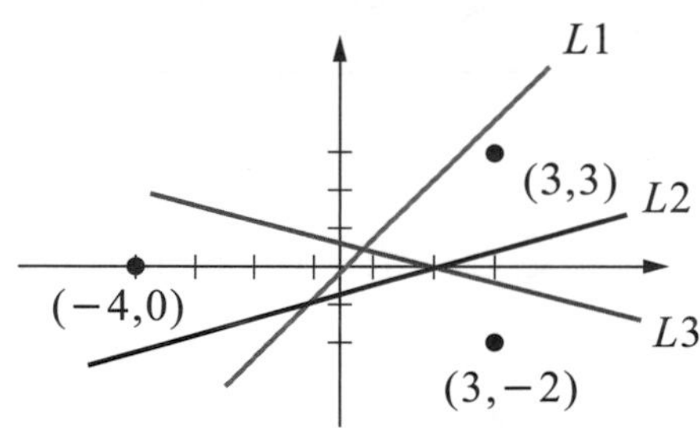

▲圖 1-2-4　給定 3 點找最佳詮釋直線的示意圖

3 個資料點使用直線詮釋有許多可能性，不只我們繪出的 3 條可能直線，正確來說，應該有無窮多種可能的直線可用來詮釋所給定的 3 個資料點。這就引發一個問題，在眾多的可能性中，哪一個才是最佳的，這就是資料塑模演算法所要解決的問題。擴大來說，機器學習的目的就是運用電腦的運算能力，從許許多多的可能性中，找出資料集的最佳詮釋模型。換句話說，模型必須基於資料集訓練而得，因此，AI 領域才會流行一個名言，「No Data，No AI」。想要應用 AI 技術，第一件工作就是收集訓練資料集 (Training Data Set)。

1-3　AI 應用

所謂 AI 的應用其實是基於訓練資料集完成機器學習得到模型 (model) 之後所要關注的事。AI 應用的架構如圖 1-3-1 所示。

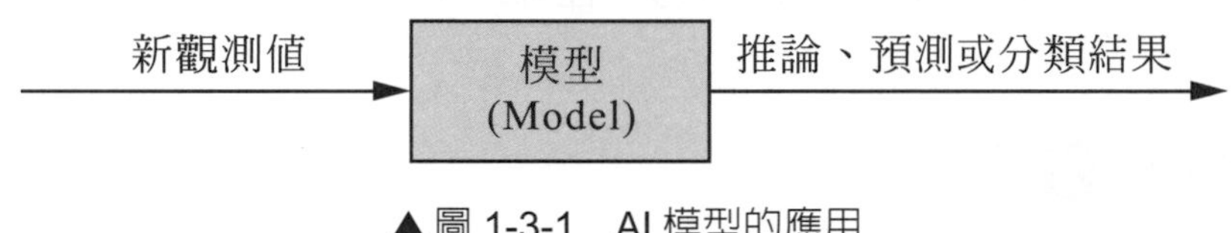

▲圖 1-3-1　AI 模型的應用

我們以前使用 2 個資料點作為訓練資料集所得到的直線模型 $y=\frac{3}{7}x+\frac{12}{7}$ 為例，這裡的新觀測值就只有水平 x 座標。x 輸入到模型之後，代入方程式就可以得到 y，也就是推論結果。舉例來說，當 $x=6$，$y=\frac{3\times6}{7}+\frac{12}{7}=\frac{30}{7}$，也就是給定 x 就可以得到 y，這個概念其時就是預測 (predication) 或估測 (estimate) 的一種應用。x 也叫自變數，y 為應變數。

AI 的應用除了前述的預測或估測，還有分類 (classifying) 的用途，例如應用在產品生產線上的良品與不良品的分類。分類器可以應用的範圍，涵蓋範圍很廣，包括文件分類、瑕疵品檢測、人臉辨識、網路攻擊識別、動物分類、植物分類等。對企業或組織來說，AI 是數位轉型的利器，其最大意義是從資訊化走向智慧化，並為企業或組織帶來效益。在作法上，必須將 AI 應用視為一種導入專案，先確定目標再尋找解決方案。圖 1-3-2 為 AI 應用導入專案的步驟。

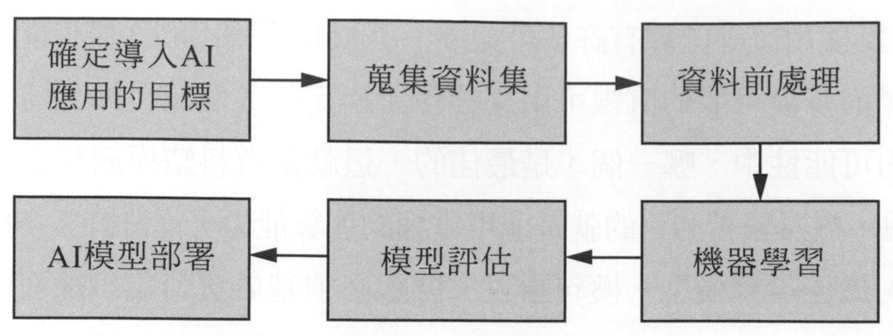

▲圖 1-3-2　AI 應用導入專案之流程步驟

從圖 1-3-2 可以理解到 AI 的應用絕非只是資訊工程師的事，「確定導入 AI 應用的目標」，必須有組織及企業高層的投入，而「蒐集資料集」與「資料前處理」則需要具備領域知識的專家或有經驗者投入。「機器學習」與「模型評估」與「AI 模型部署」確實就需要資訊工程師。但這 3 項工作項目所需要的資訊技能是不同的，「機器學習」與「模型評估」需要具備有人工智慧深厚知識與技術的工程師，但「AI 模型部署」則只需要能實現應用程式的軟體工程師即可。

1-4　AI 與數學

要了解 AI，數學是基本功，底下就介紹與 AI 原理有關的數學。

1-4-1　函數的概念

仍然以直線 $y = ax + b$ 爲例來說明函數 (function) 的概念，將 y 書寫成 $f(x)$，也就是可以寫成

$$y = f(x) = ax + b$$

述函數的關係可以解讀成，給定 x，然後代入一個數學式 $f(x)$ 就可以得到輸出值 y。例如 $a = 2$，$b = 3$ 時，$y = f(x) = 2x + 3$，當 $x = 7$ 時，$f(7) = 2 \times 7 + 3 = 17$，也就是 $y = 17$。

x 被稱爲自變數，y 被稱爲應變數。自變數與應變數可以畫成圖 1-4-1 的結構，x 是輸入，y 是輸出。

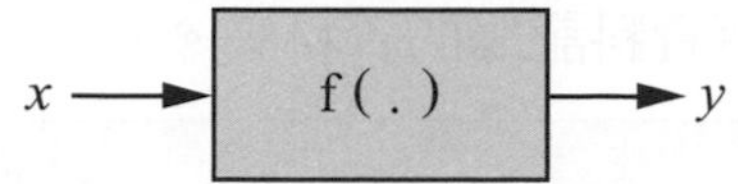

▲圖 1-4-1　函數之輸入輸出關係

輸入也可能有多個，同樣也可以繪出輸入與輸出的關係，圖 1-4-2 是以 3 個輸入爲例，所繪出的結構圖。

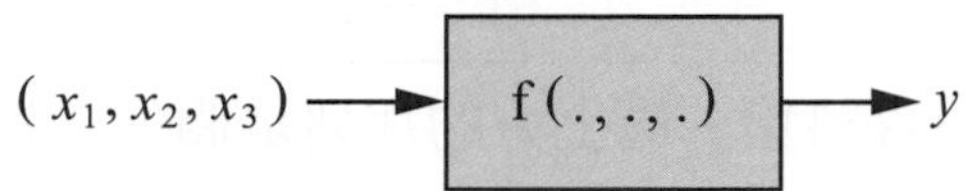

▲圖 1-4-2　多元輸入之函數結構

討論到輸出 y 與輸入 (x_1, x_2, x_3) 的關係式，會有許多的形式，例如：

$$y = f(x_1 + x_2 + x_3) = ax_1 + bx_2 + cx_3 + d$$
$$y = f(x_1 + x_2 + x_3) = ax_1^2 + bx_1x_2 + cx_2 + dx_2x_3 + ex + f$$

上述第二個函數的係數有 $\{a, b, c, d, e, f\}$，這是因爲多增加交互項 x_1x_2 及 x_2x_3，所以比起第一個多了 2 個係數，前一個函數式只有 $\{a, b, c, d\}$ 4 個係數。

如何求得函數的係數？這是一個解題的過程，以前面 2 個例子來說，第 1 個函數的係數有 4 個，也就是有 4 個未知數，只要能寫成 4 個方程式就可以解出，也就是要有 4 筆資料記錄就可以寫出 4 個方程式。這裡的資料記錄的內容必須包含輸入項及輸出項。第二個函數則需要 6 個方程式才能解，同理可知，這種情況就至少需要 6 筆資料記錄才能形成 6 個方程式。

1-4-2　線性代數的概念

我們以 $y = f(x_1 + x_2 + x_3) = ax_1 + bx_2 + cx_3 + d$ 爲例，從解得 $\{a, b, c, d\}$ 四個係數的步驟，說明線性代數的概念。

必須要建立 4 個等式才能解出此函數的 4 個係數，也就是要有 4 筆資料記錄，每一筆資料記錄的結構爲 (x_1, x_2, x_3, y)，輸入是 $\{x_1, x_2, x_3\}$ 輸出是 $\{y\}$。

下表就是一個假設的 4 筆資料記錄的資料集。

x_1	x_2	x_3	y
2	3	5	7
4	－2	－3	9
3	4	－5	6
5	2	－2	11

上表是一種結構化的資料集，最上方的那列是欄位名稱，總共有 4 行，分別是 x_1, x_2, x_3 及 y。接下來 4 列就是 4 筆資料記錄 (data record)。

將 4 筆資料記錄分別代入 $y=f(x_1, x_2, x_3)$ 可以得到 4 個方程式，如下：

$$\begin{cases} 7 = 2a + 3b + 5c + d \cdots\cdots\cdots\cdots\cdots ① \\ 9 = 4a - 2b - 3c + d \cdots\cdots\cdots\cdots\cdots ② \\ 6 = 3a + 4b - 5c + d \cdots\cdots\cdots\cdots\cdots ③ \\ 11 = 5a + 2b - 2c + d \cdots\cdots\cdots\cdots\cdots ④ \end{cases}$$

4 個未知數，剛好有 4 個方程式，所以透過上述的 4 個方程式可以得到唯一解線性代數有 2 個最基本的觀念，一個是向量 (vector)，一個是矩陣 (matrix)。上述 4 個方程式可以寫成向量與矩陣的關係。

$$\begin{bmatrix} 2 & 3 & 5 & 1 \\ 4 & -2 & -3 & 1 \\ 3 & 4 & -5 & 1 \\ 5 & 2 & -2 & 1 \end{bmatrix} \begin{bmatrix} a \\ b \\ c \\ d \end{bmatrix} = \begin{bmatrix} 7 \\ 9 \\ 6 \\ 11 \end{bmatrix} \cdots\cdots\cdots\cdots\cdots ⑤$$

第⑤式表示式其實就是第①②③④表示成矩陣與向量的形式，第⑤式可以拆解回爲①②③④，例如矩陣第一列的 [2 3 5 1] 與 [a b c d] 一對一相乘等於 7 就得到第①式，也就是 $2a+3b+5c+d=7$，其他依此類推。

表示成矩陣與向量後，一步步求解的步驟，我們說明如下。首先，令 A、r 及 g 分別代表第⑤式的矩陣與向量。

$$A=\begin{bmatrix}2 & 3 & 5 & 1\\ 4 & -2 & -3 & 1\\ 3 & 4 & -5 & 1\\ 5 & 2 & -2 & 1\end{bmatrix}\quad \underline{r}=\begin{bmatrix}a\\ b\\ c\\ d\end{bmatrix}\quad \underline{g}=\begin{bmatrix}7\\ 9\\ 6\\ 11\end{bmatrix}$$

可以表示成

$$A\underline{r}=\underline{g}\cdots\cdots\cdots\cdots\cdots ⑥$$

矩陣中有一個很重要的反矩陣概念，一個矩陣乘上它的反矩陣會得到單位矩陣。例如 4×4 的單位矩陣由 A 與其反矩陣 A^{-1} 相乘可以得到單位矩陣 I，如下式：

$$I=\begin{bmatrix}1 & 0 & 0 & 0\\ 0 & 1 & 0 & 0\\ 0 & 0 & 1 & 0\\ 0 & 0 & 0 & 1\end{bmatrix}=A^{-1}A$$

在第⑥式的等號兩邊乘上 A 的反矩陣 A^{-1}，可得到第⑦式：

$$A^{-1}Ar=A^{-1}g\cdots\cdots\cdots\cdots\cdots ⑦$$

而 $A^{-1}A=I$，可以得到第⑧，如下：

$$\begin{bmatrix}1 & 0 & 0 & 0\\ 0 & 1 & 0 & 0\\ 0 & 0 & 1 & 0\\ 0 & 0 & 0 & 1\end{bmatrix}\begin{bmatrix}a\\ b\\ c\\ d\end{bmatrix}=A^{-1}\underline{g}\cdots\cdots\cdots\cdots\cdots ⑧$$

第⑧式等號左邊依據矩陣與向量相乘的原理，就是向量 r，也就是待解係數所形成的向量。表示成第⑨式如下：

$$\underline{r} = A^{-1}\underline{g} \cdots\cdots\cdots\cdots\cdots ⑨$$

反矩陣的求解過程在許多線性代數的書都會提到，在這裡就不往下說明。

1-4-3 微分的概念

微分在 AI 上的應用主要是在求取函數的極值 (最大值或最小值)。接下來，我們舉一個函數作爲說明例。給定一個函數如第⑩式：

$$y = f(x) = x^2 - 6x + 10 \cdots\cdots\cdots\cdots\cdots ⑩$$

若 x 從 1 變化到 5，每個 x 值可以得到一個 y 值，然後將所有座標點 (x, y) 畫在二維座標圖上，如圖 1-4-3 所示。

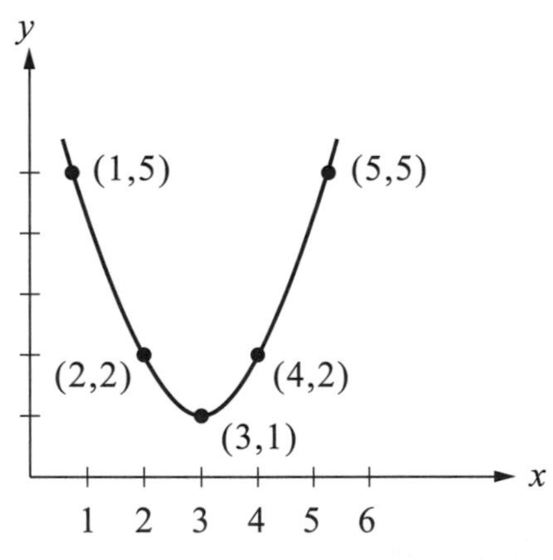

▲圖 1-4-3　函式最小值的示意圖

觀察上圖，已標示若干符合第⑩式的 (x, y) 座標點，其中當 $x = 3$ 時，函數有一個最小值，也就是將 x 代入後，得到 $y = 1$，如下：

$$y = f(3) = 3^2 - 6 \times 3 + 10 = 1$$

如果不使用繪圖法找最小值，一般會如何求解？最常被使用的方法是對函數 $f(x)$ 進行微分，然後令微分項等於 0，再求解。我們先簡單介紹微分公式如下：

(1) c 爲常數之微分公式：$\frac{d}{dx}(c)=0$ (結果爲 0)

(2) 函數 x 的微分公式：$\frac{d}{dx}(x)=1$

(3) 冪次定律：若 n 爲一個整數，則 $\frac{d}{dx}(x^n)=n\cdot x^{n-1}$

微分的意義是斜率，函數的極值會發生在斜率爲零，也就是水平切線的 x 值，也就是求 $f(x)$ 的極值就是解下列的方程式：

$$\frac{d}{dx}(f(x))=0$$

以函數 $f(x)=x^2-6x+10$ 爲例，底下爲一步一步計算極值的過程。

$\frac{d}{dx}(f(x))=\frac{d}{dx}(x^2-6x+10)=2x-6$

另 $2x-6=0$

$\Rightarrow x-3=0$

$\Rightarrow x=3$

也就是極值會發生 $x=3$ 時，將 x 值代入到 $f(x)$，可以得到 $f(3)=y=32-6\times3+10=1$，也就是極值爲 1。此結果與繪圖法一致。

一個函數如果有多個輸出變數，當函數對每一個變數微分時，可以將其他輸出變數視爲常數，然後套用前述的微分公式，這個概念叫偏微分。舉例來說，$g(a,b)=a^2+ab+b^3$，則對 $\{a, b\}$ 分別有下列的微偏分

$$\frac{\partial}{\partial a}(g(a,b))=2a+b \text{，} \frac{\partial}{\partial a}(g(a,b))=a+3b^2 \cdots\cdots\cdots\cdots ⑪$$

討論圖 1-4-3 所對應的情境時，所問的一個問題是，給定 (3,3)、(−4,0)、(3,−2) 3 個資料點，如何找出一條直線可以最佳詮釋這 3 個資料點？這個問題的求解，其實就是最佳化的概念，要從多條直線中找到一條直線與這 3 點的誤差總和最小。

首先，假設存在一條直線 $y = ax + b$ 可以最佳詮釋這 3 個點。如果只有 2 個點可以唯一決定一條線，而且這 2 個點會在這一條直線上。現在卻有 3 個點，因此它們不會在同一條線上，而是會在這一條線的附近。也就是說，如果將 3 個點的 (x, y) 代入 $y = ax + b$，實際上會有誤差值。將 (3,3)、(−4,0)、(3,−2) 代入 $y = ax + b$，可以得到以下 3 個方程式：

$$\begin{cases} 3 = 3a + b + \varepsilon_1 \\ 0 = -4a + b + \varepsilon_2 \\ -2 = 3a + b + \varepsilon_3 \end{cases} \Rightarrow \begin{cases} \varepsilon_1 = 3 - 3a - b \\ \varepsilon_2 = 0 + 4a - b \\ \varepsilon_3 = -2 - 3a - b \end{cases}$$

這裡的 ε_1、ε_2 及 ε_3 是誤差值。所謂最佳化指的是要找到一組 $\{a,b\}$ 可以使得總和誤差量最小。誤差量總和的計算方式之一是將各誤差值的平方加起來，$\varepsilon_1^2 + \varepsilon_2^2 + \varepsilon_3^2$。由於誤差量會依照 $\{a,b\}$ 的不同而有不同的值，也就是 $\{a,b\}$ 是輸入變數，誤差量總和是輸出變數。將誤差量總和以 $E(a, b)$ 表示，我們得到以下的函數

$$E(a,b) = \varepsilon_1^2 + \varepsilon_2^2 + \varepsilon_3^2 = (3 - 3a - b)^2 + (4a - b)^2 + (-2 - 3a - b)^2 \cdots\cdots ⑫$$

為了找到一組 $\{a, b\}$ 使得 $E(a, b)$ 有最小值，將 $E(a, b)$ 對 a 與 b 偏微分，構成以下 2 個方程式。

$$\begin{cases} \dfrac{\partial}{\partial a}(E(a,b)) = 2(3 - 3a - b)(-3) + 2(4a - b)(4) + 2(-2 - 3a - b)(-3) = 0 \\ \dfrac{\partial}{\partial a}(E(a,b)) = 2(3 - 3a - b)(-1) + 2(4a - b)(-1) + 2(-2 - 3a - b)(-1) = 0 \end{cases}$$

$$\Rightarrow \begin{cases} -9 + 9a + 3b + 16a - 4b + 6 + 9a + 3b = 0 \\ -3 + 3a + b - 4a + b + 2 + 3a + b = 0 \end{cases}$$

$$\Rightarrow \begin{cases} 34a + 2b - 3 = 0 \\ 2a + 3b = 0 \end{cases}$$

$$\Rightarrow \begin{cases} 34a + 2b = 3 \cdots\cdots\cdots\cdots ⑬ \\ 2a + 3b = 0 \cdots\cdots\cdots\cdots ⑭ \end{cases}$$

從式⑭ $2a+3b=0$ 可以得到 $2a=-3b$，也就是 $a=-\frac{3}{2}b$，代入到式⑬ $34a+2b=3$ 可以得到

$$34\times(-\frac{3}{2}b)+2b=3$$
$$\Rightarrow -51b+2b=3$$
$$\Rightarrow -49b=3$$
$$\Rightarrow b=-\frac{3}{49}$$

而 $a=-\frac{3}{2}b$，將 b 所得到的值代回可以得到

$$a=(-\frac{3}{2})\times(-\frac{3}{49})=\frac{9}{98}$$

從以上的推導，可以使得 $E(a, b)$ 最小的 $\{a,b\}$ 是 $\left\{\frac{9}{98}\ \ -\frac{3}{49}\right\}$。

1-4-4　常態分佈概論

如果度量一個變數的值許多次後，將每一個值所發生的次數統計起來，再將之呈現在一個圖上，會是一個類似鐘的形狀。橫軸爲變數 x，縱軸是各值的統計次數。如圖 1-4-4 所示。

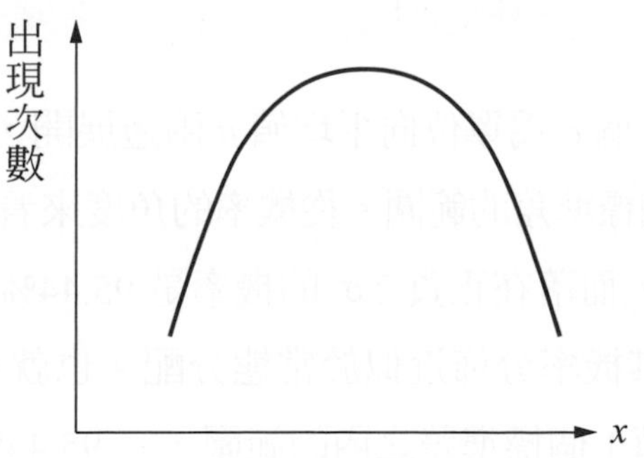

▲圖 1-4-4　變數 x 各值出現次數之統計圖

許多度量值都是具有這樣的特性，我們通常會以常態分配函數去近似這個統計特性。常態分配的函數可以表示成下式：

$$f(x)=\frac{1}{a\sqrt{2\pi}}e^{-\frac{(x-\mu)^2}{2a^2}}$$

上述中的 a 稱為標準差 (standard deviation)，μ 是平均值 (mean)。將 x 的值從負值很大一直變化到正值很大即可繪出圖 1-4-4 的類似圖。

給定一個變數的觀測值或度量值，假設變數服從常態分佈，我們可以計算出常態分配的平均值 μ 及標準差 σ。假設 x 變數的觀測值的集合為 $\{x_1,x_2,\cdots,x_N\}$，共有 N 個，則

$$\mu=\frac{\sum_{i=1}^{N}x_i}{N}$$

$$\sigma=\sqrt{\frac{\sum_{i=1}^{N}(x_i-\mu)^2}{N-1}}$$

上述 2 個計算式的數學推導過程，我們就省略。接下來，以實際例子計算一遍。給定 x 量測值 5 筆，$\{2, 3, 7, 8, 10\}$，計算其平均值與標準值的步驟如下：

$$\mu=\frac{2+3+7+8+10}{5}=6$$

$$\sigma=\sqrt{\frac{(2-5)^2+(3-5)^2+(7-5)^2+(8-5)^2+(10-5)^2}{5-1}}=3.4$$

若常態分配刻度以 1 個 a 為單位向平均值 μ 兩邊展開，也就是 x 的值以平均值 μ 為中心向左右各涵蓋 1 個標準差的範圍。從機率的角度來看，落在正負一個標準差的變數值之機率是 68.26%。而落在正負 2 σ 的機率是 95.44%。在實際應用上，常常假設我們所考慮的變數，其機率分佈近似於常態分配。也就是說，大約有 68.3% 的量測值會分布在距離平均值 1 個標準差之內的範圍，有 95.44% 的機率會落在 2 個標準差之內。

常態分配在統計上十分重要，是推論統計的基礎，雖然實際量測得到的數據，不可能像前面所繪出的鐘形那麼完美，但是大部分的情況是十分接近的。在生活中有許多實際現象，例如量測許多人的身高的分佈就會接近鐘形分配。在自然界中所觀察到的數據也會呈現鐘形分配，舉例來說，人類從受孕到分娩的懷孕期長短因體值各有不同，但大致遵循平均數 266 天 (38 週)，標準差 16 天的常態分佈。

1-4-5　機率與統計概論

機率的定義：S 爲包含 N 個樣本的集合，假設各事件出現的機會均相等，則事件 A 發生的機率是 A 之元素個數除以 N，如下式：

$$p(A)\frac{n(A)}{n(S)}=\frac{n(A)}{N}$$；$n(A)$ 是 A 之元素個數，$n(S)$ 則是 S 的元素個數。

舉一個例子說明，假設在一個袋子內有 10 個白球，2 個黑球，若每個球的大小質地都一樣，從袋子中取一個球，請問取到黑球的機率爲何？解法如下：

將 10 個白球進行編號 $w_1, w_2, w_3, \ldots, w_{10}$，也將 2 個黑球編號 b_1, b_2，也就是 $S=\{w_1, w_2, w_3, \cdots, w_{10}, b_1, b_2\}$，由於每個球的大小質地都一樣，所以每顆球出現的機率均等。取得 b_1 與 b_2 的都是取得黑球，因此取得黑球的事件 $A=\{b_1, b_2\}$，所以 $p(A)\frac{n(A)}{n(S)}=\frac{2}{12}=\frac{1}{6}$。

依同樣的理解，如果骰子的每一面的大小質地都一樣，那麼擲骰子，每一面的機率均爲 $\frac{1}{6}$，也就是骰子的 6 面都有相同的出現機率。

所謂統計是在面對不確定的狀況下，能夠幫助人們做決策的一種科學方法。統計是探討全體不確定之相關現象的通則，而非個別事件發生的結果。統計方法則是蒐集、整理、分析資料及解釋並推論統計結果的科學方法。統計結果可以使用統計量的方式呈現，統計量主要用來表達資料集中或資料分散的程度。統計量是由一組樣本所計算出來的數值。算術平均數、加權平均數、眾數、全距、四分位距都是統計量，分別說明於後。

1. 算術平均數

給定一組樣本值 $\{x_1, x_2, \cdots, x_N\}$，$N$ 是樣本的數目，統計量算數平均數的計算如下式：

$$\bar{x} = \frac{1}{N}(x_1 + x_2 + \cdots + x_n) = \frac{1}{N}\sum_{i=1}^{N} x_i$$

2. 加權平均數

統計資料中，如果每一筆資料的重要性不同，就必須使用加權方式計算平均數，稱爲加權平均數。若每一筆資料的權重爲 $w_1, w_2, \cdots, w_N$，則加權平均數 $\bar{w}$ 的計算如下式：

$$\bar{w} = \sum_{i=1}^{N} x_i w_i \;\; ; \;\; \sum_{i=1}^{N} w_i = 1.0$$

算數平均數是加權平均數的特例，其每一筆數值的權重是 $\frac{1}{N}$。

加權平均數的應用場合，其中一個例子是計算學生學期總平均成績，因爲各科成績的重要性依上課時數的不同而異，爲了正確的評量成績，必須考慮各科的授課時數並採用加權的方式處理。

下表爲小明這個學期英文、數學及國文的成績及每週上課時數，請使用加權平均方法算出學期總平均成績。

	英文	數學	國文
成績	78	80	90
時數(每週)	25	35	40

一般來說，所有數值的權重的總和應該等於 1.0。因此，本例子的各科成績權重的設計可以是各科時數除以總時數，也就是 $\left\{\frac{25}{100}\;\frac{35}{100}\;\frac{40}{100}\right\} = \{0.25, 0.35, 0.40\}$。

加權平均數的計算方式如下：

$$\bar{w} = 0.25 \times 78 + 0.35 \times 80 + 0.40 \times 90 = 83.5$$

3. 中位數 (median)

若資料有 N 筆數值，當 N 是奇數時，中位數是指按照大小排列後之第 $\frac{N+1}{2}$ 個數；若 N 爲偶數時，中位數是指按大小排列後之第 $\frac{N}{2}$ 個數與 $\frac{N}{2}+1$ 個數的平均數。中位數的適用時機是若某一筆數值比中位數大，則可知道該筆數值在母群體的上半部內；若某一筆的數值比中位數小，則可知道該筆數值位在母群體的下半部內。

4. 衆數

在一組數值資料中，出現次數最多的數值稱爲「眾數」。

5. 全距

在一群數值資料中，最大值與最小值的差稱作全距。

6. 四分位距

將一組數值資料，依照大小順序，由小到大排成一列。假設中位數爲 M，在此數列中，比 M 小的那一組數列的中位數稱爲第 1 個四分位數。比 M 大的那一組數列的中位數稱爲第 3 個四分位數。

1-5　AI 與編程

編程 (coding) 是開發 AI 應用的必要技術。在資料蒐集、資料前置處理時需要編程，機器學習演算法的實作及應用也需要編程。將 AI 模型建置成應用系統更是需要編程技術。

對於資訊領域的工程人員，C++、Java、C# 等程式語言是他們在實現 AI 應用的編程工具。但是對於非資工領域者，Python 與 R 則爲編程語言的首選。R 是統計學家開發的程式語言，適用於統計分析、圖表繪製、資料探勘，常用於學術研究領域。Python 和 R 並非互斥，而是互補，許多資料工程師、科學家往往是在 Python 和 R 兩種語言間轉換。需要小量模型驗證、統計分析和圖表繪製使用 R，當要撰寫演算法和資料庫應用、網路服務時則移轉到 Python。

雖然 Python 和 R 都是 AI 領域很重要的程式語言，但是目前在科學工程領域之 AI 應用的各種框架 (framework) 有許多都是以 Python 爲主要語言開發出來的。Python 提供 scikit-learn 的框架，可以無縫的應用到常用的 AI 學習演算法。Python 之所以適合做爲 AI 編程 (coding) 的主因，是 Python 已積累大量的工具庫、模組。人工智慧所涉及的大量的數據計算都可以在 Python 中找到對應的套件，例如 NumPy 提供科學領域的計算功能、SciPy 的高級計算和 PyBrain 的機器學習。

Python 已實現機器學習領域中大部分的運算模組。AI 所需要的大量實驗探討，若使用 Python，幾乎每一個想法都可以 20~30 行程式碼實現。因此，Python 對於人工智慧是非常有用的程式語言。此外，Python 本身是一種通用語言，除了資料科學外也可以廣泛使用在網路開發、網站建置、遊戲開發、網路爬蟲等領域。當需要整合系統產品服務時，可以做爲一站式的開發語言，更重要的是 Python 還可以非常輕易和 C/C++ 等效能較佳的語言整合。

1-6 何謂深度學習

這一波 AI 的熱潮可以說是因爲深度學習 (Deep Learning) 所造成的。深度學習是機器學習的一種，是從類神經網路變化而來。兩者的第一個差別是深度學習的隱藏層數目與各層的節點數目比傳統的類神經網路多很多，這是“深度 (Deep)”的由來，第二個差別是傳統的類神經網路的訓練資料集 (Training Data Set) 是結構化資料，也就是可以使用資料表呈現出來，但深度學習則可以是非結構化資料。以影像爲例，若要以傳統類神經網路學習到分類模型，其進行步驟如圖 1-6-1 所示。

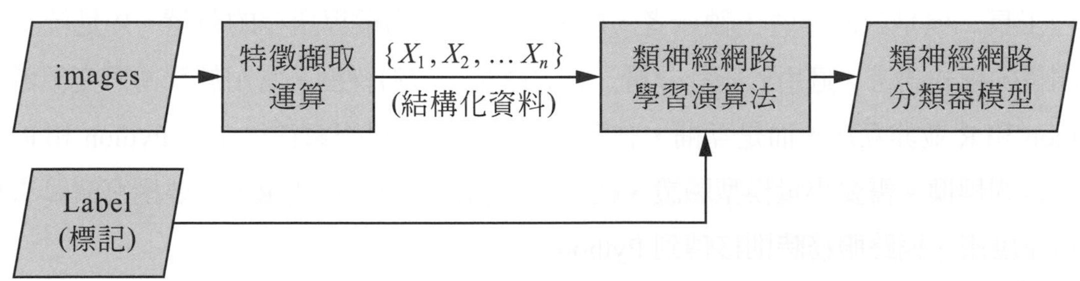

▲圖 1-6-1　傳統類神經模型影像分類器學習架構

這裡的標記可以看成是分類的標記，例如要分辨相片有無狗的影像，那麼就需要標記訓練用的相片有狗或沒有狗，若有狗還需標出狗影像的矩形框。特徵擷取運算在許多影像處理的書及論文都已有詳細討論，其主要是從影像中擷取出特徵向量。

標記的另一個例子是要訓練出一個能辨識阿拉伯數字的分類器，那麼每一張用來做爲訓練的影像就要標記是對應到哪一個數字。

若以深度學習應用到影像分類，「特徵擷取運算」的步驟在訓練分類模型時會被整合到深度學習演算內，如圖 1-6-2 所示。

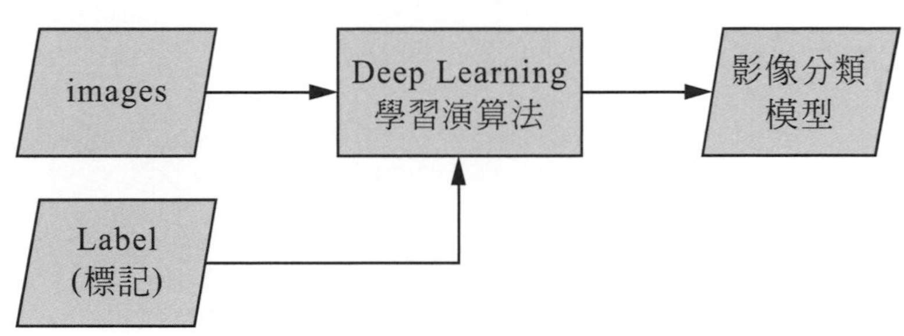

▲圖 1-6-2　深度學習架構圖

深度學習是連特徵擷取都看成是模型的一部份，也就是透過學習找到擷取特徵的方式。因爲深度學習的隱藏層數目增加，節點數目也增加，意謂著在訓練階段要求解的未知數也會大幅增加。相對於非深度學習來說，訓練資料紀錄會增加許多，如此才能訓練出適用的模型。

2 Python 基礎編程語法

2-1 何謂變數

變數可以說是程式設計 (programming) 或編輯程式代碼 (coding, 編程) 最核心的概念。變數 (variable) 可以想像成是一個取有名稱的箱子 (box)，圖 2-1-1 是一個命名爲 dog 的箱子。

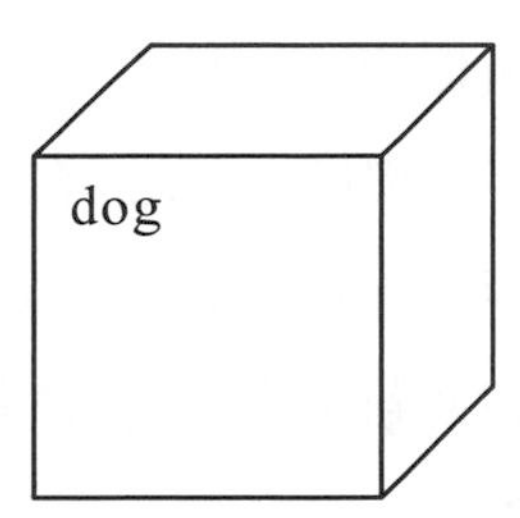

▲圖 2-1-1　命名為 dog 的箱子

箱子可以放入資料 (data)，也就是其內容物是資料。我們當然也可以從箱子內將資料取出。如圖 2-1-2 所示。

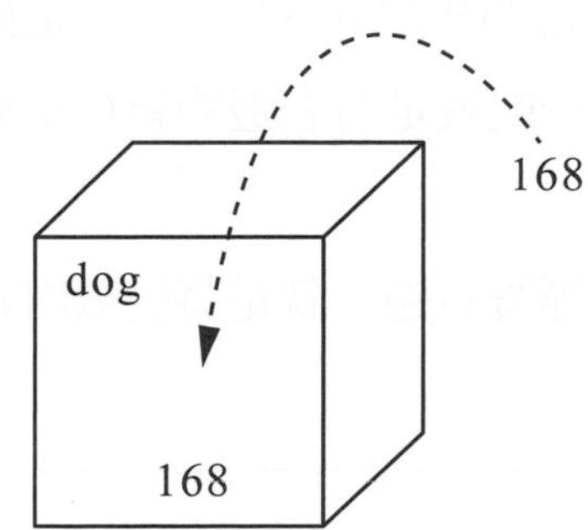

(a) 將168放入dog箱子內

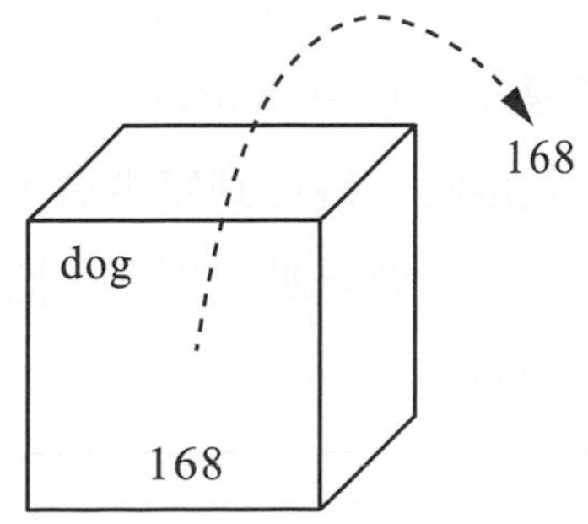

(b) 從dog箱子內取出168

▲圖 2-1-2　變數賦值與取值

「變數是一個有名稱的箱子，可以放入資料，也可取出資料。」這句口訣，請牢記。

2-2 編程的操作型定義～以變數為例

編程 (Coding) 最基本的觀念就是對電腦下命令，使其完成某種任務。既然是對電腦下命令就需要訂定命令的語法 (syntax)，也就是編寫命令的寫法規範。命令的語法因為應用目的與場合的不同有許多種，但是都可以視為與電腦溝通的程式語言 (programming language)。不同的程式語言會有對應的語法解譯器 (interpreter)，解譯器解譯命令的語法後，令電腦執行對應的動作。例如「110 － 5」就是命令電腦執行 110 － 5 的減法運算。

Python 是程式語言的一種，其解譯器就是在前一章所安裝的 Python。程式編寫者 (programmer) 編寫命令，經由解譯器解讀後才會執行動作。程式編寫者最重要的知識就是要熟悉命令的語法與執行動作之間的對應關係，任何細微的動作都是由命令語法所促成，即使在前一章所提及的變數也不例外，在理解時要有動態概念。透過“操作式想像”來理解各種不同的命令是學習編程的不二法門。也就是學習者要把自己當作是解譯器 (Interpreter) 的角度來學 Coding。

如何對變數箱子命名，以及將資料存到變數內，Python 程式陳述式 (Statement) 如下：

```
Dog=168
```

對「dog=168」的操作想像如下所述，有一個變數盒子叫 dog，從等號符號的右邊開始執行動作，將等號 = 右邊的資料 168 放入左邊的變數 dog 內。< －這個符號稱為指派運算子 (assignment operator)，以後看到這個符號就是將右邊的執行結果放到左邊，也就是將資料存到變數盒子內。

另外，只要變數出現在小括號內或單獨出現在等號右邊，就是將變數內容取出的意思，例如：

```
print(dog)
```

上述語法中，dog 出現在小括號內，因此執行動作是先取出其值，而 print 是一個功能單元 (function)，它可將取出的值顯示在畫面上。可以在 Python 主控台鍵入目前學到的 2 個指令，然後觀察執行的結果，如圖 2-2-1 所示。

```
IDLE Shell 3.10.5
File  Edit  Shell  Debug  Options  Window  Help
    Python 3.10.5 (tags/v3.10.5:f377153, Jun  6 2022, 1
    6:14:13) [MSC v.1929 64 bit (AMD64)] on win32
    Type "help", "copyright", "credits" or "license()"
    for more information.
>>>
>>> dog=168
>>> print(168)
    168
>>>
                                          Ln: 7  Col: 0
```

▲圖 2-2-1　在 IDLE Shell 主控台執行 Python 程式敘述

print(dog) 是將結果顯示在畫面上的意思，鍵入 print(dog) 再按下 Enetr 鍵會出現“168”於命令下方，這裡的 168 就是變數 dog 的內容。

如前述，指派運算子有一個很重要的概念就是“右邊先執行再指派到左邊”。大家可以猜一下以下的程式敘述之執行動作與結果為何。

```
Dog=168+100
```

很顯然，會先執行指定運算子右邊的加法運算，得到 268 的結果之後再儲存到左邊的 dog 變數內。即使 dog 內原本有資料，也會被指定運算子右邊的資料取代。因為內容被取代掉，所以最後 dog 的內容會是 268。如果這個指令是接續在前面 2 個指令之後，很明顯的，168 就被 268 取代掉。

將資料從變數箱子取出的語法除了出現在小括號內之外，只要變數名稱出現在指派運算符號的右邊也是將變數內容取出，例如：

```
Dog=dog+100
```

上述命令所引發的執行動作是 (1) 先將 dog 變數的內容，也就是 268 取出；(2) 加上 100 之後再存回 dog 箱子內。我們將前面談過的陳述式，編寫在主控台的編輯視窗內，如圖 2-2-2 所示。你可以試著想像自己是 Python 命令解譯器，式著解讀圖 2-2-2 這幾個指令會如何執行，請讀者務必完成理解後再往下閱讀。

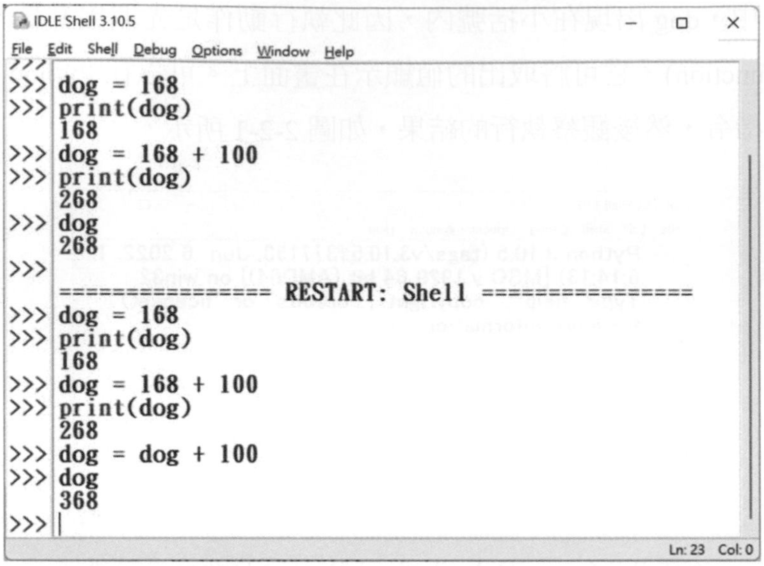

```
IDLE Shell 3.10.5
File  Edit  Shell  Debug  Options  Window  Help
>>> dog = 168
>>> print(dog)
168
>>> dog = 168 + 100
>>> print(dog)
268
>>> dog
268
>>>
================ RESTART: Shell ================
>>> dog = 168
>>> print(dog)
168
>>> dog = 168 + 100
>>> print(dog)
268
>>> dog = dog + 100
>>> dog
368
>>>
                                        Ln: 23  Col: 0
```

▲圖 2-2-2　變數操作的語法練習

Python 主控台內，解譯器如何辨識每一行命令的結束，然後開始解譯執行的？主要是在每一行命令的結束都需按下鍵盤的 Enter 鍵。每一行命令也叫一行程式敘述 (statement) 或陳述式，而 Python 以陳述式後面是否有按下 Enter 鍵做判斷是否開始解譯執行。在 2-2-2 中，敘述是一行接著一行依序被執行。為了觀察 dog 內容的變化，我們在 dog 變數的內容有改變後就執行 print(dog) 將內容顯示出來。從圖上可以看到，dog 的內容從 168、268、改變到最後是 368。每次要顯示內容就需要執行一次 print(dog) 功能，一個省略的方式是直接在主控台的符號 > 之後直接輸入變數名稱，如此就會在畫面上顯示出變數的內容。在上圖的 Python 命令最後一行敘述，變數單獨出現，其執行動作是將變數 dog 的內容取出，然後呈現在控制台窗格內，與 print(dog) 的結果一模一樣。

程式設計者 (programmer) 在編寫程式語法時，常常會需要對程式敘述加上註解，但又不希望這些註解被語法解譯器誤認為是命令，所以會使用特殊符號做為註解標記。Python 語言使用 # 這個符號做註解標記，凡是接在 # 之後的任何內容，Python 均不做解譯，我們將上圖的每一行敘述加上註解，如下。

```
dog=168              # 命名一個變數 dog，並將 168 儲存到 dog 內
dog=dog+100          # = 的右邊先執行，先取出 dog 的內容再加上 100，
                     # 再儲存回 dog，所以 dog 會是 268
dog=dog+100          # 取出 dog 內容 268 加上 100
                     # 再存回 dog，目前是 368
print(dog) dog       # 將 dog 內容 368 取出再呈現出來
```

在附錄 A，我們介紹 Python 語法編輯器，通常編輯器與控制台是搭配使用的。上述的程式碼，我們改寫於編輯器並儲存到工作資料夾，取檔名為 Ex2_2_001.py，之後按「Run」執行。執行順序與結果則呈現在 IDLE Shell 控制台，如圖 2-2-3 所示。從圖 2-2-3 的結果，註解在執行過程中，不會出現在控制台內，另外變數名稱單獨出現也不會將結果顯示在主控台，只有 print(dog) 才會將結果顯示在主控台。

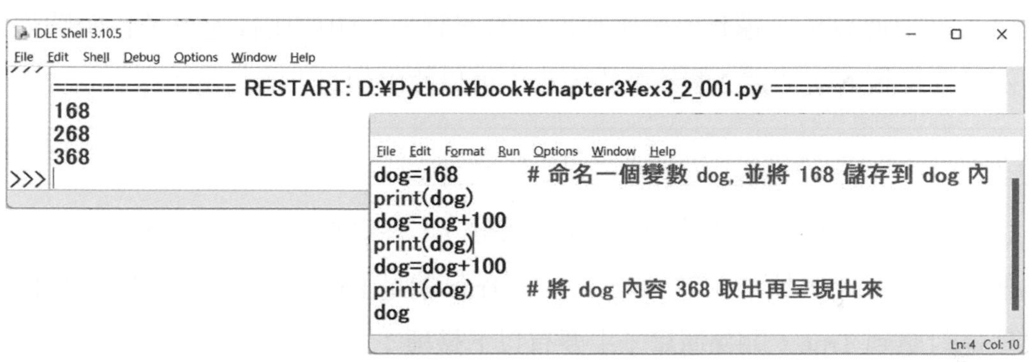

▲圖 2-2-3　全選後按「Ctrl + R」執行

2-3　運算與資料

資料有整數 (integer)、浮點數 (floating point)、字串 (string)、布林數 (boolean value) 等不同型態 (Data Type)。程式最主要的目的是對資料的處理與運算，例如：

```
dog=6+3
```

是將 6 與 3 加起來然後儲存到 dog。這裡的 + 就是執行加法運算，將 + 的左右兩邊的數值加起來，我們稱 + 為加法運算子。加法 (+) 是算術運算子之一。除了加法 (+)，還有減法 (-)、乘法 (*)、除 (/)、次方運算 (**)、以及取餘數 (%)。

以 cat=100/5 這一個敘述爲例，100 會先除以 5 得到 20 再儲存到 cat。請大家試著完成 Ex2_3_001.py 的練習：

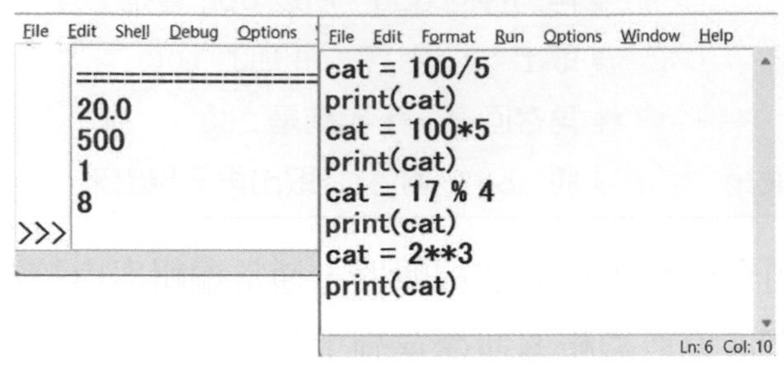

▲圖 2-3-1　加 (+)、乘 (*)、除 (/) 的操作

上圖的左邊是 IDLE Shell 控制台的畫面，顯示 print(cat) 的結果，右邊則是程式碼編輯器的畫面。

除了算術運算子，還有用來比大比小的運算子，叫做比較運算子也叫關係運算子，例如要比較 6 與 7 這 2 個整數的大小，可以使用如以下的語法：

```
6>7
```

這一個命令的意思，是要判斷 6 是否大於 7，答案當然爲“否”，前述命令的結果爲假 (False)。比大比小的運算結果不是 True 就是 False，結果爲否對應到 False，結果爲是對應到 True。關係運算子主要有以下幾種：

1. > 是否大於
2. < 是否小於
3. >= 是否大於或等於
4. <= 是否小於或等於
5. == 是否等於
6. != 是否不等於

請完成圖 2-3-2 的練習。

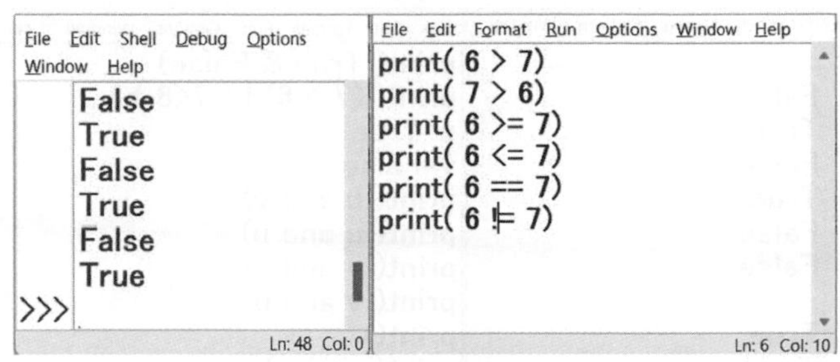

▲圖 2-3-2　關係運算子的操作

上述的練習中，可以看出 6==7(6 是否等於 7 ？) 的結果爲 False，但 6!=7(6 是否不等於 7 ？) 的結果爲 True。False 是 True 的反面。任何程式語言所處理的資料有不同的資料型態，例如 6、－ 100、80.66 等是數值型態 (numeric)。有一種特殊的資料型態叫布林數 (boolean)，只有 2 種值，分別是 True 與 False。關係運算子的結果不是 True 就是 False。除了算術運算子、關係運算子之外，還有一種運算子，叫作邏輯運算子 (logicoperator)，其運算的資料對象是布林值 True 與 False。邏輯運算子有以下幾種：

1. & 讀成而且，相當於 and
2. | 讀成或者，相當於 or
3. not 是否定

& 運算子的左右兩個布林數必須都是 True，結果才是 True，其他情況都是 False；| 運算子則只要有一個 True，結果就是 True；not 運算子則是將 True 轉爲 False，False 轉爲 True。

完成以下的 &(而且) 與 |(或者) 的各種不同組合的運算。

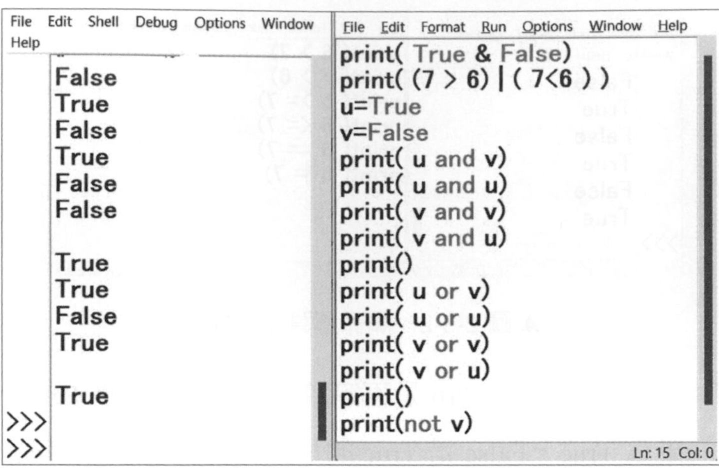

▲圖 2-3-3　&(而且) 與 | (或者) 的各種不同組合的運算

接著完成圖 2-3-4 的練習，並自己設想每一個指令的執行結果。

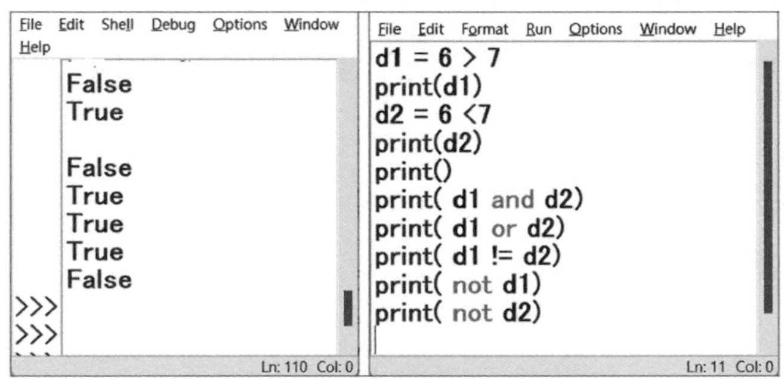

▲圖 2-3-4　邏輯運算子的操作

整數 (integer) 是數值 (numeric) 的一種，另外像 60.33，－ 100.88 等也是數值資料型態。除了 numeric 與 boolean 資料型態之外，還有一種稱爲字串 (string) 的資料型態。字串資料需要使用雙引號將其包含起來，如圖 2-3-5 的練習。

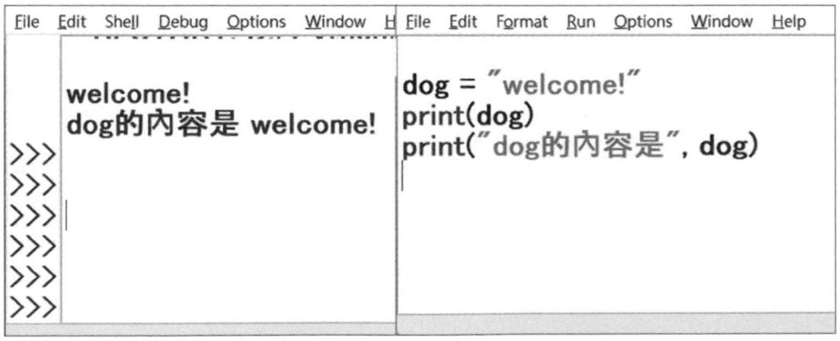

```
welcome!
dog的內容是 welcome!
>>>
>>>
>>>
>>>
>>>
>>>
```

```
dog = "welcome!"
print(dog)
print("dog的內容是", dog)
```

▲圖 2-3-5　字串資料型態的操作

運算子 (operator) 的運算對象是資料，做為運算的資料在術語上叫運算元 (operand)。如果運算子需要左右兩個運算元就叫雙元運算子，例如取餘數運算子 %，除法運算子 /，及次方運算子 ** 都是雙元運算子。完成圖 2-3-6 的練習。

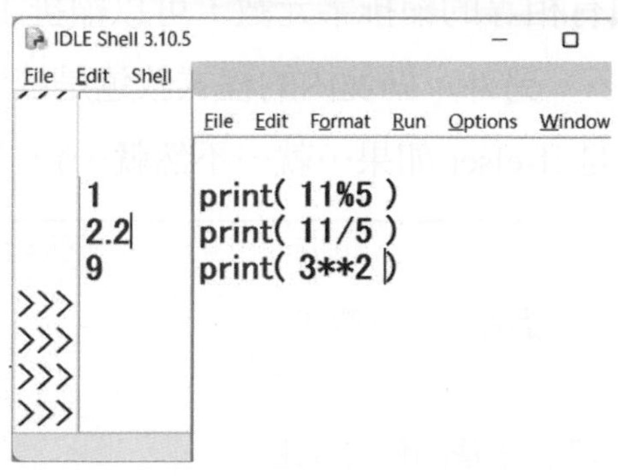

▲圖 2-3-6　取餘數、除法、次方運算子的練習

2-4　決策 (if) 語法

程式碼的執行都是一行敘述接著一行敘述，由上而下依序進行。如果要依條件的不同，執行不同的程式碼段落，就必須使用決策語法。條件可以是某一個指令的執行結果，也可以是變數的內容。幾乎所有程式語言的決策語法都是 if。最簡單的 if 的語法如下：

```
if(真假判斷式):          # 若判斷式為 TRUE 才執行這裡的程式段落
```

完成圖 2-4-1 的練習。

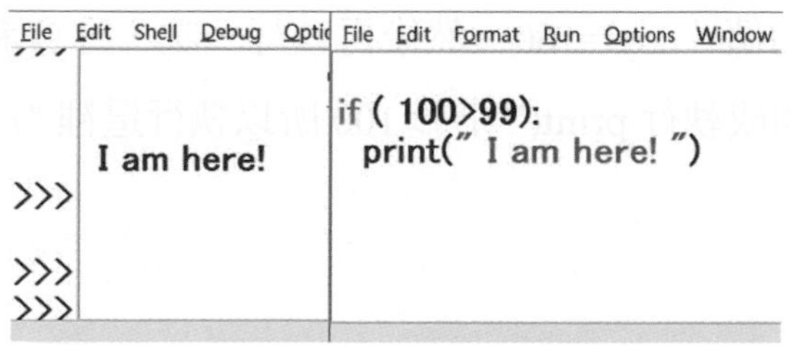

▲圖 2-4-1　if 決策語法

上述的程式碼，「100>99」就是眞假判斷式，其結果爲 True，所以就執行冒號 : 所包含的命令，print("I am here!")。一般我們會將冒號 : 之後所包括的範圍稱爲區塊 (block)。Python 使用縮排 (indentation) 配合冒號 : 構成執行區塊 (execution block)，區塊範圍內的程式敘述必須有相等的縮排字元數，可以縮排 1 個字元，2 個字元，3 個字元，4 個字元，甚至更多。另外，區塊內的程式敘述是依序執行的。

比較複雜的決策語法是 if-else(如果…就…不然就…)，其語法如下：

```
if(真假判斷式):
# 若判斷式為 TRUE 就執行這裡的程式敘述。
else:
# 若判斷式為 FALSE 就執行這裡的程式敘述。
```

完成圖 2-4-2 的練習。

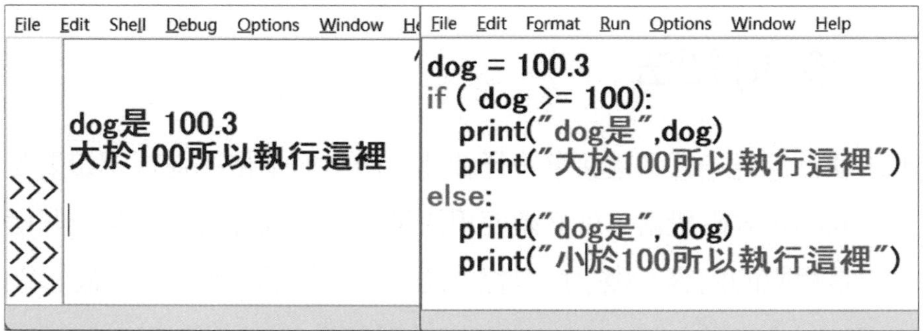

▲圖 2-4-2　if-else 決策語法

上述程式碼的判斷式「dog >=100」，在判斷式之前已將 dog 設定爲 100.3，顯然判斷式爲 True，所以會執行 print(" 大於 100 所以執行這裡 ")。

你可以修改 dog 的值，dog = 60，然後再執行一次，你會發現顯示在螢幕的字串不一樣了，因爲這次換成執行 print(" 小於 100 所以執行這裡 ")。

如果是多種條件的決策，就可以使用 if_elif_else 的結構。我們以三個條件爲例，完成 Ex2_3_009.py 的練習。

Ex2_3_009.py

```
a = 200
b = 33
if b > a:
  print("b is greater than a")
elif a == b:
  print("a and b are equal")
else:
  print("a is greater than b")
```

很明顯當 a=200 與 b=33 時，在主控台的畫面上的輸出結果是「a is greater than b」如果改爲 a=20 與 b=33 時，輸出結果會變成「b is greater than a」; 如果改爲 a=33 與 b=33 時，輸出結果會變成「a and b are equal」。

2-5　while 迴圈

設想一種情況，要將 1 至 5 累加起來，以下的程式可以完成這個要求。

Ex2_5_001.py

```
total=0
total=total+1        # 將變數盒子 tatal 的預設值設定為 0
                     # 將 total 的內容 0 取出，加上 1，得到結果 1，存回 total
total=total+2        #total 內容為 3
total=total+3        #total 內容為 6
total=total+4        #total 內容為 10
                     # 將 total 的內容 10 取出，加上 5，得到結果 15，存回 total
total=total+5        #total 內容為 15
print(total)         # 結果為 15
```

上述的程式碼說明，請參考文字方塊內的註解符號 # 後面的說明。觀察上述程式碼，total = total + n 的敘述一直重複出現，只是 n 從 1 一直重複到 5。如果現在改成要將 1 至 10000 累加起來，一個作法是將 total = total + n 的語法敘述一直重複 10000 次。也就是 n 從 1 一直變化到 10000，總共要寫 10000 次。這是很沒有效率的作法，解決的方式是使用迴圈語法。

迴圈語法主要是解決重複書寫命令敘述的問題。迴圈語法有兩種：while loop 與 for loop。while loop 的語法如下：

```
while(真假判斷式):
# 若判斷式為 True 就執行這個區塊的敘述。
# 執行到區塊內的敘述最後一行時，就叫做完成一次疊代 (iteration)
# 若判斷式仍為 True，則再執行區塊內的所有敘述。依此類推。
# 通常區塊內執行的敘述中會有改變判斷式真假的命令，
# 不然會進入無窮迴圈。
```

依上述的 while 語法規範重新撰寫從 1 累加到 10000 的程式碼如 Ex2_5_002.py 所示。

Ex2_5_002.py

```
total=0
n=1
while (n<10001):
  total=total+n
  n=n+1                        # 改變終止條件之設定
print(total)                   # 結果為 50005000
```

變數 n 初始值設爲 1，做爲計數器 (Counter)。每一次疊代的結尾計數器 n 都會加 1。while loop 的判斷式爲 i < 10001，只要 n 小於 10001 就會一直累加，剛好符合累加到 10000 的要求。我們從第一行開始追蹤上述程式碼的執行，設定 total 的初始值爲 0，設定 n 的初始值爲 1。while(n <=10000) 是判斷 n 是否小於或等於 10000，若爲 True 則會執行 while loop 的區塊內的 2 個敘述：

```
total=total+n
n=n+1
```

依序執行完區塊內的所有敘述一次就叫做一次疊代 (iteration)。由於 total 的初始值爲 1，n 的初始值爲 0，所以第一次疊代內後，total 會是 1，n 是 2。依此類推。

每一次疊代的最後命令被執行完之後，會再次檢查 while 小括號內的眞假判斷式。如果判斷式爲 True，則會再執行另一次疊代。疊代的執行會一直重複，直到判斷式爲 False 才跳出 while 迴圈並執行區塊外的第一行陳述式。以上例來說，跳出 while 迴圈就會執行 print(total)。

Ex2_5_002.py 的眞假判斷式是 n < =10000，若 n 小於或等於 10000，則 while 區塊內的程式碼就會一直被執行，換句話說，當 n 的值等於 10001 時，就跳出 while。跳出的英文是 break，這在許多程式語言都是一個指令，用來跳出迴圈，也就是在迴圈區塊內如果執行到 break，疊代就中斷不再進行，而是直接跳出迴圈。若要完成一個運算需求，從 1 累加到 10000，當累加值超過 20000 時就不再累加。針對這個任務，必須在 while 區塊內，使用 if 敘述配合 break，當累加值 total 大於 20000 時，就執行 break。程式碼如 Ex2_5_003.py 所示，我們使用 if 決策敘述決定是否要跳出迴圈。

Ex2_5_003.py

```
total=0
n=1
while (n<10001):
  total=total+n
  if (total > 20000):
    break
  n=n+1                          # 改變終止條件之設定
print(total)                     # 結果為 20100
```

在迴圈區塊內，有時需要跳過某些敘述不執行，這時可以使用 continue 敘述。當執行到 continue 指令，疊代會被中斷，而且迴圈的眞假判斷式會被直接執行，若結果爲 True，就會進行另一個疊代。以前面的累加例子，如果要累加從 1 至 10000 所有非 7 倍數的數，就可以使用 if 配合 continue。判斷一個數是否爲 7 的倍數，就以 7 去除再檢查是否其餘數爲 0，也就是 if (n %7 == 0)。以下的程式碼可以達成這個目的。

Ex2_5_004.py

```
total=0
n=0                                  # 現在計數器 n 改為 0
while (n<10000):
  n=n+1                              #n 先加 1
  if ( (n%7)==0 ):
     continue                        # 若是 7 的倍數就不加
  total=total+n
print(total)                         # 結果為 42872858
```

追蹤上圖的程式碼，如果 n 是 7 的倍數，即執行 continue，也就是之後的 total = total + n 命令就不會被執行，而是進入到另一個疊代。因爲進入下一個疊代之前，會執行判斷式 n < 10000，這也是爲什麼需要在 continue 之前先執行 n = n + 1，而 n 的初始值要改設定爲 0。如此一來，才不會進入到無窮迴圈。另外因爲 n 是加 1 了，所以判斷式要改爲 n < 10000，不然會多加最後一個數。

我們問一個問題，如果 Ex2_5_004.py 的程式碼，while 區塊之前的初始值設定 n = 0，若改爲 n = 1，則程式碼要如何修改才能達成同樣的任務？此問題的解答之程式碼如以下的文字區塊的內容：

Ex2_5_005.py

```
total=0
n=1                                  # 現在計數器 n 改為 1
while (n<10001):
  if ( (n%7)==0 ):
     n=n+1
     continue                        # 若是 7 的倍數就不加
  total=total+n
  n=n+1
print(total)                         # 結果為 42872858
```

因爲 n 是 7 的倍數時會執行 continue，直接開始下一個迴圈的 iteration，在 total = total + n 之後的 n = n + 1 不會被執行到，所以需要在 continue 之前先執行 n = n + 1，不然 while 會進入無窮迴圈。

2-6 for 迴圈

除了 while 迴圈，Python 也支持 for 迴圈。for 需配合計數器使用，作法是將每一次迴圈疊代之計數器的來源先儲存在 range 物件內，再依序取出。range 設定語法爲 range(m, n, k)，表示從 m 計數到 n − 1，每次變化 k。若 k 等於 1，則可以省略。Ex2_6_001.py 就是將 1 至 10 的數印出來的程式碼，以及將 1 至 10 的偶數印出來的程式碼。

Ex2_6_001.py

```
for n in range(1,11):
  print(n)
for n in range(0,11,2):
  print(n)
```

上述程式敘述的 for n in range(0,11,2) 是指每一次疊代，n 是從 range 依序取出值 {0, 2, 4, 6, 8, 10} 再執行 for 迴圈區塊內的程式敘述。使用 for loop 完成將 1 至 10000 中 7 的倍數累加起來的程式碼如 Ex2_6_002.py 所敘。

Ex2_6_002.py

```
total=0
for n in range(1,10001):
  total=total+n
print(total)    # 結果為 50005000
for n in range(0,11,2):
  print(n)
```

在討論 while loop 時，我們曾介紹可以跳出迴圈的指令 break，此指令也適用在 for loop。Ex2_6_003.py 是累加 1 到 10000 的整數，但是當累加值超過 20000 時就跳出迴圈。

Ex2_6_003.py

```
total=0
for n in range(1,10001):
  total=total+n
  if (total > 20000):
    break
print(total)                     # 結果為 20100
```

可以中斷某一次疊代的 continue 命令也可以使用在 for loop。以下的 Ex2_6_004.py 是累加 1 到 10000 中不是 7 的整數。每當檢測到是 7 的倍數就以 continue 中斷疊代，然後取新的計數器值開始新的疊代。

Ex2_6_004.py

```
total=0
for n in range(1,10001):
  if ( n%7 ==0 ):
    continue
  total=total+n
print(total)                       # 結果為 42862858
```

2-7　功能呼叫 (function call)

任何程式語言執行環境都會提供事先已建立好的功能單元 (function) 供使用，Python 也不例外，當然也提供了許許多多內建功能單元讓編程者使用。當功能單元被執行時，我們就稱爲功能呼叫。功能的英文是 function，也翻譯成函式或函數，實際上就是功能單元。也就是將功能包裝起來，當做一個單元，之後就可以重複使用 (reuse)。例如在前面的章節提到的 print(dog) 功能單元就是將 dog 的內容顯示在主控台畫面上。這裡的 dog 是 print(...) 的輸入參數 (input argument)，其內容會在功能單元內處理。

函式有多型 (polyphorism) 的用法，以 print(...) 爲例，輸入的參數之數目可以不同，print(x) 與 print(x,y,z) 皆可。print(100) 則是直接將整數 100 顯示在主控台。print("ans:",100) 是將字串 "ans:100" 顯示出來。

print(⋯) 是很常用的函式，range(⋯) 也是常用的函式。在討論 for loop 時已說明過，range(1,11,1) 功能單元是建立一個疊代的範圍從 1 到 10，每次變化 1，也就是總共有 10 次。另外，abs(-100) 函式是取絕對值的運算，type(x) 則會傳回 x 的資料型態。像 print(...), range(...), abs(...),type(⋯) 等都是 Python 內建的功能單元或函式。Python 內建函式的最大來源是第三方模組或套件 (Module)，例如 numpy 就是撰寫 Python 程式時常用的模組，呼叫 numpy 函式的方式是 numpy. 函式 (⋯)。numpy 的函式與其他函式的使用範例如 Ex2_7_001.py 所述。

Ex2_7_001.py

```
import numpy                    # 引入到直譯器環境
dog=numpy.log2(8)               # 呼叫 numpy 的 log2(...) 功能單元
print(" 結果是 ",dog)            # 結果是 3.0
print(type(100))                #<class 'int'>
print(type("Taiwan"))           #<class 'str'>
```

Ex2_7_001.py 呼叫了三個函式，print(⋯) 執行後沒有回傳任何結果而是將內容顯示在畫面上。numpy.log2(8) 被呼叫執行後，會有回傳值。若有回傳值就是回傳到呼叫的地方，也就是等號右邊。因爲等號左邊有變數 dog，所以最後等號右邊的結果會儲存在 dog 內。type(⋯) 函式被呼叫後，會回傳所傳入引數的資料型態，例如 type(100) 會傳回 int，表示 100 是整數。

如同附錄 A 所提到的，第三方套件必須先儲存在系統資料夾才能 import 到程式內，但並非每一個 Module 都已事先下載，因此要使用 pip 工具先下載模組。

pip 是 Package Installer for Python，是用來安裝 Python 第三方套件的軟體工具，大部分情況 pip 都會在安裝 Python 時就一併安裝。但是如果未安裝，就必須先安裝 pip。安裝方式是在命令提示字元視窗執行以下的命令：C:\> python -mpip install -U pip。

安裝好 pip 之後，就可以在命令提示字元視窗下使用 pip install 安裝第三方套件，例如 C:\> pip install numpy 就是安裝 numpy 模組。

除了內建函式之外，編程者也可以自行定義函式。自建函式的語法如下：

```
def funName(…):
    # 程式敘述寫在
  # 區塊內
```

定義好的函式要被呼叫才會被執行，有些函式呼叫時需代入參數值，有些則不需要帶入參數值。呼叫函式執行後，有些有回傳值有些則沒有。這些在自行定義函式時就要決定。另外，自行定義 function 時函式名稱 (function name) 可以自己取。自建函式使用 def 關鍵字，然後指派給一個自取的函式名稱，例如 funName。自建函式的主體敘述則編寫在冒號 : 的區塊內。

沒有輸入引數也沒有回傳值的自定義 function 範例如 Ex2_7_002.py 所述。

Ex2_7_002.py

```
def alert():
  print("beep! beep!")
temp=89
if (temp > 76):
  alert()                    #beep! beep! 出現在主控台畫面
```

沒有回傳值 (reurn value) 的 function 自定義範例如 Ex2_7_003.py 所述。

Ex2_7_003.py

```
def my_function(fname, lname):
  print(fname + " " + lname)     # 輸入的引數值就代入到這些參數
my_function("Emil","test")       # 呼叫自行定義的 my_function(…)
                                 #Email test
```

自定義 (define) 一個具有回傳值的功能單元，以可以回傳 (return) 兩個整數相加的結果的 function 範例如 Ex2_7_004.py 所述。

Ex2_7_004.py

```
def  add2(a,b):                # a與b只是function內部的區域變數 (local variable)
  val=a+b                      # 在函式內定義 val 變數
  return val                   # 將 val 回傳呼叫處
x=3
y=9
dog=add2(x,y)                  # 呼叫時需要給定 2 個引數
print(dog)                     # 12
print(add2(45,54))             # 99
```

2-8　全域變數與區域變數

在函式內也可以定義變數，例如在 Ex2_7_004.py 函式內，就定義一個 val 變數。在函式內所定義的變數叫做區域變數 (Local Variable)，定義在函式之外的變數叫做全域變數 (Global Variable)。在程式內到處都有效的就是全域變數，而區域變數只有在函式內才有效。如 Ex2_8_001.py 所示，x=100 是宣告在函式 myfun(a) 外頭，所以是全域變數，但是 temp 是宣告在函式內部，所以是區域變數。a 是外部帶入的引數，也視為區域變數。

Ex2_8_001.py

```
x=100              # Global Variable
def  myfun(a):
  temp=a+x         # a與temp都是Local Variable，x則是Global Variabe100
  print(temp)
#print(temp)       # name not found error
print(x)           # 100
myfun(400)         # 500
```

這一段程式碼如果將 #print(temp) 的 # 去掉會有編譯錯誤「UnboundLocalError: local variable 'x' referenced before assignment」。另外全域變數名稱與區域變數名稱有衝突的時候，在函式內會以區域變數優先。如 Ex2_8_002.py 所示，在函式外與函式內都定義 x 變數，但是兩者的賦值不一樣。

Ex2_8_002.py

```
x=100                          #Global Variable
def  myfun(a):
  x=300                        # x 出現在等號左邊就是要定義 local 變數
                               # 因為是在函式內
  temp=a+x                     # a , temp 與 x 都是 Local Variable
  print(temp)
print(x)                       # 100，Global Variable
myfun(400)                     # 700 帶入 400 後加 300 而不是加 100
```

2-9 List 資料結構

陣列 (array) 是最簡單的資料結構，Python 的 List 可以看成是陣列的變形。資料結構 (Data Structure) 是一種多筆資料的儲存方式。陣列是一種線性資料結構，可以看成是櫃子，而櫃子有抽屜，抽屜有編號，抽屜用來存資料，資料也可以從抽屜取出。Python 的 List 或陣列元素的編號也叫索引 (index)，從 0 開始。Python 的 List 也可以倒著數，-1 表示倒數第一個，-2 倒數第一個，依此類推。

Ex2_9_001.py 是宣告一個 List 資料結構，名字叫 thislist，有三個元素，櫃子編號是 0、1、2，內容分別是 "apple"、"banana"、"cherry"。程式中也以索引編號的方式將陣列中的元素內容取出。

Ex2_9_001.py

```
thislist = ["apple", "banana", "cherry"]
print(thislist[1])             #banana
print(thislist[2])             #cherry
print(thislist[0])             #apple
print(thislist[-1])            #cherry
print(thislist[-3])            #apple
```

陣列通常會與迴圈一起使用，舉例來說，我們可以將數值存到陣列內再將每個元素的內容相加，Ex2_9_002.py 是使用 while loop 完成將元素內容相加的範例。

Ex2_9_002.py

```
numlist=[23,45,78,12,-78,765] # 將數值存到陣列內
total=0
i=0
while (i < 6):                # 有 6 個元素
  total=total + numlist[i]
  i=i+1
print(total)                  # 845
```

如何知道陣列有多少個元素？藉由 len(...) 函式可以達到這個目的，用法為 N=len(numlist)。Ex2_9_003.py 是使用 for loop 配合 len(…) 函式完成陣列元素相加的程式。

Ex2_9_003.py

```
numlist=[10,23,45,78,12,-78,765,98,34]     # 將數值存到陣列內
total=0
N=len(numlist)
for i in range(0,N,1):
  total=total + numlist[i]
print(total)                 #987
```

可以使用：冒號取出連續若干個串列 (List) 元素，例如 thislist[2:5] 就是存取 thislist[2]，thislist[3]，thislist[4]。請參考 Ex2_9_004.py 的程式。

Ex2_9_004.py

```
thislist = ["apple", "banana", "cherry", "orange", "kiwi", "melon",
"mango"]
print(thislist[2:5])        #cherry ,orange , kiwi
print(thislist[:4])         # 等同 thislist[0:4] 從 apple 起，取 4 個
print(thislist[-4:-1])      # 從倒數第 4 個取到倒數第 1 個，orange 到 mango
thislist[1:2]=["banana", "watermelon"]      # 相當於插入新元素 watermelon
print(thislist[1:3])        # "banana", "watermelon"
```

```
>>>
    ['cherry', 'orange', 'kiwi']
    ['apple', 'banana', 'cherry', 'orange']
    ['orange', 'kiwi', 'melon']
    ['banana', 'watermelon']
>>>
```

▲圖 2-9-1　Ex2_9_004.py 的執行結果

thislist[1:2] = ["banana", "watermelon"] 是將新元素插入在 List 中間的一種作法，相當於插入新元素 "watermelon" 到 "cherry" 之前。

另一種將 for loop 與 List 整合的方式，是使用 for x in list，那麼 x 就會在每一次疊代時一個一個將 list 的元素取出，請參考 Ex2_9_005.py 的程式範例。

Ex2_9_005.py

```
thislist = ["apple", "banana", "cherry", "orange", "kiwi", "melon", "mango"]
                                                    # 一個一個元素印出
for x in thislist:
  print(x)
```

串列 (List) 與陣列 (array) 都是集合物件。將集合物件的元素一次取出到變數也叫拆解 (Unpack)。如果 List 有 M 個元素，我們可以使用 M 個變數用來儲存拆解後的元素，方便在程式中操作。請參考 Ex2_9_006.py 的程式範例。

Ex2_9_006.py

```
fruits = ["apple", "banana", "cherry",100]
x, y, z,d = fruits
print(x)
print(y)
print(z)
print(type(z))
print(d)
print(type(d))
```

這裡的 x, y, z, = fruits 相當於 x = fruits[0]，y = fruits[1]，z = fruits[2]，d = fruits[3]，顯然前者比後者簡潔多了。另外，從這個例子，我們也可以看到 List 的每個元素的資料型態不一定都要一樣。例如 z 的形態爲 str，d 的型態爲 int。

2-10　物件的基本觀念

程式裡的物件 (Object) 可以視爲一種可用的元件，也就是在程式內是可以操作的。每一個物件都有屬性與函式，屬性表示物件的特徵或裝態，函式表示物件所提供操作或行爲。物件的函式也叫做方法 (method)，透過「物件 . 屬性」即可存取 (access) 屬性內容，「物件 . 函式 (...)」則可呼叫物件的方法。舉個例子，字串是 Python 的內建物件，它有 upper(...) 函式可以將小寫變成大寫。如 Ex2_10_001.py 所述。

Ex2_10_001.py

```
aStr = "Hello, World!"
aStr.upper()
print(aStr)                    # Hello, World!
dog = aStr.upper()
print(dog)                     # HELLO,WORLD!
```

aStr 物件，內容爲 "Hello, World!"，呼叫其 upper() method 可以將所有英文字母都變成大寫，但必須儲存成另一個物件，而本身的內容並沒有改變。

List 陣列一經宣告後實際上就是一個物件，List 物件的 append(...) 方法可以將元素塞在最後的位置，例如當 thislist = ["apple", "banana", "cherry"] 時，thislist.append("orange") 會將 orange 放在 cherry 之後。List 物件的 insert(…) 則會將新元素插入到 List 中，例如 thislist.append(1,"watermelon") 會將 watermelon 插入在 thislist[1]，也就是 banana 的位置，而 banana 則往後擠。請參考 Ex2_9_005.py 的程式範例。

Ex2_10_002.py

```
thislist = ["apple", "banana", "cherry"]
thislist.append("orange")
print(thislist)
thislist.insert(1,"watermelon")
print(thislist) # ['apple', 'watermelon', 'banana', 'cherry', 'orange']
```

陣列有一個方法 (method) 在排序時非常好用，這個函式叫 sort()。只要呼叫 sort()List 就可以完成排序。呼叫方法或函式時可以設定執行組態，sort() 的排序預設是由小而大，若要改爲由大而小，只要設定組態變數 reverse=True 即可。請參考 Ex2_10_003.py。

Ex2_10_003.py

```
thislist = ["orange", "mango", "kiwi"]
thislist.sort()
print(thislist)                    #排序後的結果為 ["kiwi", "mango", "orange"]
dog= thislist.sort()
print(thislist)                    #排序後的結果為 ["kiwi", "mango", "orange"]
thislist.sort(reverse=True)
print(thislist)                    # 排序後的結果為 ["orange", "mango","kiwi"]
```

執行這個程式後，你會發現，只要執行了 thislist.sort()，thislist 就完成排序，至於排序依據如果是字串就依 ASCII 編碼的字母決定。當然如果是數值，就依照數值大小排序。

如果要判斷兩個物件是否相同，可以使用 is 運算子。若 x 是物件，z = x 只是將此物件另取一個名字，實際上 x 與 z 是代表相同的物件。請參考 Ex2_10_004.py。

Ex2_10_004.py

```
x = ["apple", "banana"]      # 宣告一個陣列物件叫 x
y = ["apple", "banana"]      # 宣告另一個陣列物件叫 y
z = x                        # 原本叫 x 的櫃子，現在多了一個名稱叫 z
print(x is z)                #  x 與 z 是否是指相同的櫃子，True
print(x is y)                #  x 與 y 是否是指相同的櫃子，False
print(x == y)                #  x 與 y 的櫃子內容是否相同，True
print(x==z)                  #  x 與 z 的櫃子內容是否相同，True
```

2-11　numpy 模組的多維陣列

雖然我們我們也常常習慣將 Python 的 List 稱爲陣列，但是陣列與 List 還是有本質的不同。陣列與串列的主要差別，陣列的元素的資料型態都要相同，List 則沒有這個限制。

若要使用嚴謹的陣列，可以使用 numpy 套件 (Module) 來定義數值陣列。呼叫 numpy 的功能單元 array(...)，以一個 List 做爲引數物件，建立名爲 arr 的一維陣列，程式碼如 Ex2_11_001.py 所述。

Ex2_11_001.py

```
import numpy as np              # 設定 numpy 的別名叫 np
arr = np.array([1, 2, 3, 4, 5])
print(arr)
print(arr[2] + arr[3])          # 3 + 4 是 7
print(arr[1:5:2])               # 從第 2 個到第 5 個，每 2 個取 1 個，所以是 [2,4]
print(arr[::2])                 # 從第 1 個到最後一個，每 2 個取 1 個，[1,3,5]
```

程式中的 import numpy as np 的 as np 是取別名爲 np，之後 np 就相當於 numpy。arr[1:5:2]) 是從第 2 個到第 5 個，每 2 個取 1 個，所以會取出 [2,4]；arr[::2]) 會從第 1 個到最後一個，每 2 個取 1 個，所以會取出 [1,3,5]。numpy 可以定義多維度陣列，例如以下就是定義一個 2D array 的程式。

Ex2_11_002.py

```
import numpy as np
arr = np.array([[1,2,3,4,5], [6,7,8,9,10]])
print('第一列的第二個元素是：', arr[0, 1]) # 2
print('(0,4) 是', arr[0,4])                # (0,4) 是 5
print('(1,3) 是', arr[1,3])                # (1,3) 是 9
```

numpy 可以定義 3D 陣列，如下的程式碼，arr = np.array([[[1, 2, 3], [4, 5, 6]], [[7, 8, 9], [10, 11, 12]]]) 是定義一個 2×2×3 的 3 維陣列。arr[0][1][2] 的內容是 6。從最外層的 [與] 往內拆，先定位到第一個陣列 [[1,2,3],[4,5,6]]，再定位到其第 2 個陣列 [4,5,6] 的第 3 個元素就是 6。這樣只取出部分元素的陣列操作叫切片 (Slicing)。

Ex2_11_003.py

```
import numpy as np
arr = np.array([ [[1, 2, 3], [4, 5, 6]], [[7, 8, 9], [10, 11, 12]]  ])
print("arr[0][1][2] 的內容就是 ", arr[0][1][2])    # 6
print("arr[1][0][2] 的內容就是 ", arr[1][0][2])    # 9
```

如前所述 numpy 嚴格遵守陣列元素的型態都要相同的限制，另外也可以進行陣列維度的轉換，例如陣列的 reshape(…) method 可以將一維變成二維 (Reshape From 1-D to 2-D)，請完成如下的程式練習。

Ex2_11_004.py

```
import numpy as np
arr = np.array([1, 2, 3, 4, 5, 6, 7, 8, 9, 10, 11, 12])
newarr = arr.reshape(4, 3)     # 將 1-D 轉換成 4x3 的陣列
print(newarr)
```

這個程式的執行結果為：

```
[[ 1  2  3]
 [ 4  5  6]
 [ 7  8  9]
 [10 11 12]]
```

一個一個取出陣列元素也被稱爲點名，一般是與 for loop 配合。二維陣列就會使用到二個 for loop，如以下的程式碼：

Ex2_11_005.py

```
import numpy as np
arr = np.array([[1, 2, 3], [4, 5, 6]])
for x in arr:
  for y in x:
    print(y)
```

另外，陣列也可以進行合併 (join)，例如兩個一維陣列的合併 (join) 的程式如下：

Ex2_11_006.py

```
import numpy as np
arr1 = np.array([1, 2, 3])
arr2 = np.array([4, 5, 6])
arr = np.concatenate((arr1, arr2))
print(arr)   # [1 2 3 4 5 6]
```

若是二維陣列的合併則會有兩個方向，依照列 (by row) 或依照行 (by column)，預設 (默認，default) 的組態變數 axis 爲 0，表示會往列方向增加。程式碼如下：

Ex2_11_007.py

```
import numpy as np
arr1 = np.array([[1, 2], [3, 4]])
arr2 = np.array([[5, 6], [7, 8]])
arr = np.concatenate((arr1, arr2), axis=0)
print(arr)
```

上述執行的結果如下：

```
[[1 2]
 [3 4]
 [5 6]
 [7 8]]
```

若 axis = 1，表示會往行方向增加，arr = np.concatenate((arr1, arr2), axis=1) 的執行結果如下：

```
[[1 2 5 6]
 [3 4 7 8]]
```

numpy 的 stack(...) 函式也可以將 1-D 陣列變成 2-D 陣列。程式如下所列。

Ex2_11_008.py

```
import numpy as np
arr1 = np.array([1, 2, 3])
arr2 = np.array([4, 5, 6])
arr = np.stack((arr1, arr2), axis=1)
print(arr)
```

執行結果如下是一個 3×2 矩陣 (二維陣列)，因為 axis=1，所以往行方向增加。

```
[[1 4]
 [2 5]
 [3 6]]
```

若 arr = np.stack((arr1, arr2), axis=0)，結果則是 2×3 的矩陣，如下：

```
[[1 2 3]
 [4 5 6]]
```

想要查找某資料內容在陣列的哪一個索引值 (index)，可以使用 numpy 模組的 where 函式，請參考 Ex2_11_009.py。

Ex2_11_009.py

```
import numpy as np
arr = np.array([45, 21, 33, 47, 59, 47, 43])
x = np.where(arr == 47)  # 若找到多個索引，會儲存在陣列內，
                         # 而陣列則放在 tuple 的第一個元素
print(type(x))           # <class 'tuple'>
print(len(x))            # len(x) 是 1，也就是 tuple 只有一個元素，
                         # 就是儲存索引的那個陣列
print(type(x[0]))        # numpy.ndarray
print(len(x[0]))         # 2，因為比對到 2 個 47
print(x[0])              # [3,5]，47 分別落在索引編號為 3 及 5 的位置 print(x[0][0])
                         # 3
```

使用 where(arr == 47) 所得到的結果會儲存在 tuple 資料結構內，所謂 tuple 資料結構類似 List 與陣列，只是 tuple 的元素一旦賦值就沒有辦法改變。而且最後找到的索引值會儲存在 x[0] 陣列內。

要從陣列中搜尋出符合條件的元素，也可以先建立遮罩陣列再做過濾，請參考 Ex2_11_010.py。

Ex2_11_010.py

```
import numpy as np
arr = np.array([41, 42, 43, 44, 57])
filter_arr = []                      # 建立空串列
for element in arr:
  if element > 42:
    filter_arr.append(True)          # 符合過濾條件的位置設定為 True
  else:
    filter_arr.append(False)
newarr = arr[filter_arr]             # 將遮罩陣列套用到 arr 得到過濾後的新陣列
print(newarr)                        # [43 44 57]
```

因爲過濾條件爲是否大於 42，所以最後的結果爲 [43 44 57]

3 Python 進階編程語法

3-1 向量運算模式與泛化函式

Python 支持向量運算 (Vectorization)，這可以簡化使用 for loop 與 iteration 的運算，進而可以節省許多 Coding 的時間。向量運算模式一般會配合 ufunc(Universal Functions) 泛化函式一起運用。ufunc 函式是 numpy 模組特有的特性，ufunc 的運算元是陣列。以下是兩個陣列元素對元素相加的範例，Ex3_1_001.py。這裡的陣列可以視爲向量。

Ex3_1_001.py

```
import numpy as np
x = [1, 2, 3, 4]
y = [4, 5, 6, 7]
z = np.add(x, y)
print(z)  # [ 5  7  9 11]
```

以下則是以 numpy.arange(⋯) 建立陣列 [1,2,3,4] 之後每個元素乘 2.0 再加 6 再取 log2 的範例，Ex3_1_002.py。

Ex3_1_002.py

```
import numpy as np
arr = 2.0*np.arange(1, 5) + 6   # [1,2,3,4]
dog = np.log2(arr)              #log2(...) 就是 ufunc
print(dog)                      #[3.0 3.32192809 3.5849625  3.80735492]
```

編程員也可以定義自己的 ufunc 函式，只要透過 numpy 的 frompyfunc(...) 就辦得到，如此就可以使用來進行向量運算。frompyfunc() 函式需要 3 個引入參數，分別是：

1. 要作用在陣列向量運算的 function 名稱與程式執行內容。名稱需寫在 def 後面，執行內容則要編寫在區塊內。
2. 參與運算的陣列個數
3. 運算後的結果陣列的個數

範例 Ex3_1_003.py 是定義一個 ufunc 函數可計算兩數的平均，定義好之後，給定 2 個陣列即可得到一個將 2 個陣列元素一個位置一個位置進行平均的結果陣列。

Ex3_1_003.py

```
import numpy as np
def add_2(x, y):
  return 0.5*x+0.5*y
myadd = np.frompyfunc(add_2, 2, 1)
result=myadd([1, 2, 3, 4], [5, 6, 7, 8])
print(result)                #[3.0 4.0 5.0 6.0]
```

範例 Ex3_1_003.py 則是定義一個 ufunc 叫 myadd 的範例，可進行兩個陣列逐元素的權重平均。myadd(…) 需要用到 4 個陣列，因此在 frompyfunc 中需要設定輸入的陣列有 4 個。

Ex3_1_004.py

```
import numpy as np
def addw(x, y, w1, w2):
  return w1*x+w2*y
myadd = np.frompyfunc(addw, 4, 1)
result = myadd([1, 2, 3, 4], [5, 6, 7, 8], [0.3, 0.7, 0.6, 0.5],[0.7, 0.3, 0.4, 0.5] )
print(result)                #[3.8 3.1999999999999997 4.6 6.0]
```

3-2 matplotlib 繪圖模組的運用

繪圖基本觀念是兩個點可以形成一個線段，線段與線段再連起來就可以構成曲線。matplotlib 的子模組 pyplot 提供一些繪圖函式，其中 plot(...) 是最主要的。plot() 繪圖後是將結果儲存在記憶體，必須呼叫 show() 才會顯示在畫面。Ex3_2_001.py 是給定三個座標點 (0,0)，(4,300)，(6,259)，呼叫 plot(…) 繪出曲線的程式碼，結果如圖 3-2-1 所示。

Ex3_2_001.py

```
import matplotlib.pyplot as plt
import numpy as np
xpoints = np.array([0, 4, 6])
ypoints = np.array([0, 300, 250])
plt.plot(xpoints, ypoints)
plt.show()
```

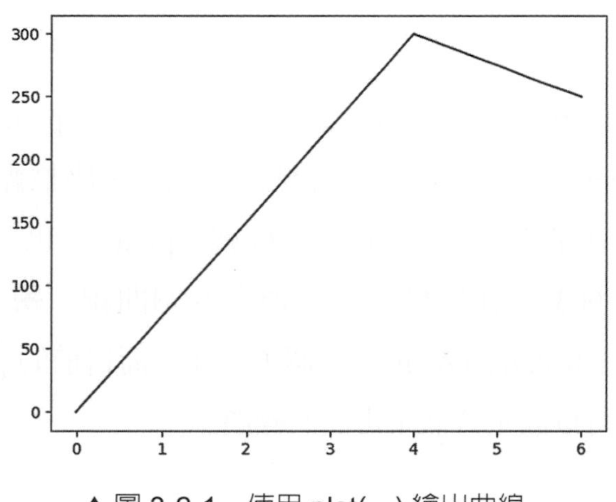

▲圖 3-2-1　使用 plot(…) 繪出曲線

呼叫 plot(…) 時，如果只給定一個陣列，會被預設當作垂直座標值，而水平座標值則是從 0 開始，每次增加 1.0。Ex3_2_002.py 相當於是給定四個座標點 (0,3)，(1,8)，(2,1)，(3,10) 再呼叫 plot(…) 繪出曲線的程式碼，在呼叫 plot(…) 時，可以透過 marker 組態參數設定座標點的符號樣式，marker = '8' 是圓形符號。結果如圖 3-2-2 所示。

Ex3_2_002.py

```
import matplotlib.pyplot as plt
import numpy as np
ypoints = np.array([3, 8, 1, 10])
plt.plot(ypoints, marker = '8')
plt.show()
```

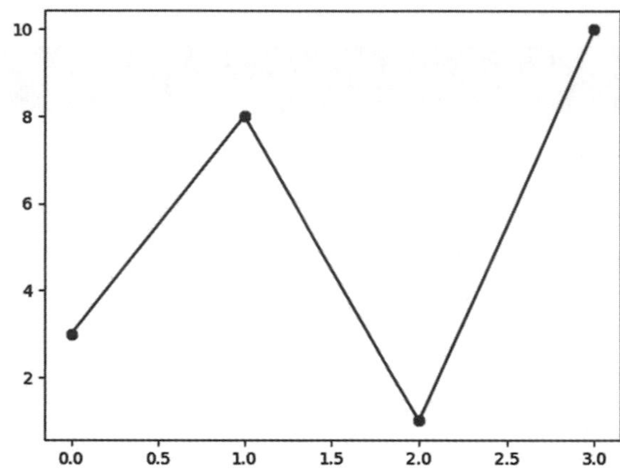

▲圖 3-2-2　使用 plot(…) 繪出曲線時設定座標點的呈現樣式

matplotlib.pyplot 的 plot(...) 有多型能力，plot(xpoints, ypoints) 會以線段相連的方式繪出曲線，plot(xpoints, ypoints,'x') 只會標出資料點 (座標點)，但是 plot(xpoints, ypoints,marker='x') 會在曲線的資料點標上符號。plot(…) 也可以在座標系統上繪出多個曲線，Ex3_2_003.py 在座標系統上繪出四個曲線。繪圖畫面的分割是使用 subplot(m,n,l)，這會將畫面分割成 m × n 個子畫面，而目前的 plot 要放在第 l 個子畫面。另外 plt.title(…) 可以設定各個子畫面的標題。

Ex3_2_003.py

```
import matplotlib.pyplot as plt
import numpy as np
y = np.array([3, 8, 1, 10])
plt.subplot(3, 1, 1)
plt.plot(y)
plt.title('Fig-a')
y = np.array([10, 20, 30, 40])
plt.subplot(3, 1, 2)
plt.plot(y)
plt.title('Fig-b')
y = np.array([3, 8, 1, 10])
plt.subplot(3, 1, 3)
plt.plot(y)
plt.title('Fig-c')
plt.show()
```

執行結果如圖 3-2-3 所示。

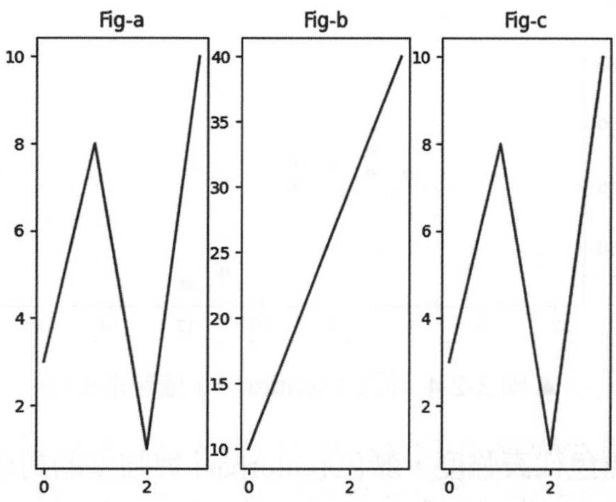

▲圖 3-2-3　多個曲線繪製在一個座標系統

matplotlib 的 pyplot 的 scatter(...) 可以繪出散佈圖，Ex3_2_004.py 即是繪出散佈圖的程式，其中 plt.scatter(x, y, c=colors[0]) 與 plt.scatter(x, y, c="#000000") 是設定散佈圖中資料點的呈現顏色，c="#000000" 是設定黑色。散佈圖通常是用來做資料的初步觀察的工具。執行結果如圖 3-2-4 所示。

Ex3_2_004.py

```
import matplotlib.pyplot as plt
import numpy as np
x = np.array([5,7,8,7,2,17,2,9,4,11,12,9,6])
y = np.array([99,86,87,88,111,86,103,87,94,78,77,85,86])
colors = np.array(["red","green","blue"])
                             #plt.scatter(x, y, c=colors[0])
plt.scatter(x, y, c="#000000")
plt.show()
```

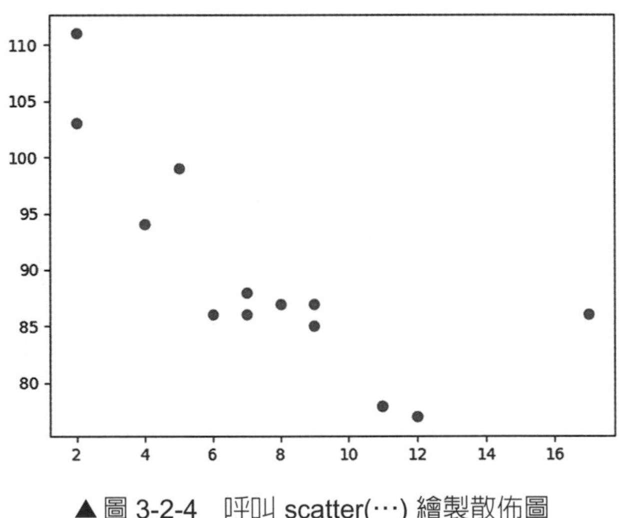

▲圖 3-2-4　呼叫 scatter(…) 繪製散佈圖

scatter() 可使用顏色代表強度，顏色 (colorbar) 與強度的對應會一併呈現在座標圖上，範例程式 Ex3_2_005.py 如下。每一個資料點所對應到顏色即表示強度如 colors[] 陣列所表示，55 表示 55% 的強度，至於強度與顏色的對應是採用預設的 viridis 樣式，plt.colorbar() 將顏色與強度的對應關係呈現爲垂直桿。Ex3_2_005.py 的執行結果如圖 3-2-5 所示。

Ex3_2_005.py

```
import matplotlib.pyplot as plt
import numpy as np
x = np.array([5,7,8,7,2,17,2,9,4,11,12,9,6])
y = np.array([99,86,87,88,111,86,103,87,94,78,77,85,86])
colors = np.array([10, 10, 20, 30, 40, 50, 50, 55, 60, 70, 80, 100,
100])
plt.scatter(x, y, c=colors, cmap='viridis')
plt.colorbar()
plt.show()
```

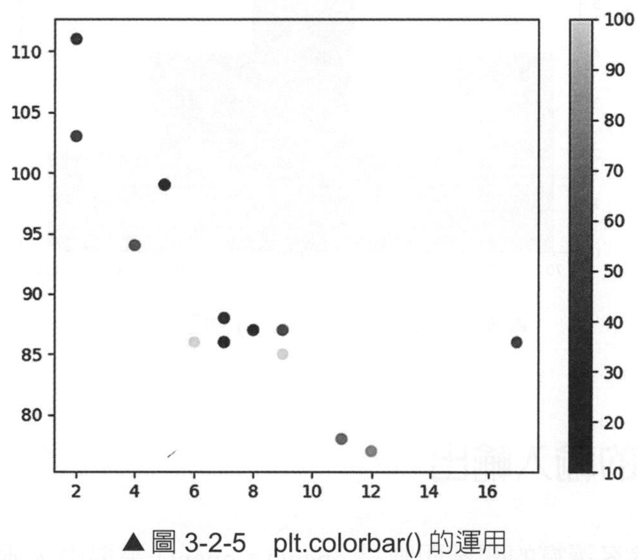

▲圖 3-2-5　plt.colorbar() 的運用

直方圖 (Histogram) 一般是用來初步查看資料的機率分配，例如檢視全校學生數學成績的分布是否接近常態分配。針對給定的資料，計數小區間內的資料筆數，之後繪製成比較圖。matplotlib.pyplot 的函式 hist(…) 即可繪製直方圖，請參考範例程式 Ex3_2_006.py。呼叫 hist(…) 時的組態參數 bins=5 是將資料值域範圍內區分為 5 個區間做筆數計數。Ex3_2_006.py 的執行結果如圖 3-2-6 所示。

Ex3_2_006.py

```
import matplotlib.pyplot as plt
import numpy as np
y = np.array([99,86,87,88,110,86,103,87,94,78,77,85,86,76,89,88,94,94,70,70])
plt.hist(y,bins=5)
plt.show()
```

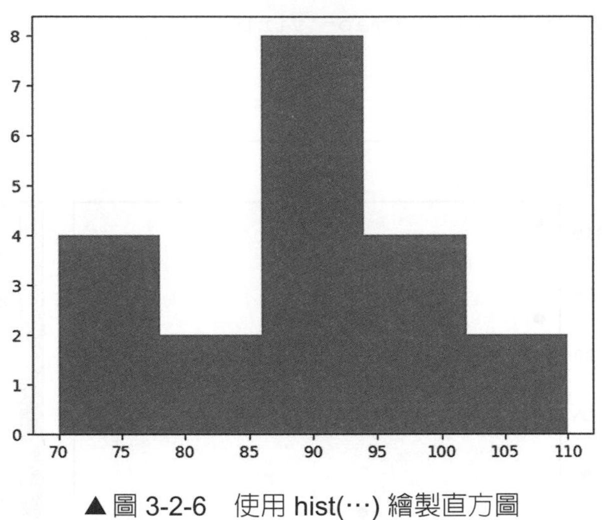

▲圖 3-2-6　使用 hist(…) 繪製直方圖

3-3　檔案的輸入輸出

Python 處理檔案讀寫的關鍵函數是 open()。open() 需要引入兩個參數，分別是檔案名稱和模式 (mode)。模式是用來設定檔案的開啓方式，有四種不同的設定。

模式	說明
r	read 讀取 – 默認值。如果檔案不存在則回傳錯誤 (error)
a	append 附加 – 將內容附加到檔案最後一行，如果檔案不存在則建立一個新檔案
w	write 寫入 – 如果檔案不存在則建立一個新檔案
x	create 建立 – 建立一個新檔案，如果檔案已存在則回傳錯誤

Ex3_3_001.py 展示建立一個新檔案 mydemofile.txt，並寫入 3 行的內容，之後再開啓該檔案並讀取所有內容到字串 mystr 後顯示在控制台。使用檔案總管切換到 Ex3_3_001 的儲存資料夾，會看到一個檔案 mydemofile.txt，在 Python 控制台也會顯示執行結果如下：

```
1. 第一行資料
2. 第二行資料
3. 第三行資料
```

Ex3_3_001.py

```
f = open("mydemofile.txt", "w")
f.write("1. 第一行資料" + '\n')
f.write("2. 第二行資料" + '\n')
f.write("3. 第三行資料" + '\n')
f.close()
                              #open and read the file after writing:
f = open("mydemofile.txt", "r")
mystr=f.read()
print(mystr)
f.close()
```

Ex3_3_002.py 是將 f.read() 改爲 f.read(12) 的範例，在控制台所顯示的結果如下：

```
1. 第一行資料
2. 第二
```

read(10) 的 10 是表示藥讀入 10 個字元，中文符號也當做一個字元看待，另外，跳行符號“\n”也被當成一個字元。

Ex3_3_002.py

```
f = open("mydemofile.txt", "r")
mystr=f.read(12)
print(mystr)
f.close()
```

前面兩個檔案展示一般文字檔案的讀寫。Python 也提供格式檔案的讀寫，例如 JSON 格式與 CSV 格式。讀取有格式的檔案，可以使用 Python 的 Pandas 模組。Pandas 模組提供許多資料分析的功能，讀取 JSON 格式與 CSV 格式的檔案只是基本功能。以下是 JSON 格式的資料的範例：

```
[{ "name":"John", "age":30, "city":"New York"},{ "name":"Mary",
"age":34, "city":"New York"},{ "name":"Tom", "age":60,
"city":"Taipei"}]
```

中括號 [與] 包含了三筆資料，每筆資料則以 { 與 } 包含鍵值對 (key-value pair) 內容，{"name":"John", "age":30, "city":"New York"}。這裡的 name、age、city 是索引鍵 (key)，John、30、New York 則是內容值。將這些資料儲存成 myjson.json，Ex3_3_003.py 展示透過 Pandas 模組的 read_json(…) 函式讀入 myjson.json 後儲存在 DataFrame 資料結構內。

Ex3_3_003.py

```
import pandas as pd
df = pd.read_json('myjson.json')
print(type(df))
print(“以下是 df 的內容：”)
print(df.to_string())
```

執行結果如下：

```
======= RESTART: D:/Python/book/chapter4/Ex3_3_003.py ======
<class 'pandas.core.frame.DataFrame'>
以下是 df 的內容：
   name  age      city
0  John   30  New York
1  Mary   34  New York
2   Tom   60    Taipei
```

print(type(df)) 的輸出結果為 <class 'pandas.core.frame.DataFrame'>，DataFrame(資料框) 是 Pandas 的特殊資料結構，print(df.to_string()) 是將 df 資料框輸出在控制台。

資料框其實與 Excel 軟體的試算表其實是類似的。Excel 軟體可以將試算表儲存成 csv 檔，csv 格式的資料範例如下所示：

```
Age,Experience,Rank,Nationality,Go
36,10,9,UK,NO
42,12,4,USA,NO
23,4,6,N,NO
52,4,4,USA,NO
43,21,8,USA,YES
```

csv 基本上也是 key-value pair 的格式，只是欄位之間會以逗號 ',' 隔開。如上所示，欄位名稱之間是以 ',' 隔開，各欄位值也是以 ',' 隔開。

Ex3_3_004.py

```
import pandas as pd
df = pd.read_csv('mydata.csv')
print(" 以下是 df 的內容：")
print(df.to_string())
```

Ex3_3_004.py 的執行結果如下所示：

```
以下是 df 的內容：
   Age    Experience  Rank    Nationality   Go
0   36          10    9          UK      NO
1   42          12    4         USA      NO
2   23           4    6           N      NO
3   52           4    4         USA      NO
4   43          21    8         USA      YES
```

因爲 csv 檔是將每一筆資料當作一行看待，因此我們也可以使用使用前面已經講過的文字型態檔案的讀取方式，也就是 f = open("mydata.csv", "r") 之後再以 f.readline() 每次讀入一行的方式。

Ex3_3_005.py

```
f = open("mydata.csv", "r")
ggg1=f.readline()
ggg2=f.readline()
ggg3=f.readline()
print(ggg1)                 #Age,Experience,Rank,Nationality,Go
print(ggg2)                 #36,10,9,UK,NO
print(ggg3)                 #42,12,4,USA,NO
f.close()
```

這種讀取方式有讀取頭 (pointer) 的概念隱含在裡頭，一開始 pointer 是指向檔案的開頭，每次 f.readline(…) 執行完就指向下一行的開頭。另外，這種一次讀取一行有格式化的資料，後續要自行再撰寫解析 (parse) 資料格式的程式碼。與 pd.read_csv('mydata.csv') 比較，後者會自動完成 csv 的格式解析。

3-4 物件導向程式設計基本概念

什麼是物件 (Object)？物件有方法 (method)、物件有屬性 (property)。方法就是物件所提供的功能單元，也就是函式 (function)；屬性就是物件的狀態，可以看成變數。使用「物件 . 函式 (...)」可以呼叫物件的方法，使用「物件 . 屬性」可以存取 (Access) 物件的屬性。談到物件就記以下的口訣：

```
物件 . 函式 (...)
物件 . 屬性
```

Python 常用的內建物件有字串與集合物件。集合物件的例子有陣列 (array)、串列 (list)、tuple、dictionary、set 等等。建立字串物件可以直接將字串內容指派給一個字串變數，除此之外，另外一種建立字串的方式是呼叫字串類別 str 的建構子 (Constructor)，例如 duck=str(67.987) 就可以建立一個字串物件，內容為 "67.987"，相當於將浮點數 67.987 型別轉換成 "67.987"。建立物件後就可以物件 . 函式 (...) 與物件 . 屬性。Ex3_4_001.py 是字串物件的使用例。

Ex3_4_001.py

```
dogstr="taiwan"                # 建立一個字串物件名稱為 dogstr
catstr=dogstr.capitalize() # 將第一個字母變大寫之後存在
print(dogstr)                  #taiwan，本身沒有改變
print(catstr)                  #Taiwan
cat=dogstr.upper()
print(cat)                     #TAIWAN
duck=str(67.987)               # 浮點數 67.987 型別轉換成 “67.987”
print(type(duck))              #<class 'str'>
print(duck.find('9'))          # 找到 9 回傳其 index 的編號 3
```

在此例中，dogstr.capitalize() 是呼叫字串物件 dogstr 的方法，capitalize() 將第一個字母變成大寫，然後回傳一個新字串物件，指派給 catstr，但是 dogstr 本身沒有改變。dogstr.upper() 是將所有字母變成大寫。duck.find('9')) 找到 duck 字串物件中的 9，然後回傳其 index 的編號 3。

list 物件的建立方式有兩種，直接給內容，以及呼叫建構子，如下所示：

```
dog1=[16,67,98]
dog2=list((16,67,98))
```

numpy 的陣列 (array) 物件的建立方式爲 dog=numpy.array([16,67,98])，這是以呼叫建構子的方式建立陣列。陣列物件可以整個做爲 ufunc 函式的輸入參數內容物件，例如 numpy.sort(dog)，會將 dog 陣列元素進行排序。

Python 支援物件導向程式 (OOP，Object-Oriented Programming)，也就是至少有繼承 (Inheritance) 的特性。物件 (Object) 與類別 (Class) 是一體兩面的關係，類別是物件的規格，物件是類別的實現，也就是物件是類別的實現例 (instance，實例)。基於類別可以呼叫其建構子創建多個實例。Python 的類別定義會使用到一個關鍵字 class，之後加一個類別名稱。類別定義後之後，呼叫其建構子就可以建立該類別的物件，沒有引入任何參數的建構子叫做預設建構子 (Default Constructor)，不用特別去定義。參考以下的範例，Ex3_4_002.py。

Ex3_4_002.py

```
class Monkey:
  legs = 2
  hands= 2
monk=Monkey()                    # 呼叫預設建構子
print(monk.legs)                 # 物件 . 屬性
print(monk.hands)
monk2=Monkey()
print(monk.legs)                 # 物件 . 屬性
print(monk.hands)
```

此範例建立一個有兩個屬性的類別，宣告屬性與設定其預設內容的語法為 legs = 2 與 hands= 2。呼叫預設建構子建立 Monkey 物件然後指派給 monk 變數的語法為 monk=Monkey()，藉由物件 . 屬性，monk.legs 即可以存取屬性內容。

藉由 __init(...)__ 函式可以在類別內定義非預設建構子，非預設建構子可以接受外部的引入參數值，然後設定類別屬性值，如此一來即可以建構不同內容的物件。如範例 Ex3_4_003.py。

Ex3_4_003.py

```
# Monkey 類別有兩個屬性，分別是 self.legs 與 self.hands 的 legs 與 hands
class Monkey:
  def __init__(self, num1, hands):
    self.legs = num1
    self.hands = hands
p1 = Monkey(3, 1)
print(p1.legs,p1.hands)    #3 , 1
p2 = Monkey(4, 3)
print(p2.legs, p2.hands)   #4 , 3
```

此範例中的 init 是 initialize 之意。_ _init_ _(…) 函式就是需要引入參數值的非預設建構子，呼叫 Monkey(…) 相當於呼叫 _ _init_ _(…)，而所引入的參數相當於區域變數，引入參數可以使用與類別屬性相同的名稱，這不會有衝突問題，因爲類別屬性名稱前有 self 做區別。

此範例中的 self 是自身物件之意，self.legs=num1 可以解讀成自身物件的 legs 屬性值設定爲引入的參數值 num1；self.hands = hands 也是這樣解讀，雖然等號右邊的變數名稱也是 hands，但它是代表引入的參數值，是區域變數，而 self.hands 則可以視爲類別的全域變數。p1 = Monkey(3, 1) 是呼叫非預設建構子建立物件 p1，3 與 1 則是代入的參數值用來設定物件的屬性值。p2 = Monkey(4, 3) 則是建立另一個 Money 物件。

定義類別的方法 (函式) 就跟定義一般函式一樣，也是使用 def function_name 的語法，範例如 Ex3_4_004.py。

Ex3_4_004.py

```
class Monkey:
  def __init__(self, num1, hands):  #self 就是自身，朕
    self.legs = num1
    self.hands = hands
  def move(self):                  # 定義一個 move(…) 方法
    print(" 我走路用 " + str(self.legs) + " 隻腳 ")
p2 = Monkey(4, 3)                  # 實際是呼叫 __init__(...)
print(p2.hands)                    # 3
p2.move()                          # 我走路用 4 隻腳
```

定義好類別的函式，以 p2 = Monkey(4, 3) 建構 Monkey 物件後，即可以使用物件 . 函式 () 進行呼叫，例如 p2.move()。如前所述，Python 在定義類別時有一個自身物件 (self) 的概念。例如 self.legs = num1 是將自身物件的屬性 legs 的值設定爲外部引入的 numl。在類別函式內通常會使用到自身物件的屬性，但又要合乎 物件 . 屬性的規定，所以需要引入 self 自身物件，例如在定義 move() 方法時，def move(self) 的 self，如此一來，在 move() 內才可以使用 self.legs 的方式存取 legs 的內容。

Ex3_4_005.py

```
class Monkey:
  def __init__(self, num1, hands): #self 就是自身，朕
    self.legs = num1
    self.hands = hands
  def move(self,tool):
    print("我走路用 " + str(self.legs) + " 隻腳與" + tool)
class Human(Monkey):
  def talk(self):
    print("我會說話！")
p4=Human(2,2)
print(p4.legs)
p4.move("拐杖")                    # 我走路用 2 隻腳與拐杖
print(p4.talk())                  # 我會說話！
```

物件導向最核心的概念是繼承。繼承的好處是不需重複編寫程式碼，子類別會繼承父類別的屬性與方法，不需重新定義。如果父類別的功能不夠用，子類別還可以擴充，也就是定義新的屬性與方法。Python 的繼承語法很直覺，class Human(Monkey) 就表示 Human 繼承 Monkey，範例如 Ex3_4_005.py。此範例在父類別定義 move(…) 時，多了一個引入參數 tool，def move(self,tool)，因此呼叫時必須引入參數值，例如 p4.move(" 拐杖 ")。

範例 Ex3_4_005.py 中，建立 Human 物件的呼叫方式是 p4=Human(2,2)，雖然我們沒有在 Human 類別定義非預設建構子，這是因爲 Human 的屬性直接繼承自 Monkey，因此可以省略。雖然是呼叫 Human(2,2)，實際上是呼叫 Monkey(2,2)。但是如果子類別要增加自己的屬性，就必須定義自己的 __init__(...)，範例如 Ex3_4_005.py。

Ex3_4_006.py

```
class Monkey:
  def __init__(self, num1, hands):
    self.legs = num1
    self.hands = hands
class Human(Monkey):
 def __init__(self, legs, hands, clothes):
  super().__init__(legs, hands)
  self.clothes=clothes
 def talk(self):
  print(" 我會說話！")
p5=Human(3,5,7)
p5.talk()                  # 我會說話！
print(p5.clothes)          #7
```

此範例中，Human 類別增加一個 clothes 的屬性。另外，此範例的子物件會繼承父物件的屬性與方法，所以建立子物件之前父物件要先建立，作法就是在建構子內呼叫 super()._init__(...)，也就是呼叫父類別的建構子。這裏的 super() 指的就是父物件。

通常我們會把自己定義的類別 (class) 存在一個 py 檔，當做一個 Module 看待。要使用時再 import 這個 Module，而且在建構物件時要給模組名稱；假設 Monkey 與 Human 類別已儲存在 mypackage 模組，那麼 mypackage.Monkey(⋯) 與 mypackage.Human(⋯) 才會呼叫類別建構子。mypackage.py 與 Ex3_4_007.py 即爲此例的展示。

mypackage.py

```
class Monkey:
  def __init__(self, num1, hands):
    self.legs = num1
    self.hands = hands
class Human(Monkey):
 def __init__(self, legs, hands, clothes):
  super().__init__(legs, hands)
  self.clothes=clothes
 def talk(self):
  print(" 我會說話！")
```

Ex3_4_007.py

```
import mypackage
p5=mypackage.Human(3,5,7)
p5.talk()                    # 我會說話！
print(p5.clothes)            #7
```

3-5 其他

什麼是系統 (System)？有輸入、有處理、有輸出就叫做系統。Python 有一個指令 input(...) 可以讓使用者與系統透過鍵盤以命令列 (Command Line) 的方式互動。Ex3_5_001.py 是一個簡單的範例，可以讓使用者輸入成績後進行平均。input(…) 所取得的內容爲字串型態，所以要將字串轉成浮點數才能做數值運算。圖 3-5-1 爲執行結果。

Ex3_5_001.py

```
score1=input("請輸入第一筆成績：")          #score1 的型態是字串
score2=input("請輸入第二筆成績：")          #將字串轉成浮點數才能做數值運算
x=float(score1)
y=float(score2)
avg=(x+y)/2
print("平均成績是",avg)
```

▲圖 3-5-1　何謂系統的展示

Python 有一個內建模組 (built-in package) 叫 json，專門用來處理 JSON 格式的資料。例如將 JSON 字串 loads 進來後轉換成字典 Dictionary 資料結構的格式，參考範例 Ex3_5_002.py。

Ex3_5_002.py

```
import json
x = '{ "name":"John", "age":30, "city":"New York"}'
y = json.loads(x)
print(type(y))              # a Python dictionary, <class 'dict'>
print(y["age"])             #key --> value，30
```

編寫程式時，例外處理 (Exception Handling) 是很重要的技巧。Python 有提供例外處理的機制，主要是使用 try_except 結構。預期可能會發生例外的程式碼就寫在 try 區塊內，若眞的發生例外要執行的程式碼就寫在 except 區塊內。Ex3_5_003.py 爲展示除以 0 的例外之範例。

Ex3_5_003.py

```
x=90
try:
  y=0
  print(x/y)                          # 預期會發生 Exception
except:                               # 萬一例外真的發生了，這裡就會被執行
print("An exception occurred")        #An exception occurred
```

字串物件有一個函式，format(…) 提供字串格式化的功能。{:.2f} 的格式就是表示到小數點第二位。Ex3_5_004.py 爲展示範例，"{ }" 表示要代入內容。myorder.format(quantity, itemno, price) 會將引入參數值代入到 "{ }" 中。在使用 print(…) 時也可以直接套用格式設定，例如以下的語法會將變數 quantity，itemno，price 的值代入到字串中。

print(f'I want {quantity} pieces of item number {itemno} for {price:.2f} dollars.')

Ex3_5_004.py

```
quantity = 3
itemno = 123
price = 49
myorder = "I want {} pieces of item number {} for {:.2f} dollars."
#I want 3 pieces of item number 123 for 49.00 dollars.
print(myorder.format(quantity, itemno, price))
print(f'I want {quantity} pieces of item number {itemno} for
{price:.2f} dollars.')
```

map(…) 函式具有類似 numpy 模組的 Universal Function (ufuncs) 的功能。例如 x = map(specfunc, ['apple', 'banana', 'cherry']) 會將陣列 ['apple', 'banana', 'cherry'] 的元素一個一個做爲 specfunc(…) 函式的引入參數，所得到的結果是一個集合物件必須轉換成陣列或 List，以便進一步處理。specfunc(…) 函式可以是內建函式，也可以是自訂函式。Ex3_5_005.py 展示藉由 map(…) 函式得到字串陣列每個元素的字元數目。字元數目計數函式是一個自定義函式。

Ex3_5_005.py

```
def myfunc(a):
  return len(a)
x = map(myfunc, ['apple', 'banana', 'cherry'])
                       #<map object at 0x000002485169E890> <class 'map'>
print(x,type(x))
                       #convert the map into a list
print(list(x)) #[5, 6, 6]
```

Ex3_5_006.py 是展示兩個陣列的元素一對一相加的例子。

Ex3_5_006.py

```
def myfunc(a, b):
  return a + b
dog=[1, 7, 9]
cat=[3, 8, 2]
x = map(myfunc, dog, cat)
tt=list(x)
print(tt)                  #[4,15,11]
```

陣列在資料分析時幾乎是不可或缺的資料結構，有時會從一個大多維陣列中切分出子陣列，有時需要將多個陣列合併成一個陣列。Python 的 numpy 模組之 ndarray 物件是最常被使用在這種場合的資料結構。在這裡，我們進一步討論 numpy 的 ndarray 物件。

先從一維陣列開始，我們可以將一維陣列想成是資料向量，也就是將一維陣列當成 Excel 試算表中的單行 (單欄) 資料。但是因爲在宣告 numpy 陣列的語法會讓人誤會是一列資料，例如乍看這個宣告 field1=numpy.array([1,2,3,4]) 會以爲是一列，實際上要想成一欄或一行。如何識別是多維陣列，可以看有幾個中括號將資料包含起來；例如二維陣列的宣告的最簡單例子是 1×1 的陣列 simplearr= numpy.array([[1]])，有兩個中括號就表示是二維陣列。那如何取出這個陣列的元素內容，也就是取出整數 1。因爲是二維陣列，所以需要兩個索引編號，因此要使用 simplearr[0][0] 取出該元素的內容。而 simplearr[0] 則只是取出一維陣列。下一個程式敘述是宣告一個 2×3×4 的三維陣列。

```
d = numpy.array([ [[1,2,3,4],[5,6,7,8],[9,10,11,12]],
        [[13,14,15,16],[17,18,19,20],[21,22,23,24]]
      ])
```

因爲是三維陣列，所以需要三個索引編號才能取得最內層的資料。d[1][2][3] 表示最外層的第二個元素 (是二維陣列) 的第三個元素 (是一維陣列) 的第四個元素，因此會取到 24。同理可推，d[0][1][2] 會取得 7。這個部分之範例可以參考圖 3-5-2 的 Ex3_5_arr_01.py 的第 3 行至第 13 行。

如何將多個一維陣列合併成二維陣列？numpy.stack(…) 方法可以達成這個目的。stack(…) 方法有兩種合併方向。例如要將 x1=numpy.array([1,2,3,4]), x2=numpy.array([5,6,7,8])，以及 x3=numpy.array([9,10,11,12]) 合併成一個 3×4 陣列：[[1 ,2 ,3 ,4], [5 ,6 ,7 ,8], [9 ,10 ,11 ,12]]，我們可以使用程式敘述 numpy.stack((x1,x2,x3)) 完成。若要合併成一個 4×3 陣列：

[[1 ,5 ,9], [2 ,6 ,10], [3 ,7,11], [4 ,8 ,12]]，我們可以使用程式敘述，numpy.stack((x1,x2,x3), axis=1) 完成。stack(…) 的合併方向預設爲 axis=0，也就是每個陣列元素擺成水平再依序垂直推疊起來；當 axis=1 則是每個陣列元素擺成垂直再依序水平方向堆疊起來。numpy 模組還有 hstack(…) 方法，這裡的 h 就是 horizontal (水平方向)

的意思，numpy.hstack((x1,x2,x3)) 的結果會產生一維陣列 [1 ,2 ,3 ,4, 5 ,6 ,7 ,8, 9 ,10 ,11 ,12]。vstack(…) 方法，這裡的 v 就是 vertical(垂直方向) 的意思，可以想成每一個陣列都擺成垂直方向之後再水平方向併起來，所以 numpy.vstack((x1,x2,x3)) 的結果是如下的一個 4×3 陣列：

[[1 ,5 ,9], [2 ,6 ,10], [3 ,7,11], [4 ,8 ,12]]。

此結果與 numpy.stack((x1,x2,x3), axis=1) 是相同的。呼叫 stack(…) 方法時的 (x1,x2,x3) 是 tuple 資料結構。這個部分之範例可以參考圖 3-5-2 的 Ex3_5_arr_01.py 的第 15 行至第 30 行。

```
File  Edit  Format  Run  Options  Window  Help
1  import numpy
2
3  simplearr= numpy.array([[1]])
4  print(type(simplearr))        # <class 'numpy.ndarray'>
5  print(type(simplearr[0]))     # <class 'numpy.ndarray'>
6  print(simplearr[0][0])        # 1
7
8  # 3維陣列 2x3x4
9  d = numpy.array([  [[1,2,3,4],[5,6,7,8],[9,10,11,12]],
10                    [[13,14,15,16],[17,18,19,20],[21,22,23,24]]
11                 ])
12 print(d[1][2][3])  #24
13 print(d[0][1][2])  #7
14
15 x1=numpy.array([1,2,3,4])
16 x2=numpy.array([5,6,7,8])
17 x3=numpy.array([9,10,11,12])
18
19 X1=numpy.stack((x1,x2,x3))  # 3x4
20 print(X1)
21
22 X2=numpy.stack((x1,x2,x3),axis=1) # 4x3
23 print(X2)
24
25 X3=numpy.hstack((x1,x2,x3)) #一維陣列
26 print(X3)
27
28 X4=numpy.vstack((x1,x2,x3)) #4x3
29 print(X4)
30 print(X4[2,3])  # 12
31
Ln: 30  Col: 20
```

▲圖 3-5-2　範例 Ex3_5_arr_01.py 程式碼

矩陣 (Matrix) 的結構與陣列非常相似，只是前者可以套用矩陣運算，包括矩陣相乘、轉置 (Transpose) 及反矩陣運算。Python 可以使用 numpy 模組的 ndarray 來實現矩陣運算。一個 M×N 的矩陣只能與 N×M 相乘，而且會得到一個 M×M 的矩陣。一個M×N的矩陣，經過轉置之後會得到一個N×M的矩陣，也就是行變列，列變行。

參考圖 3-5-3 的 Ex3_5_mtx_01.py 程式碼。程式中，我們使用 numpy 的 array(…) 建構子宣告一個 4×2 的矩陣 X，Y=np.transpose(X) 會建立 X 的轉置矩陣 Y，Y 爲一個 2×4 的矩陣。X 與 Y 矩陣相乘的語法爲 X.dot(Y)，結果爲 4×4 的一個矩陣；而 Y 與 X 矩陣相乘的語法爲 Y.dot(X)，結果爲 2×2 的一個矩陣。

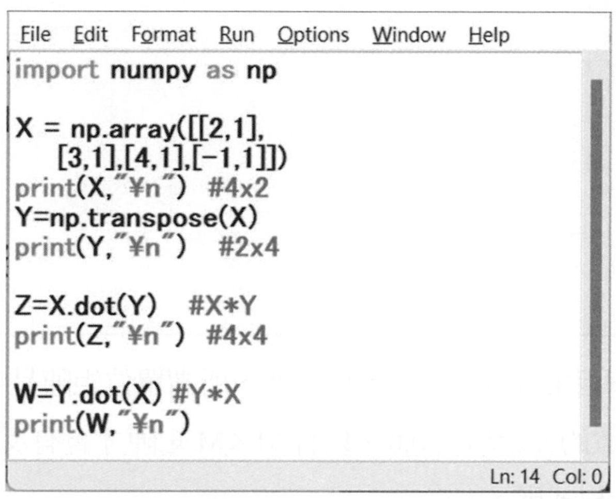

▲圖 3-5-3 範例 Ex3_5_mtx_01.py 的程式碼

上述程式的執行結果如以下的文字方塊所示。

```
= RESTART: D:\Python\book\chapter3\Ex3_5_mtx_01.py
[[ 2  1]
 [ 3  1]
 [ 4  1]
 [-1  1]]

[[ 2  3  4 -1]
 [ 1  1  1  1]]

[[ 5  7  9 -1]
 [ 7 10 13 -2]
 [ 9 13 17 -3]
 [-1 -2 -3  2]]

[[30  8]
 [ 8  4]]
```

矩陣與其反矩陣相乘會得到一個單位矩陣，所謂單位矩陣是只有對角線的元素位置有值 1.0，其他位置的元素均爲 0.0。只有 M×M 矩陣才會有反矩陣。參考 圖 3-5-4 的 Ex3_5_mtx_02.py 程式碼。

```
File  Edit  Format  Run  Options  Window
Help
import numpy as np
X = np.matrix([[12,7,3],
    [4 ,5,6],
    [7 ,8,9]])

print(X,"¥n")
#inv : inverse
#linalg : 線性代數

Y=np.linalg.inv(X)
print(Y,"¥n")

Z=X.dot(Y)
print(np.round(Z,2))
                                    Ln: 15  Col: 0
```

▲圖 3-5-4　範例 Ex3_5_mtx_02.py 的程式碼

Ex3_5_mtx_02.py 程式中，首先宣告 3×3 的矩陣 X，然後呼叫 numpy 的 linalg 模組的 inv(…) 函式得到 X 的反矩陣 Y。最後，再將 X 乘於 Y 得到 3×3 的單位矩陣。程式的執行結果如以下的文字方塊所示。

```
= RESTART: D:/Python/book/chapter3/Ex3_5_mtx_02.py
[[12  7  3]
 [ 4  5  6]
 [ 7  8  9]]

[[  1.          13.          -9.        ]
 [ -2.         -29.          20.        ]
 [  1.          15.66666667 -10.66666667]]

[[ 1.  0. -0.]
 [ 0.  1. -0.]
 [ 0.  0.  1.]]
```

Python 的資料處理能力爲許多程式設計師所稱道，其中一個是 Python 支援資料框 (DataFrame) 的資料結構。如之前已討論過的，DataFrame 可以視爲 Excel 試算表，有行與列的名稱，行由欄位組成，每一列就是一筆資料紀錄。若將 Excel 的試算表儲存成 csv 檔，可以很方便的使用 Python 的 pamdas 資料分析套件的 read_csv(…) 方法將 csv 載入到程式內再進行後續的處理。範例 Ex3_5_df_001.py 讀入 Go_out_or_not.csv 的內容到 DataFrame df 變數中，此 csv 檔有 4 個欄位，分別是 "wType"、"Temp"、"Humidity" 及 "Travel"。程式碼第 5 行是從 X=df[["wType","Temp","Humidity"]] 是從 df 中取出前 3 個欄位的所有列的資料紀錄，再構成新的 Data Frame，也包含行與列的名稱。若只要取出不包含行與列名稱的內容可以使用程式碼第 9 行的方式，Z=X.values，Z 的型態則是 numpy.ndarray。

```
File  Edit  Format  Run  Options  Window  Help
import pandas as pd

df = pd.read_csv('Go_out_or_not.csv')
print(df)
X=df[["wType","Temp","Humidity"]]
y=df[["Travel"]]
print(X)
print(y)
Z=X.values #只取出內容，列與行的名稱都去掉
print(type(Z))  #<class 'numpy.ndarray'>
Ln: 10  Col: 40
```

▲圖 3-5-5　範例 Ex3_5_df_001.py 的程式碼

範例 Ex3_5_df_001.py 的執行結果如以下的文字方塊所示。

```
=== RESTART: D:/Python/book/chapter3/code/Ex3_5_df_001.py ==
    wType  Temp Humidity Travel
0   Sunny   Hot     High     NO
1  Cloudy   Hot     High     NO
2   Rainy  Mild     High    Yes
3   Rainy  Cool   Normal     NO

    wType  Temp Humidity
0   Sunny   Hot     High
1  Cloudy   Hot     High
2   Rainy  Mild     High
3   Rainy  Cool   Normal

  Travel
0     NO
1     NO
2    Yes
3     NO

<class 'numpy.ndarray'>
```

DataFrame 可以藉定字典 (Dictionary) 資料結構來建立，Ex3_5_df_00.py 即爲此範例。如圖 3-5-6。程式碼的第 3 到第 7 行的 grades 就是建立一個字典資料。也可以使用 Dictionary 增一資料紀錄，如程式碼第 14 行的 df=df.append({"name":"John", "math":87, "chinese": 14}, ignore_index=True)，這裡的 ignore_index=True 是讓新增的資料紀錄延續使用原來的索引值。另外，也可以基於另一個 DataFrame，使用 pandas.concat(...) 方法增加一筆新資料紀錄，如第 16 行到第 23 行的程式碼。如果要新增欄位及其值，可以使用 DataFrame 內建的函式 insert(...), 如程式碼第 27 行。

```
1  import pandas as pd
2
3  grades = {
4      "name": ["Mary", "Tom", "Cindy", "Jane"],
5      "math": [81, 15, 73, 82],
6      "chinese": [64, 91, 86, 72]
7  }
8
9  print("使用字典建立df：")
10 df = pd.DataFrame(grades)
11 print(df)
12
13 #使用字典增加一筆新資料紀錄
14 df=df.append({"name":"John", "math": 87, "chinese": 14}, ignore_index=True)
15
16 df2 = pd.DataFrame({
17     "name": ["Henry"],
18     "math": [60],
19     "chinese": [62]
20 })
21
22 #合併df新增資料紀錄
23 df = pd.concat([df, df2], ignore_index=True)
24 print(df)
25
26 #新增欄位及其值
27 df.insert(3, column="engilsh", value=[98, 72, 14, 98,56,64])
28 print(df)
29
```

▲圖 3-5-6　範例 Ex3_5_df_002.py 的程式碼

Ex3_5_df_002.py 的執行結果如以下的文字方塊所示：

```
使用字典建立 df：
    name  math  chinese
0   Mary    81       64
1    Tom    15       91
2  Cindy    73       86
3   Jane    82       72

    name  math  chinese
0   Mary    81       64
1    Tom    15       91
2  Cindy    73       86
3   Jane    82       72
4   John    87       14
5  Henry    60       62

    name  math  chinese  engilsh
0   Mary    81       64       98
1    Tom    15       91       72
2  Cindy    73       86       14
3   Jane    82       72       98
4   John    87       14       56
5  Henry    60       62       64
```

DataFrame 也可以藉陣列的方式來建立，Ex3_5_df_001.py 即爲此範例，如圖 3-5-7。

```
1  import pandas as pd
2  grades = [
3      ["Mary", 81, 64],
4      ["Tom", 15, 91],
5      ["Cindy", 73, 86],
6      ["Jane", 82, 72]
7  ]
8
9  print("使用陣列來建立df：")
10 X = pd.DataFrame(grades)
11 print(X)
12
13 X.index = ["A1", "A2", "A3", "A4"]  #自訂索引鍵值
14 X.columns = ["Sname", "math", "chinese"]  #自訂欄位名稱
15 print(X)
16
17 print("顯示索引鍵值A1與A3的資料紀錄")
18 print(X.loc[['A1','A3']])
19 print("取得資料索引值為0和2的第一個及第三個欄位的資料集")
20 print(X.iloc[[0 , 2], [0, 2]])
21
```

▲圖 3-5-7　範例 Ex3_5_df_003.py 的程式碼

以陣列的方式建立 DataFrame 時，索引值與欄位名稱都會以編號的方式呈現，我們也可以另外再加入自訂的索引鍵值與欄位名稱，如程式碼的第 13、14 行。若要取出某幾列的資料紀錄，可以使用 Ioc(...) 與 iloc(...)。它們的語法分別說明如下，「loc[資料索引值, 欄位名稱]」是使用資料索引鍵值及欄位順序來取得「單一值」，而「iloc[資料索引值, 欄位順字]」則是使用資料索引值及欄位順序來取得「資料集」。範例 Ex3_5_df_003.py 的執行結果如下的文字方塊所示：

```
使用陣列來建立 df：
       0   1   2
0   Mary  81  64
1    Tom  15  91
2  Cindy  73  86
3   Jane  82  72

   Sname  math  chinese
A1  Mary    81       64
A2   Tom    15       91
A3 Cindy    73       86
A4  Jane    82       72

顯示索引鍵值 A1 與 A3 的資料紀錄
   Sname  math  chinese
A1  Mary    81       64
A3 Cindy    73       86

取得資料索引值為 0 和 2 的第一個及第三個欄位的資料集
   Sname  chinese
A1  Mary       64
A3 Cindy       86
```

4 資料分析的基本觀念

4-1 隨機取樣

玩過樂透彩的人都會認知到一個基本概念，就是每個號碼都是隨機出現的。這裡的隨機其實背後有很大的學問，其中最重要的一個概念是每一個號碼隨機出現的機率爲何。若每一個號碼出現的機率都一樣就稱爲均匀分佈 (uniform distribution)。使用 Python 軟體以相同機率隨機產生從 0.0 到 1.0 範圍內的隨機數共 10 個的指令是 numpy.random.uniform(low=0.0, high=1.0, size=10)，numpy.random.uniform(low=2.0, high=3.0, size=5) 則是產生從 2.0 到 3.0 範圍內的隨機數共 5 個。Ex4_1_001.py 爲隨機取樣的範例。numpy.random.uniform(…) 有多個組態參數的設定，uniform() 會產生一個 0.0 至 1.0 的隨機數。若有 size=m 的設定則會產生 m 個隨機數，而結果是以 List 形式儲存。numpy.random.seed(150) 會將隨機種子值設爲 150，若要每次都取樣到相同的值就可以固定 seed 值。另外，程式中的’from numpy import random 是指載入 numpy 模組的子模組 random，如此一來，就可以 random.uniform(…) 的方式呼叫該模組的函式。

Ex4_1_001.py

```
import math
from numpy import random
import numpy as np
np.random.seed(150)
a1=np.random.uniform()
print(a1)                    #a1 型態為數值
a2=np.random.uniform(low=0.0, high=1.0, size=1)
print(a2)                    #a2 型態為 List
a3=np.random.uniform(size=1)
print(a3)
a4=random.uniform(low=2.0, high=3.0, size=5)
print(a4)
```

Ex4_1_001.py 的執行結果如下：

```
======= RESTART: D:/Python/book/chapter4/Ex4_1_001.py ======
0.9085839385674503
[0.25797164]
[0.87765514]
[2.73896548 2.69807652 2.51720855 2.95210963 2.91364452]
```

使用 random.uniform(…) 可以撰寫模擬擲骰子的過程。Ex4_1_002.py 模擬擲骰子 10000 次，然後統計每一面出現的機率。程式中，我們將每一面出現的次數，紀錄在一個陣列內。math.floor(6*val)+1 是爲了將產生的 0.0 到 1.0 的隨機數轉換成 1 到 6。

Ex4_1_002.py

```
import math
from numpy import random
import numpy as np
count = np.array([0, 0, 0, 0, 0, 0])
for i in range(0,10000):
 val=random.uniform()
 val=math.floor(6*val)+1
 if (val==1):
   count[0]=count[0]+1
 if (val==2):
   count[1]=count[1]+1
 if (val==3):
   count[2]=count[2]+1
 if (val==4):
   count[3]=count[3]+1
 if (val==5):
   count[4]=count[4]+1
 if (val==6):
   count[5]=count[5]+1
print(count)
```

隨機取樣在 Python 程式主要是應用在模擬 (simulation) 上。前面有提到亂數種子 (random seed) 的概念，隨機變數產生器在產生隨機變數值時，都會需要給定一個亂數種子，相同的亂數種子可以產生相同的隨機變數值，若未設定種子值，則每次產生的隨機值都會不一樣。隨機取樣時，每一次的亂數種子之初始值都不一樣，所以就達到隨機的目的。這是我們期待的，但是在進行計算機模擬 (Computer Simulation) 時，若每次的取樣值都不同，會很難分析演算法是否撰寫無誤。在這種情況，會先固定亂數種子的初始值，確定演算法無誤後再取消以符合隨機取樣的特性。

random.rand(…) 函式也可以產生 0.0 到 1.0 的隨機數。Ex4_1_003.py 是透過 random.rand(…) 函式產生 2×3 陣列的隨機數，程式中的 x.shape 是代表陣列的 shape，例如 2×3。

Ex4_1_003.py

```
import numpy as np
x = np.random.rand(2,3)
print("Array x:")
print(x)
print("\n Shape of Array x:")
print(x.shape)
```

隨機產生的數值除了可以是均質機率分佈之外，也可以是常態分佈。Ex4_1_004.py 是產生一個 2×3 陣列，每個元素的值是從平均值爲 1.0，以及標準差爲 2 的常態分配中取樣而得。

Ex4_1_004.py

```
from numpy import random
x = random.normal(loc=1, scale=2, size=(2, 3))
print(x)
```

爲了確定 random.normal(…) 的隨機值的確是常態分配，一個驗證方式就是產生足夠的點，例如 100000 個點，然後繪出各值出現次數之統計圖，也就是直方圖。hist(…) 函數可以繪出此一統計圖。完成 Ex4_1_005.py 的練習。

Ex4_1_005.py

```
from numpy import random
import matplotlib.pyplot as plt
data = random.normal(loc=5, scale=3, size=(100000))
plt.hist(data,bins=100)
plt.show()
```

Ex4_1_005.py 的執行結果如圖 4-1-1 所示。

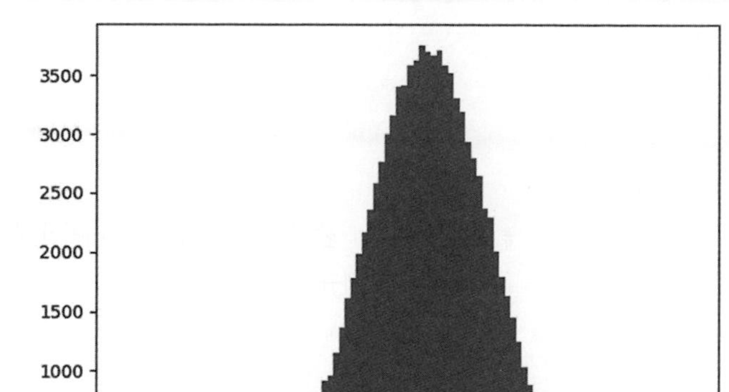

▲圖 4-1-1　常態分配隨機取樣的直方圖

從繪出的圖很明顯可以看到，在 x=5 附近所統計出來的數值出現最多次，因爲在呼叫 normal(…) 函式時，平均值係設爲 5，也就是 loc=5。

4-2　摘要統計 (summary statistics)

摘要統計 (summary statistics) 包含了多種基本敘述統計量，包括 (1) 基本資訊：樣本數、總和，(2) 集中量數：平均數、中位數、眾數，(3) 離勢量數：變異數、標準差、最小值、最大值、四分位距 (第一四分位數、第三四分位數等) 等等。

Numpy 模組的陣列物件有 mean()、sum()、min()、以及 max() 函式可以直接使用，只要將數值序列整理成 numpy 的陣列形式就可以使用這些函式。範例程式如 Ex4_2_001.py 所述。程式內的 random.randn(…) 可以隨機產生具標準常態分配的隨機數。所謂標準常態分配是平均值爲 0.0，標準差爲 1.0 的常態分配 (Normal distribution)。

Ex4_2_001.py

```
import numpy as np
a =np.array([3,4,5])
print(a.mean())
x = np.random.randn(100)
print(x.shape)                  # (100,0) 表示是一個有100個元素的一維陣列
print(x[0])                     # 印出第一個元素的值
print(x.mean())
x.sum()
x.min()
x.max()
```

我們曾討論常態分配的平均值與標準差，給定一組數列 $\{x_1, x_2, \cdots, x_n\}$，這裡 n 是資料記錄的筆數。平均值意義很清楚，以 x 代表平均值，標準差可由變異數 (variance) 開根號取得，計算變異數的公式則爲：

$$\text{var} = \frac{\sum_{i=1}^{n}(x_i - \bar{x})^2}{n-1}$$

$$\bar{x} = \left(\sum_{i=1}^{n} x_i\right) \Big/ n$$

標準差的定義是變異數的開根號。Python 的 numpy 之 std(⋯) 函數可以計算出標準差，var(⋯) 函數可以計算出變異數，mean(⋯) 可以計算出平均值。我們可以使用上述 2 個式子算出變異數，然後驗證兩者是否相同。Ex4_2_001.py 即展示此範例。

Ex4_2_002.py

```
import numpy as np
import math
N=5000
x = np.random.normal(loc=2,scale=4,size=(N))
m=np.mean(x)
print(m)
xd=np.subtract(x,m)
x_sqr=np.power(xd,2)
x_sum=x_sqr.sum()
x_var=x_sum/(N-1)
print(x_var)                    # 變異數
x_var2=np.var(x)
print(x_var2)                   # 變異數
print(math.sqrt(x_var2))        # 標準差
stdv=np.std(x)
print(stdv)                     # 標準差
```

Ex4_2_002.py 的執行結果如圖 4-2-1 所示，第一個結果是平均值，接著兩個結果是變異數。其中一個是依照公式計算得到，另一個是使用 numpy 的 var(…) 函式計算得到，很明顯，兩個值基本一樣，雖然小數點部分有點不同。最後兩個是標準差，很明顯地，標準差是由變異值開根號計算得到。

▲圖 4-2-1　變異數公式的驗證

Python 的模組 statistics 是計算摘要統計量的常用模組。stats.median(…) 可以計算中位數，stats.mode(…) 可以計算中位數，stats.quantiles(…) 可以計算出百分位數。stats.quantiles(mydata, n=4) 會算出第 1 個四分位數，第 2 個四分位數，以及第 3 個四分位數。

Ex4_2_003.py

```
import math
import statistics as stats
from itertools import filterfalse
data = [20.7, float('NaN'),19.2, 18.3, float('NaN'), 14.4, 78.07,
21.88, 18.3]
print(list(map(math.isnan, data)))
N=sum(map(math.isnan, data))
print(“非數值的筆數是：”,N)
clean = list(filterfalse(math.isnan, data))  # Strip NaN values
x=stats.mean(clean)
print("平均數是： ",x)
x=stats.median(clean)
print("中位數是： ",x)
x=stats.mode(clean)
print("衆數是： ",x)
x=stats.stdev(clean)
print("標準差是： ",x)
x=stats.variance(clean)
print("變異數是： ",x)
print("變異數的開方根就是標準差： ", math.sqrt(x))
mydata=[1,2,3,4]
x=stats.quantiles(mydata, n=4)
print("25% 50% 75% 分位值是：",x)
```

程式中的 data 陣列有非數值的資料，float('NaN')。math 模組有一個 math.isnan(…) 函式可以判斷資料是否爲非數值，若是非數值會回傳 True。利用這個特性，map(math.isnan, data) 可以找出 data 陣列中非數值的元素，sum(map(math.isnan, data)) 會計算出非數值資料的個數。filterfalse(math.isnan, data) 會過濾掉非數值資料，保留數值資料。Ex4_2_003.py 的執行結果如圖 4-2-2 所示。

```
>>>
[False, True, False, False, True, False, False, False, False]
非數值的筆數是: 2
平均數是: 27.264285714285712
中位數是: 19.2
眾數是: 18.3
標準差是: 22.52606035768561
變異數是: 507.4233952380951
變異數的開方根就是標準差: 22.52606035768561
25% 50% 75% 分位值是: [1.25, 2.5, 3.75]
>>>
```

▲圖 4-2-2　Ex4_2_003.py 的執行結果

4-3　共變異數與相關係數

當資料集 (data set) 有多個欄位或多組時，也就是有多個變項時，我們通常需要觀察它們的關係。要理解兩組數值資料的相關性可以繪製散佈圖。例如給定兩組數值資料 data1 與 data2，藉由 pyplot.scatter(data1, data2) 即可繪出散佈圖。如果 data1 與 data2 沒有任何相關性，散佈圖會是隨機分布在座標圖上的點。如果 data1 與 data2 有線性關係，例如 data2 = data1 + noise (註：在這裡，data1、data2、noise 要當做資料向量，也就是陣列看待)，那麼散佈圖會很明顯呈現線性的關係。

觀察兩個欄位的關係，除了繪出散佈圖之外，最常使用的兩個方法是算出相關係數 (correlation) 和共變異數 (covariance)。給定兩個有 N 筆資料的數列 x 與 y，相關係數的定義爲：

$$r_{xy} = \frac{\sum_{i=1}^{N}(x_i - \bar{x})(y_i - \bar{y})}{(n-1)S_x S_y}$$

$\overline{x}$ 與 $\overline{y}$ 分別爲 x 爲 y 的平均數，S_x 及 S_y 則爲標準差。

除了相關係數統計量，共變異數也可以呈現兩個欄位的關係。共變異數也可稱爲協方差。x 與 y 皆爲具有 N 筆資料紀錄的數列，數列的第 i 個元素，分別爲 x_i 及 y_i，則 x 與 y 的共變異數如下列公式的計算：

$$\mathrm{cov}(x,y)=\frac{1}{N-1}\sum_{i=1}^{N}(x_i-\overline{x})(y_i-\overline{y})$$

當共變異數 cov(x, y)=0 時，我們可判斷 x 與 y 不相關，而是彼此獨立，cov(x, y) 的絕對值愈大，就可以判斷 x 與 y 越相關。如果正值，表示 x 與 y 的變化趨勢一致，負值則表示變化趨勢相反。

Python 的 numpy 模組有提供計算共變異數與相關係數的方法。圖 4-3-1 的 Ex4_1_001.py 爲展示的範例。

```
File  Edit  Format  Run  Options  Window  Help
import numpy as np
from numpy import mean
from numpy import std
from numpy.random import randn
from numpy.random import seed
from matplotlib import pyplot
from scipy.stats import pearsonr

seed(150)
#相當於 data1 = 20 * randn(1000) + 5
data1=np.random.normal(loc=5, scale=20,size=1000)
noise = 10 * randn(1000) + 5
data2 = data1 + noise
# 初步摘要統計
print('data1: mean=%.3f stdv=%.3f' % (mean(data1), std(data1)))
print('data2: mean=%.3f stdv=%.3f' % (mean(data2), std(data2)))
covariance = np.cov(data1, data2)
print(covariance)

# calculate Pearson's correlation
corr,_= pearsonr(data1, data2)
print(f'Pearsons correlation{corr:.3f}')

# plot
pyplot.scatter(data1, data2)
pyplot.show()

Ln: 26  Col: 13
```

▲圖 4-3-1　範例 Ex4_3_001.py 的程式碼

在 Ex4_3_001.py 中，data1 有 1000 個數值，是從平均值為 5，標準差為 20 的常態分配中取樣得到。data2 是 data1 加上雜訊 noise，而 noise 是從平均值為 5，標準差為 10 的常態分配中取樣得到。data1 與 data2 的分佈圖如圖 4-3-2 所示。

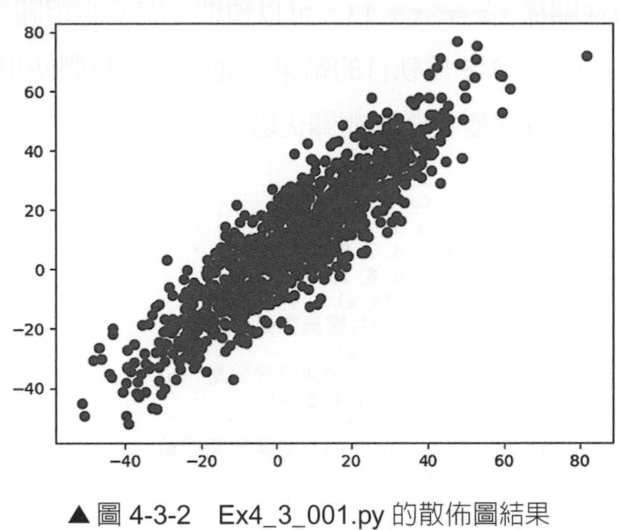

▲圖 4-3-2　Ex4_3_001.py 的散佈圖結果

Ex4_3_001.py 的執行結果顯示於圖 4-3-3，如下：

```
data1: mean=4.665 stdv=20.242
data2: mean=9.727 stdv=22.528
[[410.16094988 407.7781608 ]
 [407.7781608  508.01317986]]
Pearsons correlation: 0.893
```

▲圖 4-3-3　Ex4_3_001.py 的執行結果

圖 4-3-1 的範例 Ex4_3_001.py 的第 17 行程式敘述，covariance = np.cov(data1, data2) 的結果是一個 2×2 的陣列，對角線的值是 data1 與 data2 與其本身的共變異數，左下方與右上方就是 data1 與 data2 的共變異數。第 21 行程式敘述 corr = pearsonr(data1, data2) 是執行 scipy.stats 模組的 pearsonr(…) 函式以算出相關係數。從圖 4-3-3 可以看出結果是 0.893 非常接近 1.0，表示 data1 與 data2 有一定的線性關係。

我們設計一個容易看出資料之間的關係的範例來展示共變異數與相關係數的意義，圖 4-3-4 的 Ex4_3_002.py 為此展示範例。$x = [1, 2, 3, 4, 5, 6, 7, 8, 9]$，$y = [1, 2, 3, 5, 6, 8, 6, 10, 11]$，$z = [12, 11, 10, 9, 8, 7, 6, 5, 4]$ 是此範例所使用的資料向量。x 與 y 非常類似，x 與 z 有負向線性關係，$z = -x + 13$。可以預期 x 與 y 的相關係數接近 1.0。x 與 z 的相關係數會是 -1.0，圖 4-3-5 為執行的結果。此範例，我們使用 stats.covariance(…) 與 stats.correlation(…) 計算共變異數與相關係數。

```
1  import statistics as stats
2  x = [1, 2, 3, 4, 5, 6, 7, 8, 9]
3  y = [1, 2, 3, 5, 6, 8, 6, 10, 11]
4  a=stats.covariance(x, x)
5  print("自己與自己的共變異數是 ",a)
6  a=stats.covariance(x, y)
7  print("自己與近似自己的共變異數是 ",a)
8  z = [12, 11, 10, 9, 8, 7, 6, 5, 4]
9  a=stats.covariance(x, z)
10 print("自己與自己倒反的共變異數是 ",a)
11 r=stats.correlation(x, x)
12 print("x與x的相關係數為 ", r)
13 r=stats.correlation(x,y)
14 print("x與y的相關係數為 ", r)
15 xdev=stats.stdev(x)
16 zdev=stats.stdev(z)
17 r=a/(xdev*zdev)
18 print("x與z的相關係數為 ", r)
19 r=stats.correlation(x, z)
20 print("x與z的相關係數為 ", r)
21
```

▲圖 4-3-4　Ex4_3_002.py 的程式碼

```
自己與自己的共變異數是  7.5
自己與近似自己的共變異數是  9.125
自己與自己倒反的共變異數是  -7.5
x與x的相關係數為  1.0
x與y的相關係數為  0.9640937424265581
x與z的相關係數為  -1.0
x與z的相關係數為  -1.0
```

▲圖 4-3-5　Ex4_3_002.py 的執行結果

Ex4_3_002.py 的第 15、16、17 行程式敘述是使用公式計算相關係數，與直接呼叫 stats.correlation(x,z) 的結果是一樣的。

4-4　資料分群演算法

資料分群 (clustering) 是將資料集分成若干群的概念。資料集一般會以資料框 (dataframe) 的形式出現，那些被歸在同一群的資料框的所有資料紀錄 (也就是列) 之間的相似度非常高，而與群外的資料紀錄之相似度則非常低。

爲了說明資料分群如何進行，我們以 5 個資料點的資料集爲例。所給定 5 個資料點爲 (–3,2),(1,3),(4,4),(–5,–2),(2,–3)，每個資料點爲 2 個維度，x 與 y，這 5 個點可繪製於二維平面上，如圖 4-4-1 所示。

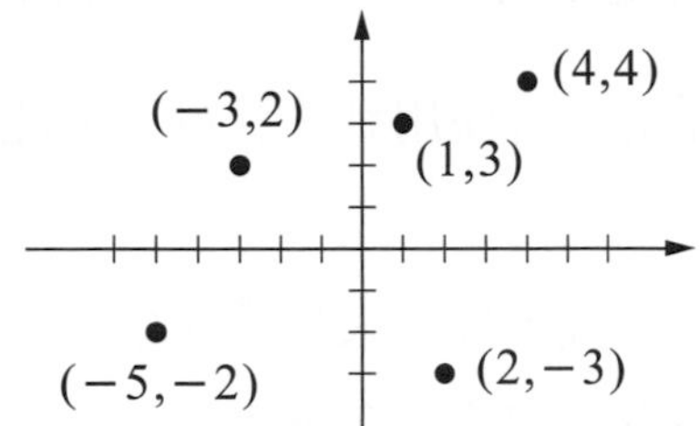

▲圖 4-4-1　5 個資料點的座標分布

如果現在要分成 2 群，一個作法就是將比較接近的點歸在一群，那比較接近的點如何判定，這可以使用幾何距離做爲判斷依據。幾何距離的計算方式，舉 2 個座標點爲例，(x_1, y_1) 與 (x_2, y_2) 的幾何距離的計算方式如下：

$$d = \sqrt{(x_2 - x_1)^2 + (y_2 - y_1)^2}$$

圖 4-4-2 的範例 Ex4_4_001.py 為計算 (–3,4) 與 (2,4) 距離的程式。

```
File  Edit  Format  Run  Options  Window  Help
import math
def getDist(a,b):
    temp=(a[0]-b[0])**2 + (a[1]-b[1])**2
    dist=math.sqrt(temp)
    return dist

p1=[-3,4]
p2=[2,4]

dist=getDist(p1,p2)

print("兩點之間的距離為: ",dist) #5
                                              Ln: 12  Col: 27
```

▲圖 4-4-2　範例 Ex4_4_001.py

由於計算 2 點間的距離是經常會使用到的計算，因此將此種計算寫成函式，然後要計算時再進行呼叫。

了解如何計算 2 點的距離之後，接下來我們介紹一種演算法可以將一個資料集分 2 群。因為只要已分妥的群的資料紀錄夠多就可再往下分群，所以能分 2 群就能分 3 群、4 群…等。舉例來說，如果要分 3 群，可以就 2 群中數目比較多的再分 2 群，若要分 4 群，則 2 群再各分 2 群。一個最簡單的分群演算法，以二維座標點為例描述於下。

1. 第一步：在所有座標點附近任挑 2 點 c_1 與 c_2，並令 CurTolDist=0。
2. 第二步：每一個座標點都計算出與 c_1 和 c_2 的距離並紀錄下來。
3. 第三步：比較每一個座標點與 c_1 及 c_2 的距離，依最接近原則分 2 群，也就是靠近 c_1 就歸一群，靠近 c_2 歸另一群。令 PreTolDist ＝ CurTolDist。
4. 第四步：將分好的 2 群之座標點與其中心點 c_1 與 c_2 的距離全部累加起來，儲存到 CurTolDist 變數內。
5. 第五步：將已分的 2 群的新群中心算出，並更新 c_1 與 c_2。
6. 第六步：若 CurTolDist 與 PreTolDist 差距仍大，則回到第二步執行，否則執行第七步。
7. 第七步：停止分群，輸出分群結果。

觀察上述的演算法，從第二步到第六步會反覆 (iteration) 進行，直到 CurTolDist 與 PreTolDist 差距非常小，例如 0.001。CurTolDist 代表目前這一次反覆的分群後之所有資料點與其中心的總距離和，PreTolDist 則代表前一次反覆的總距離和。演算法以文字的方式描述演算法並不容易理解，接下來我們以程式流程圖的方式重新描述於圖 4-4-3。$S = \{ p_1 , p_2 , p_3 , \cdots , p_n \}$ 表示所有座標點的集合。

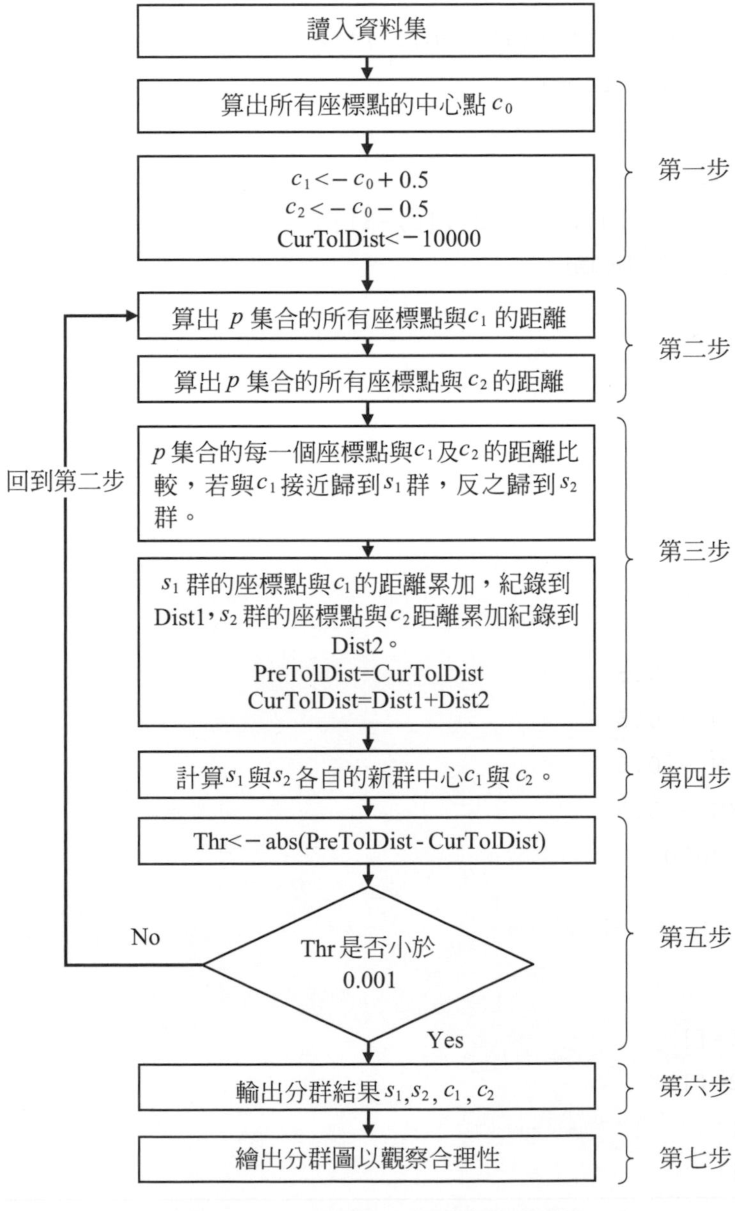

▲圖 4-4-3　分兩群之分群演算法流程

爲了驗證上述演算法的正確性，我們使用 Python 撰寫一個程式做驗證，程式碼如下：

Ex4_4_002.pyimport math

```
import numpy as np
import statistics as stats
# 準備工作，定義一個計算兩點距離的函式
def getDist(a,b):
    temp=(a[0]-b[0])**2+(a[1]-b[1])**2
    dist=math.sqrt(temp)
    return dist
# 給定 5 個座標點
X=[[-3,2],[1,3],[4,4],[-5,-2],[2,-3]]
# 第一步：計算出 2 個中心點
c1=[0,0]
c2=[0,0]
tot_x=0
tot_y=0
for a in X:
    tot_x=tot_x+a[0]
    tot_y=tot_y+a[1]
N=len(X)
c1[0]=tot_x/N + 0.5
c1[1]=tot_y/N + 0.5
c2[0]=tot_x/N - 0.5
c2[1]=tot_y/N - 0.5
CurTolDist=10000
count=0
while True:
    # 第二步
    cluster1=[]
    cluster2=[]
    diss1=[]
    diss2=[]
```

```
    for a in X:
        diss1.append(getDist(a,c1))
        diss2.append(getDist(a,c2))
    j1=0
    j2=0
    sum1=0
    sum2=0
    # 第三步
    for k in range(0,N):
        if (diss1[k]>diss2[k]):
            cluster2.append(X[k])
            j2+=1
            sum2+=diss2[k]
        else:
            cluster1.append(X[k])
            j1+=1
            sum1+=diss1[k]
    # 第四步
    PreTolDist=CurTolDist
    CurTolDist=sum1+sum2
    # 第五步
    tot_x1=0
    tot_y1=0
    for a in cluster1:
        tot_x1=tot_x1+a[0]
        tot_y1=tot_y1+a[1]
    c1[0]=tot_x1/len(cluster1)
    c1[1]=tot_y1/len(cluster1)
```

```
    tot_x2=0
    tot_y2=0
    for a in cluster2:          tot_x2=tot_x2+a[0]
        tot_y2=tot_y2+a[1]
    c2[0]=tot_x2/len(cluster2)
    c2[1]=tot_y2/len(cluster2)
    # 第六步
    if abs(PreTolDist-CurTolDist) < 0.001:
        break
    else:
        count+=1
# 第七步
print(" 分群結果 :\n")
print("cluster1:",cluster1,"cluster1 中心點 :",c1,"\n")
print("cluster2:",cluster2,"cluster2 中心點 :",c2,"\n")
```

```
>>>
分群結果:
cluster1: [[1, 3], [4, 4]] cluster1中心點: [2.5, 3.5]
cluster2: [[-3, 2], [-5, -2], [2, -3]] cluster2中心點: [-2.0, -1.0]
```

▲圖 4-4-4　Ex4_4_002.py 的分群結果

接下來一步一步說明上述的 8 個步驟。程式碼的開頭的 getDist(…) 函式是用來計算 2 座標點間的幾何距離。在給定 5 個座標點後，第一步是先算出所有點的中心點，然後再加 0.5 與減 0.5 分裂出 2 個新中心點。代表總距離的變數 CurTolDist 的初始值設定為 10000，表示總距離和非常大。第二步到第六步是在一個 while(TURE) 迴圈內，也就是 while 迴圈的區塊內的程式會一直反覆執行，除非第六步的 Thr ，也就是 abs(PreTolDist - CurTolDist) 小於 0.001 時才跳出 while 迴圈。

第二步是算出每個座標點與 2 個中心點的距離，分別儲存於 diss1 與 diss2 的向量內。第三步則使用 for 迴圈完成分群，並把前一個疊代 (iteration) 的分群總距離總和存到 PreTolDist。第四步則算出目前的分群的總距離總和並存到 CurTolDist。第五步則算出已分好之兩群的新中心點 c_1 及 c_2。第六步算出 PreTolDist 與 CurTolDist 的

差值 Thr。如果 Thr 仍大於或等於 0.001 則回到第二步，再執行第三、四、五、六步，當 Thr 小於 0.001 則跳出 while 迴圈後執行第七步，第七步則是輸出分群結果。

如果分群演算法需要使用語法一步一步完成編程，就像前面的程式碼一樣。這種編程需要有一定的資訊工程專業。這對一般只想關注在資料分析而不想太專注編程能力的使用者應該不適用。事實上，Python 軟體有提供分群套件，只需少數幾行指令即可完成分群演算法。

4-5　Python 的 K-means 分群演算法的應用

我們在前一節所描述的是一種最出名的分群演算法，叫 K-means。Python 的 sklearn. Cluster 模組的 KMeans(…) 函式，就是 K-means 演算法的實現。給定 X=[[-3,2],[1,3],[4,4],[-5,-2],[2,-3]]，藉由 cluster.KMeans(n_clusters = 2).fit(X) 就可以完成分群。n_clusters = 2 是要分兩群的設定。範例程式 Ex4_5_001.py 如圖 4-5-1 所示。

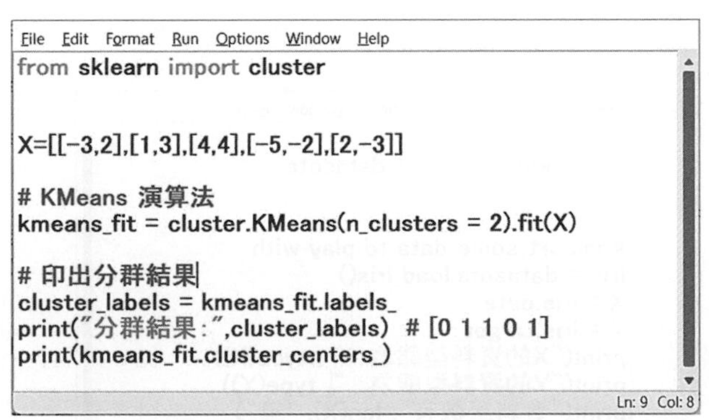


```
from sklearn import cluster


X=[[-3,2],[1,3],[4,4],[-5,-2],[2,-3]]

# KMeans 演算法
kmeans_fit = cluster.KMeans(n_clusters = 2).fit(X)

# 印出分群結果
cluster_labels = kmeans_fit.labels_
print("分群結果：",cluster_labels)  # [0 1 1 0 1]
print(kmeans_fit.cluster_centers_)
```

▲圖 4-5-1　範例程式 Ex4_5_001.py

kmeans_fit = cluster.KMeans(n_clusters = 2).fit(X) 是將分群結果儲存在 kmeans_fit 物件中，kmeans_fit.labels_ 的內容是一個紀錄分群標記的串列，例如 [0 1 1 0 0] 表示分兩群，X[0] 與 X[3] 分在一群，X[1]、X[2]、X[4] 分在另一群。kmeans_fit.cluster_centers_ 是紀錄群中心的二維串列。得到群中心就可以應用到新資料向量，若有新輸入的資料向量，與兩個群中心比較就可以完成分群或分類。

有一個公開的鳶尾花 (iris) 資料集，在許多 AI 程式開發環境中都已內建，包括 R 與 Python。前面所示範的例子，資料點太少，而且是單純的二維座標點，實在看不出分群演算法有何用途。接下來我們以內建的鳶尾花資料集，iris 為例，示範分群演算法的用途。鳶尾花資料集是內建的，名稱就叫 iris。from sklearn import datasets 之後，執行 iris = datasets.load_iris() 可以將 iris 資料集載入到程式中應用。每一筆資料紀錄有 5 個欄位，分別是花萼長度 (Sepal.Length)、花萼寬度 (Sepal.Width)、花瓣長度 (Petal.Length)、花瓣寬度 (Petal.Width) 以及品種名稱 (Spcies)。X = iris.data 可以取出包含前 4 個欄位的資料，型態為陣列，Y = iris.target 可以取出包含品種名稱的資料，型態為陣列。iris 資料集總共有 150 筆資料紀錄分屬 3 個品種，各有 50 筆資料紀錄，分別是 setosa,versicolor 及 verginica。第 1 ～ 50 筆屬於 setosa，第 51 ～ 100 筆屬於 versicolor，第 101 ～ 150 筆歸類為 marginica。可參考圖 4-5-2 範例程式的執行結果圖 4-5-3 並自行 Trace 與變化程式碼觀察與了解 iris 資料集。iris.target 是以 0 表示 setosa，1 表示 versicolor，2 表示 verginica。

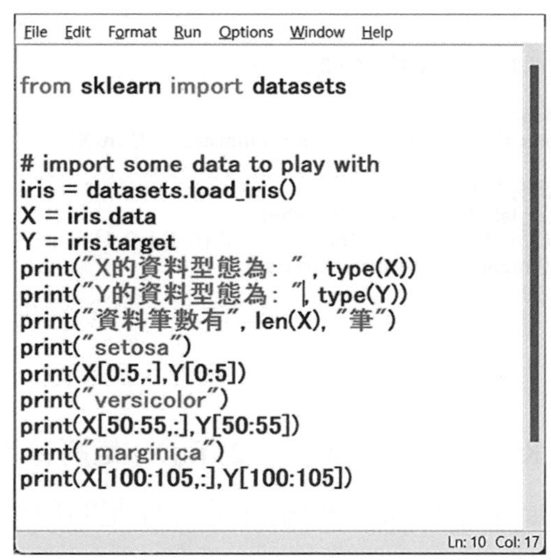

▲圖 4-5-2　範例 Ex4_5_002.py 程式碼

```
X的資料型態為: <class 'numpy.ndarray'>
Y的資料型態為: <class 'numpy.ndarray'>
資料筆數有 150 筆
setosa
[[5.1 3.5 1.4 0.2]
 [4.9 3.  1.4 0.2]
 [4.7 3.2 1.3 0.2]
 [4.6 3.1 1.5 0.2]
 [5.  3.6 1.4 0.2]] [0 0 0 0 0]
versicolor
[[7.  3.2 4.7 1.4]
 [6.4 3.2 4.5 1.5]
 [6.9 3.1 4.9 1.5]
 [5.5 2.3 4.  1.3]
 [6.5 2.8 4.6 1.5]] [1 1 1 1 1]
marginica
[[6.3 3.3 6.  2.5]
 [5.8 2.7 5.1 1.9]
 [7.1 3.  5.9 2.1]
 [6.3 2.9 5.6 1.8]
 [6.5 3.  5.8 2.2]] [2 2 2 2 2]
>>>
```

▲圖 4-5-3　範例 Ex4_5_002.py 的執行結果

分群演算法是盲目分群，給定資料集 iris，依據前 4 個欄位 (也就是前四個維度)，即可分群。iris 的第 5 個欄位是品種 (species) 是由植物學領域專家辨識鳶尾花後所標記的，也就是應變數或依變數，前 4 個欄位則是實際量測值。為了示範 K-means 盲目分 3 群的效能，我們只取前 4 個欄位，儲存成 iris_X，再呼叫 cluster.KMeans(n_clusters = 3).fit(iris_X) 並將之分 3 群。程式碼如圖 4-5-4。

```
from sklearn import cluster, datasets

# 讀入鳶尾花資料
iris = datasets.load_iris()
iris_X = iris.data   #只取出自變數

# KMeans 演算法
kmeans_fit = cluster.KMeans(n_clusters = 3).fit(iris_X)

print("分群的中心點:")
print(kmeans_fit.cluster_centers_)

# 印出分群結果
cluster_labels = kmeans_fit.labels_
print("分群結果:")
print(cluster_labels)
```

▲圖 4-5-4　範例 Ex4_5_003.py 程式碼

執行結果如圖 4-5-5。

```
>>>
分群的中心點:
[[5.9016129  2.7483871  4.39354839 1.43387097]
 [5.006      3.428      1.462      0.246     ]
 [6.85       3.07368421 5.74210526 2.07105263]]
分群結果:
[1 1 1 1 1 1 1 1 1 1 1 1 1 1 1 1 1 1 1 1 1 1 1 1 1 1 1 1 1 1 1 1 1 1 1 1 1
 1 1 1 1 1 1 1 1 1 1 1 1 1 0 0 2 0 0 0 0 0 0 0 0 0 0 0 0 0 0 0 0 0 0 0
 0 0 0 2 0 0 0 0 0 0 0 0 0 0 0 0 0 0 0 0 0 0 0 0 0 0 2 0 2 2 2 2 0 2 2 2 2
 2 2 0 0 2 2 2 2 0 2 0 2 0 2 2 0 0 2 2 2 2 2 0 2 2 2 2 0 2 2 2 0 2 2 2 0 2
 2 0]
```

▲圖 4-5-5　範例 Ex4_5_003.py 的執行結果

從執行結果來看，在不給依變數的資訊下，K-means 的盲目分群依然可以得到很好的分群結果。setosa 完全分類正確，virsicolor 有 2 筆被誤判成 virginica，virginica 有 12 筆被誤判成 setosa。

5 線性迴歸模型

5-1 線性迴歸的數學原理

迴歸模型 (regression model) 可描述應變數 (或依變數) 與自變數之間的關係，只要給定各變數的係數與補償量，就可得到應變數的預測值。迴歸模型分線性與非線性，線性的意思是係數都是一次項，非線性則是指應變數與自變數及係數之間的關係有可能是二次項以上、開方根或取 log 等非線性函數的關係，本節只針對線性迴歸模型做討論。

底下是有 3 個係數與 1 個補償量的線性迴歸模型之數學式：

上式的 y 為應變數，是資料集的某一個欄位，x_1, x_2, x_3 則為自變數，也是對應到資料集的欄位。上式有 4 個未知數 $\{a, b, c, d\}$，至少需要 4 個方程式，才可以直接解出這些未知數。給定一個資料集有 6 筆資料紀錄，如下表：

x_1	x_2	x_3	y
2	3	5	7
4	–2	–3	9
3	4	–5	6
5	2	–2	11
–3	6	8	8
–5	7	2	3

依照 $y = ax_1 + bx_2 + cx_3 + d$ 的線性迴歸模型，我們期待下列 6 個等式成立：

$$\begin{cases} 7 = 2a + 3b + 5c + d \\ 9 = 4a - 2b - 3c + d \\ 6 = 3a + 4b - 5c + d \\ 11 = 5a + 2b - 2c + d \\ 8 = -3a + 6b + 8c + d \\ 3 = -5a + 7b + 2c + d \end{cases}$$

要解出 4 個未知數，只要使用前 4 個方程式即可得到唯一解，但是現在有 6 筆資料紀錄，就無法得到唯一解，僅能得到近似解，也就是不可能同時成立上述6個等式。$\{a, b, c, d\}$ 只有近似解，表示前面的 6 個方程式必須改寫，也就是等式不成立，必須引入誤差項，改爲如下：

$$\begin{cases} 7 = 2a + 3b + 5c + d + \varepsilon_1 \\ 9 = 4a - 2b - 3c + d + \varepsilon_2 \\ 6 = 3a + 4b - 5c + d + \varepsilon_3 \\ 11 = 5a + 2\mathrm{b} - 2\mathrm{c} + \mathrm{d} + \varepsilon_4 \\ 8 = -3a + 6\mathrm{b} + 8\mathrm{c} + \mathrm{d} + \varepsilon_5 \\ 3 = -5\mathrm{a} + 7\mathrm{b} + 2\mathrm{c} + \mathrm{d} + \varepsilon_6 \end{cases}$$

將上述方程式表示成向量與矩陣如下：

$$\underset{\sim}{z} = A\underset{\sim}{s} + \underset{\sim}{e}$$

這裡的 $\underset{\sim}{z}, A, \underset{\sim}{s}, \underset{\sim}{e}$ 分別是：

$$\underset{\sim}{z} = \begin{pmatrix} 7 \\ 9 \\ 6 \\ 11 \\ 8 \\ 3 \end{pmatrix} \quad A = \begin{pmatrix} 2 & 3 & 5 & 1 \\ 4 & -2 & -3 & 1 \\ 3 & 4 & -5 & 1 \\ 5 & 2 & -2 & 1 \\ -3 & 6 & 8 & 1 \\ -5 & 7 & 2 & 1 \end{pmatrix} \quad \underset{\sim}{s} = \begin{pmatrix} a \\ b \\ c \\ d \end{pmatrix}$$

而 $\underset{\sim}{e}=\begin{pmatrix}\varepsilon_1\\ \varepsilon_2\\ \varepsilon_3\\ \varepsilon_4\\ \varepsilon_5\\ \varepsilon_6\end{pmatrix}$

上述問題的解法，已有許多研究者提出，在 $\underset{\sim}{e}$ 是常態分配的情況下，可以寫成近似式如下：

$$A\underset{\sim}{s} \sim \underset{\sim}{z} \tag{5-1}$$

公式 (5-1) 兩邊都乘上 A 的轉置矩陣 A^T，得到

$$A^T A\underset{\sim}{s} \sim A^T \underset{\sim}{z} \tag{5-2}$$

求出 $A^T A$ 的反矩陣 $(A^T A)^{-1}$，然後兩邊都乘上這個反矩陣，得到

$$(A^T A)^{-1}(A^T A)\underset{\sim}{s} \sim (A^T A)^{-1} A^T \underset{\sim}{z} \tag{5-3}$$

$(A^T A)^{-1}(A^T A)$ 會得到單位矩陣，而單位矩陣乘上向量可得向量本身，上式可以寫成

$$\underset{\sim}{s} \sim (A^T A)^{-1} A^T \underset{\sim}{z} \tag{5-4}$$

上一段程式碼得到的 $\underset{\sim}{s}$ 向量就是 $\{a, b, c, d\}$，其解答為 {0.62,-0.16,0.29,7.0}，代入線性模型，可以代入到下列的線性迴歸模型：

$$y = ax_1 + bx_2 + cx_3 + d \tag{5-5}$$

會得到 $y = 0.62x_1 - 0.16x_2 + 0.29x_3 + 7.0$

這時，只要輸入 $\{x_1, x_2, x_3\}$，代入上式即可得到一個 y 的估測值。例如，給定 $\{x_1, x_2, x_3\}=\{6, 9, -3\}$，我們可得到 $y = 0.62 \times 6 - 0.16 \times 9 + 0.29 \times (-3) + 7.0 = 8.41$。這裡的 {6, 9, –3} 就是自變數，而 8.41 就是迴歸模型的估測值，也就是應變數。

上述的矩陣的解法如圖 5-1-1 範例 Ex5_1_mtx_01.py 所示，這是一個確定解，答案是 {a,b,c,d}={0.61943479,-0.15917425, 0.29136194,7.00167778}。

```
File  Edit  Format  Run  Options  Window  Help
import numpy as np

A = np.array([[2,3,5,1],[4,-2,-3,1],[3,4,-5,1],[5,2,-2,1],
              [-3,6,8,1],[-5,7,2,1]])

z = np.array([[7],[9],[6],[11],[8],[3]])

At=np.transpose(A)
Z=At.dot(A)   #At*A

Y=np.linalg.inv(Z) #(At*A)^(-1)

B=Y.dot(At) #(At*A)^(-1)*At
s=B.dot(z)   #B*z
print("{a,b,c,d}: ¥n",s)

"""
 [[ 0.61943479]
 [-0.15917425]
 [ 0.29136194]
 [ 7.00167778]]
"""
Ln: 5  Col: 0
```

▲圖 5-1-1　範例 Ex5_1_mtx_01.py 的程式碼

5-2　Python 的線性迴歸模組

前述是線性模型以線性代數的求解過程。如果每個步驟都要以程式指令完成，對非資工背景的使用者應該有難度。Python 軟體針對線性模型當然也有提供套件的解決方案。Python 的 sklearn. linear_model. LinearRegression(…) 函式等於是將上述複雜的步驟一次完成。LinearRegression(…) 函式的使用格式為：

```
LinearRegression().fit(X, y)
```

這裡的 X 為自變數所組成的陣列，y 為依變數所組成的陣列。圖 5-2-1 為一維線性迴歸的範例程式，X = np.array([[2] ,[3],[4]])，y = np.array([5, 8, 9])，相當於給定 3 個 (x, y) 座標的資料點 (2,5)，(3,8)，(4,9)，並假設 y 與 x 之間存在線性關係，$y = ax + b$，a 是斜率 (slope)，b 是截距 (intercept)。此範例的執行結果如下：

```
=== RESTART: D:/Python/book/chapter5/example/Ex5_1_LR01.py ===
R-squared value=0.923076923076923
a= [2.]
b= 1.3333333333333348
x=3 的預測結果是： [7.33333333]
x=5 的預測結果是： [11.33333333]
```

```
File  Edit  Format  Run  Options  Window  Help
import numpy as np
from sklearn.linear_model import LinearRegression
X = np.array([[2] ,[3],[4]])
y = np.array([[5], [8], [9]])
# y = a * x + b

reg = LinearRegression().fit(X, y)
print(f'R-squared value= {reg.score(X, y)}')

a=reg.coef_
print(f'a= {a}')

b=reg.intercept_
print(f'b= {b}')

pred=reg.predict(np.array([[3]]))
print(f'x=3 的預測結果是: {pred}')

pred=reg.predict(np.array([[5]]))
print(f'x=5 的預測結果是: {pred}')

Ln: 21  Col: 0
```

▲圖 5-2-1　一維線性迴歸的範例程式

一旦得到斜率與截距，也就是可得到預測式 y = 2x + 1.333，依此就可以進行預測，例如 reg.predict(np.array([[3]])) 就是輸入 x=3，預測 y 爲 7.33，這與實際的 y 有一定的誤差。事實上，線性迴歸預測式都會有誤差，如本章第一節所討論的。若 x_1, x_2, x_3 爲資料框欄位的名稱，一維、二維、三維的線性迴歸式實際上應該理解成下表。

意義
$y = ax_1 + b + \varepsilon$
$y = ax_1 + bx_2 + c + \varepsilon$
$y = ax_1 + bx_2 + cx_3 + d + \varepsilon$

上表中 ε 是誤差量，{*a*, *b*, *c*, *d*} 就是給定 data 資料集後需求解的未知數。即使這些未知數經由 Python 線性迴歸學習演算法得到，當做爲預測式時，預測結果都還會有誤差。

接下來我們使用本章第一節的例子來展示多維度的線性迴歸機器學習演算法的運用，如圖 5-2-2 的範例程式。

```
File  Edit  Format  Run  Options  Window  Help
import numpy as np
from sklearn.linear_model import LinearRegression
X = np.array([[2,3,5] ,[4,-2,-3],[3,4,-5],[5,2,-2],[-3,6,8],[-5,7,2]])
y = np.array([[7], [9], [6],[11],[8],[3]])
# y = a * x1 + b*x2 + c*x3 + d

reg = LinearRegression().fit(X, y)
print(f'R-squared value=  {reg.score(X, y)}')

a=reg.coef_
print(f'abcd= {a}')

d=reg.intercept_
print(f'd= {d}')

pred=reg.predict(np.array([[2,3,5]]))
print(f'[2,3,5] 的預測結果是: {pred}')
Ln: 11  Col: 8
```

▲圖 5-2-2　三維線性迴歸的範例程式 Ex5_2_LR02.py

Ex5_2_LR02.py 的執行結果如下：

```
== RESTART: D:/Python/book/chapter5/example/Ex5_2_LR02.py ==
R-squared value=0.702656948942501
abcd= [[ 0.61943479 -0.159174250.29136194]]
d= [7.00167778]
[2,3,5] 的預測結果是： [[9.21983429]]
```

運用 AI 會有一個誤區，一般人會認爲可以得到 AI 模型參數就表示可用。實際上，模型都是假設的，一旦做了模型假設，給定訓練資料集，呼叫機器學習演算法就可以得到模型參數。因此在運用 AI 模型時，還有一個很重要的步驟就是做 AI 模型效能評估。

有一個 R-squared value 指標可以初步告訴我們這個線性迴歸式的預測效能，一般來說 R-squared value 要 0.8 以上才代表所求得的預設模型可用。

圖 5-2-3 的 Ex5_2_LR03.py 是模擬依變數與自變數之間的確存在線性關係時的範例，模擬的方式是隨機產生 100x1 的誤差向量 error，以及 100x2 的自變數資料框 X。error 的每個元素是平均値爲 0，標準差爲 1.0 的常態分佈隨機數。X 的每個元素則是 -5 至 5 的均値分佈隨機數，y 則是由 X 與 error 產生。程式碼如圖的第 4、5、6 行之內容，相當於 y=a*x1 + b*x2 + c + error。{*a*, *b*, *c*} 設定爲 {3.5,-5.6,-7.8} 而我們要套用 Python 的 LinearRegression 機器學習演算法，給定 (X,y) 做爲訓練資料集，然後求出 {*a*, *b*, *c*}。

```
File  Edit  Format  Run  Options  Window  Help
1  import numpy as np
2  from sklearn.linear_model import LinearRegression
3
4  error = np.random.normal(0.0, 1.0, size=(100,1))
5  X = np.random.uniform(low=-5, high=5, size=(100,2))
6  y=3.5*X[:,0] -5.6*X[:,1] -7.8  + error[:,0]  #a=3.5  b=-5.6  c=-7.8
7
8  reg = LinearRegression().fit(X, y)
9  a=reg.coef_
10 c=reg.intercept_
11 print(f'Sklearn LR 的(a,b) = {a} ')
12 print(f'Sklearn LR 的c = {c}' )
13 print(f'R-squared value=  {reg.score(X, y)}')
                                                  Ln: 6  Col: 0
```

▲圖 5-2-3　計算機模擬線性迴歸式 Ex5_2_LR03.py

執行的結果如以下的文字方塊所示：

```
=== RESTART: D:/Python/book/chapter5/example/Ex5_2_LR03.py ===
Sklearn LR 的 (a,b) = [ 3.48324033 -5.55056401]
Sklearn LR 的 c = -7.912026015119317
R-squared value=0.9964414219081034
```

實際的 $\{a, b, c\}$ 為 {3.5, -5.6, -7.8}，經由機器學習模型所得到的是 {3.48, -5.55, -7.91} 略有差異這是因為在產生 y 資料向量時，我們有引入誤差向量。由於 y 是由 X 的線性迴歸式所產生，所以此範例的 R-squared value 高達 0.99。如果現在 y 是隨機產生，X 也是隨機產生，當我們硬是假設 y 與 X 呈線性迴歸關係，這時也可以得到 $\{a, b, c\}$，但所對應的 R-squared value 會很小因為模型假設根本是錯誤的。此範例請參考圖 5-2-4 的 Ex5_2_LR04.py。執行結果如以下的文字方塊所示。

```
=== RESTART: D:/Python/book/chapter5/example/Ex5_2_LR04.py ===
Sklearn LR 的 (a,b) = [[-0.0345386-0.01000862]]
Sklearn LR 的 c = [0.2500453]
R-squared value=0.0013919777431967706
```

File Edit Format Run Options Window Help

```python
import numpy as np
from sklearn.linear_model import LinearRegression

error = np.random.normal(0.0, 1.0, size=(100,1))
X = np.random.uniform(low=-5, high=5, size=(100,2))
y =  np.random.uniform(low=-5, high=5, size=(100,1))

reg = LinearRegression().fit(X, y)
a=reg.coef_
c=reg.intercept_
print(f'Sklearn LR 的(a,b) = {a} ')
print(f'Sklearn LR 的c = {c}' )
print(f'R-squared value=  {reg.score(X, y)}')
```

Ln: 6 Col: 50

▲圖 5-2-4　計算機模擬線性迴歸式 Ex5_2_LR04.py

5-3　線性迴歸模型的應用

本書在第 1 章已強調 AI 應用有 3 個主要步驟，第一步是先收集資料集；第二步基於資料集經機器學習得到模型；第三步是使用模型建置一個應用系統，之後只要輸入自變數值，就可以得到預測值或分類結果。接下來以範例展示 AI 應用 3 部曲。

有一個已經完成收集的資料集，也就是第一步已完成。資料集部分內容如下表的資料框 (DataFrame) 所示。

Car	Model	Volume	Weight	CO2
Toyoty	Aygo	1000	790	99
Mitsubishi	Space Star	1200	1160	95
Skoda	Citigo	1000	929	95
Fiat	500	900	865	90
Mini	Cooper	1500	1140	105
VW	Up!	1000	929	105
Skoda	Fabia	1400	1109	90
Mercedes	A-Class	1500	1365	92
Ford	Fiesta	1500	1112	98

第二步是假設一個 AI Model，然後進行模型參數的機器學習。在此，我們假設 CO2 的排放量與 Volumn 與 Weight 成線性迴歸的關係，也就是 CO2= a1*Volumn + a2*Weight + b。資料集儲存在 cars.csv 檔內，使用 pandas 模組的 read_csv("cars.csv") 可以讀入資料集到一個資料框 (DataFrame)，然後再進行後續的處理。此範例的線性預測如圖 5-3-1 的程式碼。呼叫 Python 的 LinearRegression 的 fit(…) 函式時，需要將自變數資料框與依變數資料框分開引入。因此在程式中，我們以第 6 與第 7 行的陳述式從整體的資料框分割出 X 與 y，分別做為自變數資料框與依變數資料框。經過 fit(X,y) 的機器學習演算法，就可以學習到 $\{a_1.a_2, b\}$，程式中 regr.coef_ 以一維陣列方式儲存 $\{a_1.a_2\}$，而 regr.intercept_ 則儲存 b。

一旦得到 $\{a_1.a_2, b\}$ 之後，就可以在各種目標系統或平台實現這一個線性迴歸應用系統，只要給定 Volumn 與 Weight 就可以得到 CO2 的預估值。爲了可攜性，通常會將模型參數儲存在一個檔案。此例是將 $\{a_1.a_2, b\}$ 儲存在 LR_model_01.txt 文字檔內，一個參數就佔一行。檔案的內容如以下的文字方塊所示。

```
0.0075509472703006895
0.007805257527747124
79.69471929115939
```

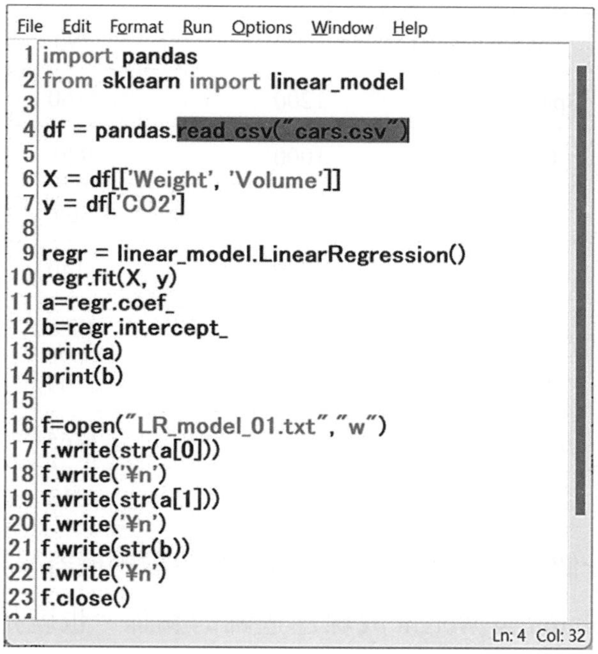

```
File  Edit  Format  Run  Options  Window  Help
import pandas
from sklearn import linear_model

df = pandas.read_csv("cars.csv")

X = df[['Weight', 'Volume']]
y = df['CO2']

regr = linear_model.LinearRegression()
regr.fit(X, y)
a=regr.coef_
b=regr.intercept_
print(a)
print(b)

f=open("LR_model_01.txt","w")
f.write(str(a[0]))
f.write('¥n')
f.write(str(a[1]))
f.write('¥n')
f.write(str(b))
f.write('¥n')
f.close()
Ln: 4  Col: 32
```

▲圖 5-3-1　Ex5_3_cars.py 範例程式

第三步是實現 AI 應用系統。可以使用任何程式語言實現，我們仍然使用 Python 來實現這個系統，程式碼如圖 5-3-2 的 Ex5_3_cars_impt.py。程式的執行結果如以下的文字方塊所示。

```
= RESTART: D:/Python/book/chapter5/example/Ex5_3_cars_impl.py =
請輸入 Volumn: 1388
請輸入 Weight: 2500
當 Volumn=1388.0，Weight=2500.0 時，CO2 是 109.68857792170455
```

```
File  Edit  Format  Run  Options  Window  Help
def estimate(Volumn,Weight,a1,a2,b):
    val=a1*Volumn + a2*Weight + b
    return val

Volumn=input("請輸入Volumn: ")
Volumn=float(Volumn)
Weight=input("請輸入Weight: ")
Weight=float(Weight)

f=open("LR_model_01.txt","r")
a1=float(f.readline())
a2=float(f.readline())
b=float(f.readline())
f.close()

CO2_est=estimate(Volumn,Weight,a1,a2,b)
print(f'當Volumn={Volumn}, Weight={Weight}時, CO2是 {CO2_est}')
                                                        Ln: 17  Col: 46
```

▲圖 5-3-2　Ex5_3_cars_impl.py 範例程式

程式中，迴歸預測式我們實現在 estimate(…) 函式內，所需的模型參數值則是從檔案中讀入。這樣會有一個好處，就是當模型參數因為資料集變化重新學習到一組新的值，只要改變檔案的內容即可。

資料集不一定要儲存在本地端的電腦上，也有可能儲存在遠端網站上。我們再舉一個與房地產有關的應用範例來展示線性迴歸模型的應用。

第一步：下載資料集

紐約市開放資料 (NYC Open Data) 網站上有一個紀錄曼哈頓 (Manhattan) 公寓評價的資料集，該資料集總共有 70 個欄位，其中第 16、18、25 個欄位分別記錄某尺寸公寓的單位數 (Units)、公寓的面積 (SqFt) 及每單位面積的價錢 (ValuePerSqFt)。曼哈頓公寓評價的 JSON 格式的資料集可以到以下的網址下載：https://data.cityofnewyork.

us/resource/dvzp-h4k9.json。Python 的 pandas 模組的 read_json(⋯) 可以直接從網路下載 JSON 檔。參考圖 5-3-3 的範例程式 Ex5_3_houses.py。

我們只會用到索引編號爲 15、17、24 的欄位，因此就另外將這 3 個欄位儲存在 trainData 資料集。另外，原來的欄位名稱太長，爲了識別方便，我們也將之改名，改以 Units、SqFt、ValuePerSqFt 來表示這三個欄位。其意義分別是某尺寸公寓的單位數 (Units)，公寓的面積 (SqFt)，以及每單位面積的價錢 (ValuePerSqFt)。此資料集的資料紀錄多達 1000 筆，Ex5_3_houses.py 的第 13 行陳述式 print(trainData.head(5)) 是顯示出資料集的前 5 行資料紀錄。矩陣維度多達 1000，如果以線性代數反矩陣的解法，有可能發生溢位 (overflow)。本範例我們不直接使用矩陣解法而是使用 Python 線性迴歸模型求解。

第二步：線性迴歸模型機器學習

假設某尺寸公寓的單位數 (Units) 與公寓的面積 (SqFt) 可以線性決定每單位面積的價格 (ValuePerSqFt)。也就是 ValuePerSqFt 是應變數，與自變數 Units 與 SqFt 呈線性迴歸關係，如下所示：

```
ValuePerSqFt = a1*Units + a2*SqFt + b
```

我們已經討論過的 LinearRegression 的 fit(⋯) 函式可在給定資料集 trainData 後進行機器學習得到線性關係的係數，$\{a_1, a_2, b\}$。通常下載回來的資料集的每個欄位的資料的型態可能是字串，也就是雖然每個元素看起來都是數值，例如，42，但是實際上是字元 (character) 的組合，也就是字串 “42”。這種情況必須先轉換成數值型態的資料。在 Ex5_3_houses.py 的程式中，我們將 DataFrame 資料型態轉換成陣列型態，如程式碼第 23 行到第 25 行，以便有必要時可以針對個別元素進行處理，例如轉換成數值型態或檢查缺漏值。

```
File  Edit  Format  Run  Options  Window  Help
import pandas as pd
import numpy as np
from sklearn import linear_model

df = pd.read_json('https://data.cityofnewyork.us/resource/dvzp-h4k9.json')

# return the column labels
col = df.columns

trainData = df[[col[15],col[17],col[24]]]
trainData= trainData.rename(columns={col[15]:'Units',col[17]:'SqFt'})
trainData= trainData.rename(columns={col[24]:'ValuePerSqFt'})

#印出前5列
print(trainData.head(5))

#轉成單一欄位的DataFrame
Units=trainData[['Units']]
SqFt=trainData[['SqFt']]
ValuePerSqFt=trainData[['ValuePerSqFt']]

#習慣上會轉成numpy的陣列
Units = np.array(Units)
SqFt=  np.array(SqFt)
ValuePerSqFt = np.array(ValuePerSqFt)

#組合成自變數陣列與依變數陣列
X = np.hstack((Units,SqFt))   # horizontal stack
y = ValuePerSqFt

regr = linear_model.LinearRegression()
regr.fit(X, y)
a=regr.coef_
b=regr.intercept_
print(a[0,0],a[0,1])  #[[-0.17078804  0.00022628]]
print(b[0])  #[180.97050412]
                                                        Ln: 28  Col: 47
```

▲圖 5-3-3　Ex5_3_houses.py 範例程式

組合成自變數陣列 X，以及依變數陣列 y，呼叫 LinearRegression 的 fit(X,y) 即可得到 {a1,a2,b}={-0.170788, 0.000226, 180.970504}。線性模型的截距 (Intercept) 是 180.9705041，Units 的係數是 0.170788，SqFt 的係數是 0.000226。Units 與 SqFt 是自變數，ValuePerSqFt 是應變數。ValuePerSqFt 與 Units 及 SqFt 線性關係如下：

ValuePerSqFt = (–0.1707880)*Units+0.000226*SqFt+180.9705041

如同前一個範例，我們可以將此迴歸估測式實現在任何一個平台。

線性迴歸也可以運用在時間序列資料的線性預測上，也就是下一個時間單位的值可以由其之前的若干樣本值預測得到。線性預測模型 (linear prediction model) 主要使用來分析時間序列資料 (time series data)，例如針對金融和計量經濟資料的分析。通常時間序列資料有一個特性，就是目前的觀測值與較早之前的觀測值是相關的，也就是時間序列資料的先後次序很重要，不能弄亂。時間序列資料的最簡單例子是股票市場的每天收盤價。時間序列數據具有時間取樣的特性，以股票收盤數據爲例，取樣的週期是每日。我們將時間序列數據表示成 $\{x(1), x(2), \cdots, x(N)\}$，或是 $\{x(n), n=1, \cdots, N\}$，N 表示資料紀錄總筆數，$x(n)$ 可以解讀成第 n 次取樣的資料紀錄，也就是第 n 筆資料紀錄。

檔案 teststock.csv 儲存了某支股票近 30 天的收盤價，第一筆是時間最近的資料，最後一筆是時間最遠的資料。圖 5-3-4 的 Ex5_3_stock.py 範例程式使用 stock = pandas.read_csv("teststock.csv") 將資料集讀到資料框 (DataFrame) 中，再整理成一個有 30 個元素的陣列，相當於是一個時間序列數據。這一段程式如圖 5-3-4 的第 7 行至第 11 行程式敘述。

以此例的結果來說，時間序列數據 $\{x(n), n=1, \cdots, N\}$ 之 N=30, $x(1)$=582, $x(2)$=589, $x(29)$=599, $x(30)$=603。線性預測的最大特性是第 n 個取樣值 $x(n)$ 可以由前 p 個取樣值預測而得。p 稱爲秩數 (order)，以 p=3 爲例，線性預測數學式爲：

$$x(n) = a_0 + a_1 x(n-1) + a_2 x(n-2) + a_3 x(n-3) + e(n) \tag{5-6}$$

上述數學式所表示的意義是，第 n 個時間點的取樣值 $x(n)$ 可以由第 $n-1$、第 $n-2$ 及第 $n-3$ 的取樣值 $x(n-1)$，$x(n-2)$，$x(n-3)$ 估計得到，而 $e(n)$ 是預測誤差。上述的數學式可對比於我們在前面討論迴歸分析時的數學式：

$$y = a_0 + a_1 x_1 + a_2 x_2 + a_3 x_3 + e \tag{5-7}$$

x_1 相當於 $x(n-1)$，x_2 相當於 $x(n-2)$，x_3 相當於 $x(n-3)$。

如前所述，如果給定一個 trainData 資料集，有欄位 y, x_1, x_2, x_3，這四個欄位中，y 就是依變數，後面三個欄位就是自變數。如果能將後面三個欄位儲存在 X 多維陣列，那麼呼叫 LinearRegression 的 fit(y,X) 就可以得到 $\{a_0, a_1, a_2, a_3\}$ 的係數值。

但是原始資料是一維的時間序列數據，因此必須將原始資料整理成依變數陣列 y 與自變數 X。如前所述，我們有以下的等效：

$$y = x(n) \ ; \ x_1 = x(n-1) \ ; \ x_2 = (n-2) \ ; \ x_3 = x(n-3)$$

我們是假設 p=3 的情況，也就是第 4 個取樣值可以由前 3 個取樣值線性預測得到。因此，y 實際只能取到倒數第 4 筆資料，這樣它才能有前 3 筆資料做為自變數的迴歸關係。x_1 是 y 的前一天，x_2 是 y 的前兩天，x_3 是 y 的前三天的數據。依照這一個原則，我們將原始時間序列數據整理成 y 與 X 陣列。這一段程式如圖 5-3-4 的第 15 行到第 28 行。

```
File Edit Format Run Options Window Help
1 import pandas
2 import numpy as np
3 from sklearn import linear_model
4 from sklearn.metrics import r2_score #
5 import matplotlib.pyplot as plt
6
7 stock = pandas.read_csv("teststock.csv")
8 print(type(stock)) #<class 'pandas.core.frame.DataFrame'>
9
10 mystock= np.array(stock) #30x1的二維陣列
11 stock=mystock[:,0]
12 print(stock[:3])    # [582 589 614]
13 print(stock[27:])   # [609 599 603]
14
15 N=len(stock)
16 print(N)
17 y=[ ]
18 x1=[ ]
19 x2=[ ]
20 x3=[ ]
21
22 for n in range(0,N-4):
23  y.append(stock[n])
24  x1.append(stock[n+1])
25  x2.append(stock[n+2])
26  x3.append(stock[n+3])
27
28 X=np.stack((x1,x2,x3),axis=-1)
29 print(X[0:3,:])
30
31 regr = linear_model.LinearRegression()
32 regr.fit(X, y)
33 a=regr.coef_
34 b=regr.intercept_
35 print(a)  # [ 0.74313964 -0.31008346 -0.00921515]
36 print(b)  # 342.51693132794503
Ln: 36 Col: 12
```

▲圖 5-3-4　Ex5_3_stock.py 範例程式

上述範例經由線性迴歸機器學習演算法 regr.fit(X,y) 即可以學習到線性預測式的 4 個參數，$\{a_0, a_1, a_2, a_3\}$ 為 {342.52,0.74,-0.31,-0.009}。也就是我們可以得到股價的預測式如下：

```
y= 342.52 + 0.74*x1 -0.31*x2 -0.009*x3
```

如前所述，y 代表隔天要預測的股價，x_1 是前一天，x_2 是前兩天，x_3 是前 3 天的股價。就實際狀況而言，即使隔天的收盤價利用線性預測模型可以得到預估值，但應該沒有人敢百分百依此預估值就做出大買或大賣的決策。主要原因是我們無法保證預測的效益與準確性。

5-4 羅吉斯迴歸

線性迴歸所要估測或預測的應變數是數值形式的，例如給定 PH 值、氧化還原電位要預測水中的溶氧量；應變數溶氧量就是可度量的數值型態。然而，實務上常有一種需要預測非數值的情況，例如預測某件事會不會發生？客人會不會再次購買？這時就需要另一種迴歸模型。有一種稱為羅吉斯迴歸 (Logistic Regression) 的模型就適合這樣的用途。羅吉斯迴歸的自變數與應變數並不需要有常態分配的假設。因此它是一個常見和強大的模型，尤其普遍應用在醫學與行銷市場領域上。嚴格來說，羅吉斯迴歸預測的是事件發生的機率有多少？機率值介於 0.0 到 1.0 之間。以 0.5 為閥值，大於 0.5 當做 1.0，也就是會發生，小於 0.5 當做 0.0，也就是不會發生。比較學術一點的說法是，羅吉斯迴歸適用於預測二元類別目標應應變數的發生機率；但大都會將機率值以 0.5 為界限分為發生與不發生，所以也可以將羅吉斯迴歸模型看成是在解二元分類的問題。

二元分類的問題，是當得到觀測值向量後，要判斷是兩種類別中的哪一類。如果有 A 與 B 兩類，A 當做事件發生，則 B 就是事件未發生。勝算 (odds) 是羅吉斯迴歸一個很重要的概念。勝算基本上就是事件發生與未發生的比值 (the ratio of the probability of an event occurrence and not occurring)。舉例來說，如果有一事件發生機率為 p，則不發生的機率為 $1-p$，那麼勝算的公式如下式所示：

$$\text{odds} = \frac{p}{1-p} \tag{5-8}$$

例如 $p = 0.8$，則 $1 - p$ 是 0.2，勝算就等於 4。

在進一步討論羅吉斯迴歸模型之前，我們先討論一個很重要的函數，叫做 Sigmoid 函數，也叫做羅吉斯函數 (Logistic function)。它是一個非線性函數，無論輸入的值為何，Sigmoid 函數的結果一定界於 0 至 1 之間。Sigmoid 函數如下式所示：

$$S(u) = \frac{1}{1+e^{-u}} \tag{5-9}$$

Sigmoid 函式的圖形如圖 5-4-1 所示。

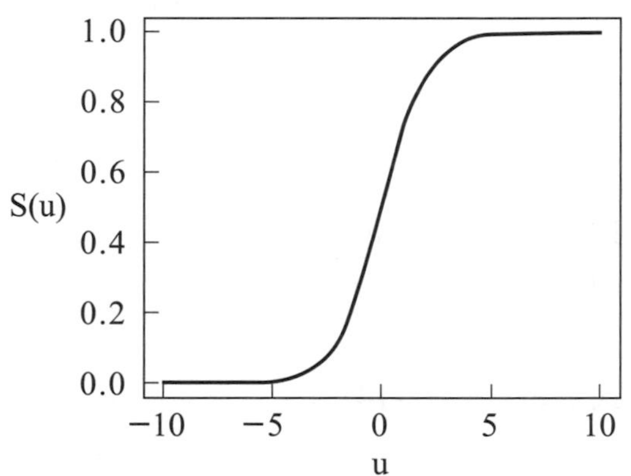

▲圖 5-4-1　Sigmoid 函式的圖形

羅吉斯迴歸是將 Sigmoid 函式的 u 當做是輸入的自變數乘上權重後加上一個補償量，其實 u 就是一個迴歸式。舉例來說，有兩個自變數 x_1 與 x_2，若知道迴歸式的係數 $\{w_0, w_1, w_2\}$，那麼可以算出 u=w0+w1*x1+w2*x2，代入 Sigmoid 函式可以得到一個介於 0 到 1 的值。這個值可以當做是機率，若大於 0.5 可以歸為一類，其他則歸為另一類。

將 $y = 1$ 與 $y = 0$ 當做是二元類別目標應變數的兩種值，也就是 $y = 1$ 表示事件發生，$y = 0$ 表示事件未發生。給定觀測值向量，也就是給定自變數的一筆資料紀錄，$X^{\mathrm{T}} = (x_1, x_2, ..., x_n)$，羅吉斯迴歸假設目標類別應變數 $(y = 1)$ 的發生機率可以表示如公式 (5-10) 所示：

$$P(y=1|X)=\tau(X)=S(g(X))=\frac{1}{1+e^{-g(X)}} \quad (5\text{-}10)$$

上式中的 $g(X)$ 函式是 X 各元素與權重值 (weight) 相乘之後的線性組合，如公式 (5-11) 所示：

$$g(X)=w_0+w_1x_1+w_2x_2+\cdots+w_nx_n \quad (5\text{-}11)$$

事件未發生的機率，$P(y=0|X)$ 等於 1.0 減去事件發生的機率，因此可以得到公式 (5-12)：

$$P(y=0|X)=1-P(y=1|X)=S(g(X))=1-\frac{1}{1+e^{-g(X)}} \quad (5\text{-}12)$$

進一步推導，

$$1-\frac{1}{1+e^{-g(X)}}=\frac{1+e^{-g(X)}-1}{1+e^{-g(X)}}=\frac{e^{-g(X)}}{1+e^{-g(X)}} \quad (5\text{-}13)$$

因此可得到勝算的式子如公式 (5-14)：

$$\text{odds}=\frac{P(y=1|X)}{P(y=0|X)}=\frac{1}{1+e^{-g(X)}}\cdot\left(\frac{1+e^{-g(X)}}{e^{-g(X)}}\right)=\frac{1}{e^{-g(X)}}=e^{g(X)} \quad (5\text{-}14)$$

雖然本書在推導羅吉斯迴歸模型的立論基礎時，並不是從勝算比的角度切入，但是勝算比的觀念對於解釋羅吉斯迴歸的預測結果與效能時是很重要的概念。記下這個概念對進一步理解羅吉斯迴歸模型會很有幫助。

給定訓練資料集，羅吉斯迴歸模型的最佳迴歸係數，也就是上述的 $\{w_0, w_1, w_2,\cdots, w_n\}$ 可以使用數學式求出。在推導羅吉斯迴歸模型的係數求解數學式之前，我們先以簡單的資料集，使用 Python 的 linear_model 的 LogisticRegression() 完成羅吉斯迴歸模型的訓練，然後再檢視分類的效能。給定的資料集有兩個欄位，分別是 x_1 與 x_2，總共有 4 個資料點，分別是 (2.5,1.5)、(–1.7, 2.7)、(–1.8,–0.9)、(1.6,–1.3)，前兩

點歸爲一類，對應到 $y = 1$；後兩點歸爲另一類，對應到 $y = 0$。如果將 x_1 想成二爲平面的水平軸，x_2 爲垂直軸，很明顯，前兩點是在水平軸上方，後兩點是在水平軸下方。Python 程式碼如 Ex5_4_logis01.py 所示：

```
import numpy as np
from sklearn import linear_model
def sigmoid(u):
val=1.0/(1+np.exp(-u))
return val
ufun_sigmoid= np.frompyfunc(sigmoid, 1, 1)
X = np.array([[2.5,1.5] ,[-1.7, 2.7],[-1.8,-0.9],[1.6,-1.3]])
y = np.array([[1], [1], [0],[0]])
logistic_regr = linear_model.LogisticRegression()
logistic_regr.fit(X, y)
w0=logistic_regr.intercept_[0]
w1=logistic_regr.coef_[0,0]
w2=logistic_regr.coef_[0,1]
print(w0,w1,w2) # [-0.53125836] [[0.20039829 1.00704966]]
u=w0 + w1*X[:,0] + w2*X[:,1]
print(u) #[ 1.480311851.84709861 -1.79831998 -1.51978565]
result=ufun_sigmoid(u)
print(result) #[0.814619 0.863786 0.142055 0.179493]
```

我們也將執行結果以註解方式呈現在程式碼上，也就是 [0.814619 0.863786 0.142055 0.179493]。將這 4 個數值視爲發生機率，很明顯地，前兩點屬於 $y = 1$ 那一類，後兩點屬於 $y = 0$ 那一類。

接下來，我們推導羅吉斯迴歸模型的數學式。假設針對某事件觀測了 m 次，也就是目標類別應變數有 m 個，記爲 $\{y_1, y_2,\ldots, y_m\}$，每個 y_i 不是 1 就是 0，分別代表事件發生與未發生，每個 y_i 都會對應一個自變數集合，也就是第 i 筆資料紀錄，$X_i = \{x_{i1}, x_{i2}, \ldots, x_{in}\}$。這裡有一個很重要的概念，就是事件發生或不發生都會有觀測值。如前所述，將此問題想成兩個類別的分類問題，比較好理解，也就是給定 x_i 的情況下，要判定是 A 類或「非 A 類」。

令 $p_i = P(y_i = 1|X_i)$ 表示在給定 X_i 的情況下，事件 A 發生的機率。令給定 X_i 的情況下，事件 A 未發生的機率 $P(y_i = 0|X_i) = 1 - p_i$。如此一來觀測值向量 X_i 的獲得機率 (the probability of getting an observation) 可以表示如公式 (5-15) 所示：

$$P(y_i) = p_i^{y_i}(1 - p_i)^{1-y_i} \tag{5-15}$$

$y_i = 1$ 時，也就是將 x_i 分類爲 A 類時，$P(y_i) = p_i$；$y_i = 0$ 時，$P(y_i) = (1 - p_i)$，這是分類爲非 A 的機率。

若每個觀測自變數 X_i 都是彼此獨立 (each observation sample is independent of each other) 的，也就是它們彼此之間不具統計相關性。參考公式 (5-10)，那麼觀測到 $\{X_1, X_2, \ldots, X_m\}$ 的可能性函數 (likelihood function) 可如公式 (5-16) 所示：

$$L(W) = \prod_{i=1}^{m}(\tau(X_i))^{y_i}(1 - \tau(X_i))^{1-y_i} \tag{5-16}$$

W 是 $\{w_0, w_1, w_2, \ldots, w_n\}$，也是參考公式 (5-10)，可得

$$\tau(X_i) = \frac{1}{1 + e^{-g(X_i)}} \tag{5-17}$$

由公式 (5-11) 可得，

$$g(X_i) = w_0 + \sum_{k=1}^{n} w_i x_{ik} \tag{5-18}$$

$L(W)$ 的意義是當 W 不一樣時，$L(W)$ 就不同。在所有可能的 W 中，會有一組 $\{w_0, w_1, w_2, \ldots, w_n\}$ 可以使 $L(W)$ 最大，稱爲最大可能性 (Maximum Likelihood)。可使 $L(W)$ 最大的 W，也可使 $L(W)$ 的自然對數值最大。$L(W)$ 取自然對數如公式 (5-19) 所示：

$$\ln(L(W)) = \sum_{i=1}^{m}(y_i \ln[\tau(X_i)] + (1 - y_i)\ln[1 - \tau(X_i)]) \tag{5-19}$$

$W=\{w_0,w_1, w_2,\ldots, w_n\}$，也就是有 $n+1$ 個未知數，至少要有 $n+1$ 個方程式，才有可能解出所要的 W。以 w_k 對 $\ln(L(W))$ 偏微分並令其結果等於 0，即可得到 $n+1$ 個方程式，如公式 (5-20) 所示：

$$\frac{\partial \ln\left(L(W)\right)}{\partial w_k}=0 \quad k=1\ldots n \tag{5-20}$$

$\partial\ln\left(L(W)\right)$ 對每一個 w_k 的偏微分推導如公式 (5-21) 所示。

$$\frac{\partial \ln\left(L(W)\right)}{\partial w_k}=\sum_{i=1}^{m}\frac{\partial}{\partial w_k}(y_i \ln\left[\tau\left(X_i\right)\right]+(1-y_i)\ln[1-\tau\left(X_i\right)] \tag{5-21}$$

在公式 (5-21) 中，只有 $\tau(X_i)$ 是 w_k 的函數，而從對數函數的微分可得公式 (5-22)。

$$\frac{\partial \ln\left(\tau\left(X_i\right)\right)}{\partial w_k}=\frac{1}{\tau\left(X_i\right)}\cdot\frac{\partial\tau\left(X_i\right)}{\partial w_k} \tag{5-22}$$

因此可以得到

$$\begin{aligned}
&\frac{\partial}{\partial w_k}\left(y_i \ln\left[\tau\left(X_i\right)\right]+\left(1-y_i\right)\ln\left[1-\tau\left(X_i\right)\right]\right)\\
&=\frac{y_i}{\tau\left(X_i\right)}\cdot\frac{\partial\tau\left(X_i\right)}{\partial w_k}+\frac{1-y_i}{1-\tau\left(X_i\right)}\cdot(-1)\cdot\frac{\partial\tau\left(X_i\right)}{\partial w_k}\\
&=\left[\frac{y_i}{\tau\left(X_i\right)}-\frac{1-y_i}{1-\tau\left(X_i\right)}\right]\cdot\frac{\partial\tau\left(X_i\right)}{\partial w_k}\\
&=\left[y_i-\tau\left(X_i\right)\right]\cdot\frac{1}{\tau\left(X_i\right)(1-\tau\left(X_i\right))}\cdot\frac{\partial\tau\left(X_i\right)}{\partial w_k}
\end{aligned}$$

從微分公式之除法定律，可以得到以下的推導：

$$\begin{aligned}\frac{\partial \tau(X_i)}{\partial w_k} &= \frac{\partial}{\partial w_k}\left(\frac{1}{1+e^{-g(X_i)}}\right)\\ &= \frac{-1}{\left(1+e^{-g(X_i)}\right)^2}\cdot\frac{\partial\left(1+e^{-g(X_i)}\right)}{\partial w_k}\\ &= \frac{-1}{(1+e^{-g(X_i)})^2}\cdot\frac{\partial}{\partial w_k}(e^{-g(X_i)})\\ &= \frac{e^{-g(X_i)}}{(1+e^{-g(X_i)})^2}\cdot\frac{\partial g(X_i)}{\partial w_k}\\ &= \tau(X_i)(1-\tau(X_i))\cdot\frac{\partial g(X_i)}{\partial w_k}\end{aligned}$$

而已知

$$g(X_i) = w_0 + \sum_{k=1}^{n} w_k x_{ik}$$

所以可得到 $\frac{\partial g(X_i)}{\partial w_k} = x_{ik}$ ，也就是

$$\frac{\partial \tau(X_i)}{\partial w_k} = \tau(X_i)(1-\tau(X_i))\cdot x_{ik}$$

代入之前的 $\frac{\partial}{\partial w_k}\left(y_i \ln\left[\tau(X_i)\right]+(1-y_i)\ln\left[1-\tau(X_i)\right]\right)$ 的推導式。

$$\begin{aligned}&\frac{\partial}{\partial w_k}\left(y_i \ln\left[\tau(X_i)\right]+(1-y_i)\ln\left[1-\tau(X_i)\right]\right)\\ &= \sum_{i=1}^{m} x_{ik}\left[y_i-\tau(X_i)\right]\end{aligned}$$

代入之前的 $\frac{\partial \ln(L(W))}{\partial w_k}$ 推導式，最後即可得到 n+1 個方程式，如公式 (5-23) 所示。

$$\frac{\partial \ln(L(W))}{\partial w_k} = \sum_{i=1}^{m} x_{ik}\left[y_i - \tau\left(X_i\right)\right] = 0 \text{ , } k = 1,\ldots n \tag{5-23}$$

$\tau(X_i)$ 是非線性函式，如公式 (5-17) 所示，所以這些 (n+1) 個聯立方程式是極其複雜的，想要求得到通解幾乎是不可能的，只能求得近似解。一般是使用牛頓法 (Newton's method, Newton-Raphson method) 求解。作法是將牛頓法編寫爲程式演算法，經過多次的疊代 (iteration) 運算，收斂後得到近似解。牛頓法類似梯度下降法 (Gradient Descend Method) 都是迭代求解。梯度下降法在迭代過程就好像不斷地走下坡，最終到達坡底，也就是找到可以使得目標函式有最小值的參數。羅吉斯迴歸若要使用梯度下降法求解，可以將最佳可能性 $L(W)$ 的倒數做爲目標函式。

許多機器學習演算法的平台及函式庫都已提供羅吉斯迴歸模型的機器學習演算法，即使你對前述的推導不甚理解，也不理解牛頓法或梯度下降法的細節，這些都不會影響現成的機器學習演算法的運用。本節一開始，我們曾使用 Python 的 Logistic Regression 完成羅吉斯迴歸模型的訓練。那時舉的例子非常簡單，接下來，我們就以鳶尾花資料集爲例，展示羅吉斯迴歸模型的應用方式與效能。因爲只討論二元目標類別的分類，所以只取鳶尾花後 100 筆做爲訓練資料集。這 100 筆中，前 50 筆的鳶尾花類別是 versicolor，每一筆資料紀錄的應變數 $y_i = 1$；後 50 筆爲 virginica，應變數 $y_i = 0$。鳶尾花使用羅吉斯迴歸模型做分類的程式碼如圖 5-4-2 的 Ex5_4_logis02.py 所示。

```
File  Edit  Format  Run  Options  Window  Help
import numpy as np
from sklearn import linear_model
from sklearn import datasets

def sigmoid(u):
  val=1.0/(1+np.exp(-u))
  if val > 0.5:
    return int(1)
  else:
    return int(0)

ufun_sigmoid= np.frompyfunc(sigmoid, 1, 1) #universal function

# 讀入鳶尾花資料
iris = datasets.load_iris()
iris_X = iris.data[50:150,:]
y1=np.ones((50,1))
y0=np.zeros((50,1))

y=np.concatenate((y1, y0))
y = y.reshape(-1) #將100x1的二維陣列改為有100元素的1D array

logistic_regr = linear_model.LogisticRegression()
logistic_regr.fit(iris_X, y)

print(logistic_regr.intercept_)
print(logistic_regr.coef_)

w0=logistic_regr.intercept_[0]
w1=logistic_regr.coef_[0,0]
w2=logistic_regr.coef_[0,1]
w3=logistic_regr.coef_[0,2]
w4=logistic_regr.coef_[0,3]

u=w0 + w1*iris_X[:,0] + w2*iris_X[:,1]  + w3*iris_X[:,2] + w4*iris_X[:,3]

result=ufun_sigmoid(u)
print(result)
                                                    Ln: 12  Col: 62
```

▲圖 5-4-2　Ex5_4_logis02.py 範例程式

上述 Ex5_4_logis02.py 的執行結果如以下的文字方塊所示。

```
== RESTART: D:/Python/book/chapter5/example/Ex5_4_logis02.py ==
[14.43080433]
[[ 0.394431360.51327025 -2.93075043 -2.4170433 ]]
[1 1 1 1 1 1 1 1 1 1 1 1 1 1 1 1 1 1 1 1 0 1 1 1 1 1 1 0 1 1 1 1 1 0 1 1 1
 1 1 1 1 1 1 1 1 1 1 1 1 1 0 0 0 0 0 0 1 0 0 0 0 0 0 0 0 0 0 0 0 0 0 0 0 0
 0 0 0 0 0 0 0 0 0 0 0 0 0 0 0 0 0 0 0 0 0 0 0 0 0 0]
```

陣列中的值依序是迴歸式的係數 $\{w_0, w_1, w_2, w_3, w_4\}$。而從分類的結果有三個 1 被判為 0，也就是本來是 versicolor 的 50 個中有 3 個被誤判為 virginica。而本來是 virginica 的 50 個中有 1 個被誤判為 versicolor。從這個例子來看，羅吉斯迴歸的分類效果很令人滿意。

5-5　梯度下降演算法

在機器學習領域，常有求最佳解的狀況，也就是給一個成本函數 (cost function) 找出一組參數可以使得這個成本函數有最小值。舉例來說，有一個成本函數 $f(x)=(x-1)^2+(x-3)^2-5$，我們想找出 x 的值使得 f(x) 有最小值。圖 5-5-1 的 Ex5_5_gd01.py 的程式可以繪出此函數的曲線圖，很明顯的在 x = 2 時有最小值，這可以從圖 5-5-2 可以觀察得到。

```
import numpy as np
import matplotlib.pyplot as plt

def f_x(x):
    a = (x - 1)**2 + (x - 3)**2 - 5
    return a

y=[]
a=[]
init=-2.0
end=6
N=int((end-init)/0.01)
print(N)
step=0.01
for i in range(1,N):
    a.append(init+i*step)
    val=f_x(a[i-1])
    y.append(val)

plt.plot(a,y)
plt.show()
```

▲圖 5-5-1　範例 Ex5_5_gd01.py 的程式碼

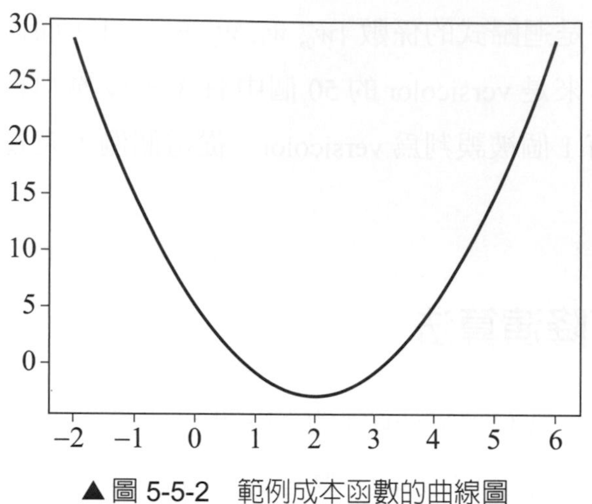

▲圖 5-5-2　範例成本函數的曲線圖

實際上，這是一個一元二次的曲線，我們可以直接求解，如以下的推導：

$$
\begin{aligned}
f(x) &= x^2 - 2x + 1 + x^2 - 6x + 9 - 5 \\
&= x^2 - 8x + 5 \\
&= 2(x^2 - 4x) + 5 \\
&= 2[(x-2)^2 - 4x)] + 5 \\
&= 2(x-2)^2 - 3
\end{aligned}
$$

很明顯，當 $x = 2$ 時有最小值 -3。

然而並非所有的成本函數都可以求得確定解，這時就可以使用梯度下降演算法 (Gradient Descent Algorithm)，以程式求解。梯度下降演算法的執行步驟如下所述：

第一步：設定初始值 pre_a，以及變化幅度 stepS，以及算出初始值的成本函式值 preErr = f (pre_a)，並設定容忍值 tolence 爲一個很小的值。

第二步：除非 abs(curErr − preErr) ≤ tolence，否則一直進行以下的迭代(iteration)運算：

$$\text{cur\_a} = \text{pre\_a} - \text{stepS} \times \left.\frac{\partial f(x)}{\partial x}\right|_{x=\text{pre\_a}}$$ ；

curErr=f(cur_a)；

if(abs(curErr-preErr) ≤ tolence) {

break 至第三步；

```
    }
    else {
        pre_a ＝ cur_a；
        preErr ＝ curErr；
    }
```

第三步：輸出 cur-a 與 curErr 做爲答案。

上述步驟中第二步的

$$cur\_a = pre\_a - stepS \times \left.\frac{\partial f(x)}{\partial x}\right|_{x = pre\_a}$$

是最關鍵的，它可以保證，每一次的 iteration 都會向答案逼近。這是偏微分的作用，上式中，下一次迭代的試誤值是前一次迭代的試誤值減去偏微分值。

微積分中有一個很重要的概念，微分值就是函式在該點的斜率。假設一開始 pre_a 是選在眞正答案的右邊，則 pre_a 的偏微分值會是正的，因爲斜率爲正。反之，若一開始 pre_a 是選在眞正答案的左邊，則 pre_a 的偏微分值會是負的。由上的推論，下一個迭代的試誤值會往眞正的答案的接近。圖 5-5-3 繪出函數 f (x) = (x–1)^2 + (x–3)^2–5 於 x = 5 與 x = –1 的偏微分斜率的直線，答案是 x = 2，其右邊斜率爲正，若初始試誤點在其右邊，依照上式，一次次迭代的試誤點會越來越接近答案。依此類推，若初始試誤點在其左邊，一次次迭代的試誤點也會越來越接近答案。

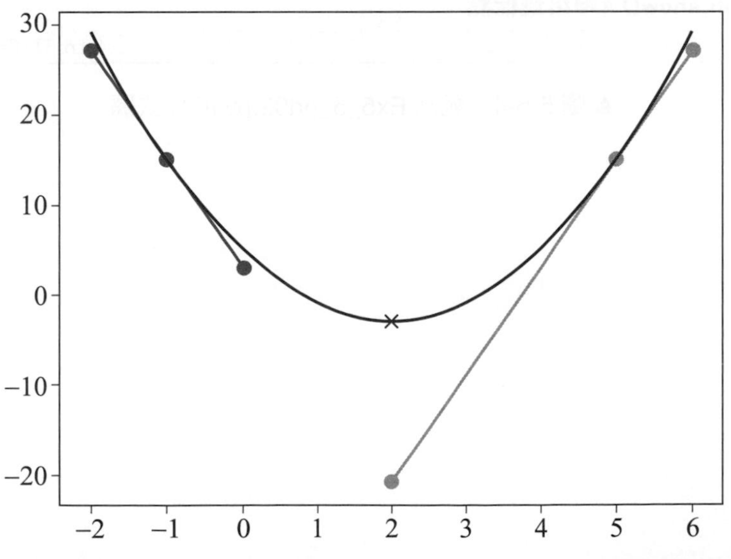

▲圖 5-5-3　函數 f (x) = (x–1)^2 + (x–3)^2–5 於 x=5 與 x =–1 的偏微分斜率直線

圖 5-5-3 的繪圖程式碼 Ex5_5_gd02.py 如圖 5-5-4 所示。

File Edit Format Run Options Window Help

```
import numpy as np
import matplotlib.pyplot as plt

def partialfun(x):
  temp=4*x-8
  return temp

def f_x(x):
    a = (x - 1)**2 + (x - 3)**2 - 5
    return a

y=[]; a=[]; init=-2.0;  end=6
N=int((end-init)/0.01)
print(N); step=0.01
for i in range(1,N):
    a.append(init+i*step)
    val=f_x(a[i-1])
    y.append(val)

plt.plot(a,y)  #繪出曲線圖

xpartial=partialfun(-1.0)
c=f_x(-1.0)-xpartial*(-1.0)
xpoints=[-2.0,-1.0,0.0]
ypoints=[partialfun(-1.0)*(-2.0)+c,f_x(-1),c]
plt.plot(xpoints, ypoints,marker= 'o')  #繪出x=-2的偏微分斜率

xpartial=partialfun(5.0)
c=f_x(5.0)-xpartial*(5.0)
xpoints=[6.0,5.0,2.0]
ypoints=[partialfun(5.0)*(6.0)+c,f_x(5.0),partialfun(5.0)*(2.0)+c]
plt.plot(xpoints, ypoints,marker= 'o')  #繪出x=5.0的偏微分斜率

xpoints=[2.0]
ypoints=[f_x(2.0)]
plt.plot(xpoints, ypoints, 'x')
plt.show() #繪出最低點
```

Ln: 37 Col: 17

▲ 圖 5-5-4　範例 Ex5_5_gd02.py 的程式碼

以梯度下降演算法求出函數 f (x) = (x–1)^2 + (x–3)^2–5 於 x 爲何值時具有最小值。程式碼展示於圖 5-5-5 的 Ex5_5_gd03.py 範例。程式中我們顯示迭代數增加時，試誤值越來越逼近 x=2，以及成本函數值越來越趨於穩定的情況。執行結果如以下的文字方塊所示，第一個欄位值是試誤值的變化，第二個欄位值是成本函數值的變化。

```
=== RESTART: D:\Python\book\chapter5\example\Ex5_5_gd03.py ==
1 :   -0.39999999999999999 ;  8.519999999999998
3 :   0.4640000000000001 ;  1.7185920000000001
5 :   1.01696 ;            -1.0672647168000005
7 :   1.3708544 ;          -2.20835162800128
9 :   1.597346816 ;        -2.6757408268293243
11 :  1.74230196224 ;      -2.8671834426692913
13 :  1.8350732558336 ;    -2.9455983381173416
15 :  1.894446883733504 ;  -2.977717079292863
17 :  1.9324460055894426 ; -2.9908729156783567
19 :  1.9567654435772432 ; -2.996261546261855
21 :  1.9723298838894356 ; -2.998468729348856
23 :  1.9822911256892388 ; -2.9993727915412913
25 :  1.9886663204411128 ; -2.999743095415313
27 :  1.9927464450823122 ; -2.9998947718821123
當x = 1.9941971560658498 時有最小値：-2.9999326540045517
迭代總次數為：28
```

```
File  Edit  Format  Run  Options  Window  Help
def errorfun(x):
  temp=(x-1)**2 + (x-3)**2 -5
  return temp

def partialfun(x):
  temp=4*x-8
  return temp

pre_a=-1; stepS=0.05
tolence=0.00005
preErr=errorfun(pre_a)
flag=1;  iteration=1

while (flag==1):
 cur_a=pre_a - stepS*partialfun(pre_a)
 curErr=errorfun(cur_a)
 if (iteration % 2 != 0):
   print(iteration, ": ", cur_a, ";", curErr)
 if (abs(curErr-preErr) >= tolence):
    pre_a=cur_a
    preErr=curErr
    iteration= iteration+1
 else:
    flag=0
print()
print("當 x= ",cur_a, " 時有最小值: ", curErr)
print("迭代總次數為: ",iteration)
                                                Ln: 27  Col: 27
```

▲圖 5-5-5　範例 Ex5_5_gd03.py 的程式碼

我們以本章一開始的 6 筆資料紀錄爲例，展示使用梯度下降法解多元線性迴歸預測式之係數。假設它們有線性迴歸的關係，也就是有以下的式子：

$$7 = 2a + 3b + 5c + d + \varepsilon_1$$

$$9 = 4a - 2b - 3c + d + \varepsilon_2$$

$$6 = 3a + 4b - 5c + d + \varepsilon_3$$

$$11 = 5a + 2b - 2c + d + \varepsilon_4$$

$$8 = -3a + 6b + 8c + d + \varepsilon_5$$

$$3 = -5a + 7b + 2c + d + \varepsilon_6$$

移項平方後，可得

$$\varepsilon_1^2 = (7 - 2a - 3b - 5c - d)^2$$

$$\varepsilon_2^2 = (9 - 4a + 2b + 3c - d)^2$$

$$\varepsilon_3^2 = (6 - 3a - 4b + 5c - d)^2$$

$$\varepsilon_4^2 = (11 - 5a - 2b + 2c - d)^2$$

$$\varepsilon_5^2 = (8 + 3a - 6b - 8c - d)^2$$

$$\varepsilon_6^2 = (3 + 5a - 7b - 2c - d)^2$$

令

$$\mathrm{E}(\mathrm{a,b,c,d}) = \textstyle\sum_{\mathrm{i}=1}^{6} \varepsilon_i^2$$

爲了求得一組最佳的 $\{a,b,c,d\}$，必須找到一組 $\{a,b,c,d\}$ 使 $E(a,b,c,d)$ 有最小值。針對多元參數的成本函數之梯度下降演算法求解，需要以每一個參數進行偏微分以便變化每一次迭代的試誤值，$\{a,b,c,d\}$ 是試誤值如下：

$$\mathrm{cur\_a} = \mathrm{pre\_a} - \mathrm{stepS} \times \left.\frac{\partial E}{\partial a}\right|_{a = \mathrm{pre\_a}}$$

$$\mathrm{cur\_b} = \mathrm{pre\_b} - \mathrm{stepS} \times \left.\frac{\partial E}{\partial \mathrm{b}}\right|_{b = \mathrm{pre\_b}}$$

$$\mathrm{cur\_c} = \mathrm{pre\_c} - \mathrm{stepS} \times \left.\frac{\partial E}{\partial c}\right|_{c = \mathrm{pre\_c}}$$

$$\text{cur\_d} = \text{pre\_d} - \text{stepS} \times \frac{\partial E}{\partial d} \mid d = \text{pre\_d}$$

上式中的偏微分 $\frac{\partial E}{\partial a}$ 則如下式所式：

$$\begin{aligned}\frac{\partial E(a,b,c,d)}{\partial a} &= \frac{\partial \sum_{\text{i=1}}^{6} \varepsilon_i^2}{\partial a} = \sum_{\text{i=1}}^{6} \frac{\partial \varepsilon_i^2}{\partial a} \\ &= 2\times(7-2a-3b-5c-d)\times(-2)+2(9-4a+2b+3c-d)\times(-4) \\ &\quad +2(6-3a-4b+5c-d)\times(-3)+2(11-5a-2b+2c-d)\times(-5) \\ &\quad +2(8+3a-6b-8c-d)\times(3)+2(3+5a-7b-2c-d)\times(5)\end{aligned}$$

圖 5-5-6 的程式碼是運用梯度下降法求上述多元線性迴歸係數的範例，執行的結果如以下的文字方塊所示。

```
= RESTART: D:/Python/book/chapter5/example/Ex5_5_gd04.py

真正的答案： 0.62 -0.16 0.29 7.0 11.101500000000001
a,b,c,d=  0.63 , -0.15 , 0.29 , 6.96  時有最小値：  11.102337153640441
迭代總次數為 ： 2327675
```

在程式中，我們將容忍值設定爲非常小的值，tolence=0.000000005，因此所得到的結果非常接近眞正的答案。但是，迭代的總次數卻高達 2327675 次，這還是刻意將初始試誤值設在眞正答案附近的情況。通常的情況，初始試誤值可能會離眞正答案有一段距離，這時迭代總次數會更多。程式的第 1 至第 4 行是成本函數 E(a,b,c,d)，第 6 行到第 22 行則是 E(a,b,c,d) 對 {a,b,c,d} 的偏微分。

File Edit Format Run Options Window Help

```python
def errorfun(a,b,c,d):
    temp=(7-2*a-3*b-5*c-d)**2 + (9-4*a+2*b+3*c-d)**2 + (6-3*a-4*b+5*c-d)**2
    temp=temp+ (11-5*a-2*b+2*c-d)**2+(8+3*a-6*b-8*c-d)**2 + (3+5*a-7*b-2*c-d)**2
    return temp

def partialfun_a(a,b,c,d):
    temp=2*(7-2*a-3*b-5*c-d)*(-2)+2*(9-4*a+2*b+3*c-d)*(-4)+2*(6-3*a-4*b+5*c-d)*(-3)
    temp=temp + 2*(11-5*a-2*b+2*c-d)*(-5)+2*(8+3*a-6*b-8*c-d)*(3)+2*(3+5*a-7*b-2*c-d)*(5)
    return temp
def partialfun_b(a,b,c,d):
    temp=2*(7-2*a-3*b-5*c-d)*(-3)+2*(9-4*a+2*b+3*c-d)*(2)+2*(6-3*a-4*b+5*c-d)*(-4)
    temp=temp + 2*(11-5*a-2*b+2*c-d)*(-2)+2*(8+3*a-6*b-8*c-d)*(-6)+2*(3+5*a-7*b-2*c-d)*(-7)
    return temp

def partialfun_c(a,b,c,d):
    temp=2*(7-2*a-3*b-5*c-d)*(-5)+2*(9-4*a+2*b+3*c-d)*(3)+2*(6-3*a-4*b+5*c-d)*(5)
    temp=temp + 2*(11-5*a-2*b+2*c-d)*(2)+2*(8+3*a-6*b-8*c-d)*(-8)+2*(3+5*a-7*b-2*c-d)*(-2)
    return temp
def partialfun_d(a,b,c,d):
    temp=2*(7-2*a-3*b-5*c-d)*(-1)+2*(9-4*a+2*b+3*c-d)*(-1)+2*(6-3*a-4*b+5*c-d)*(-1)
    temp=temp + 2*(11-5*a-2*b+2*c-d)*(-1)+2*(8+3*a-6*b-8*c-d)*(-1)+2*(3+5*a-7*b-2*c-d)*(-1)
    return temp
old_a=0.7; old_b=-0.2; old_c=0.32; old_d=5; stepsize=0.000001; tolence=0.000000005
preErr=errorfun(old_a,old_b,old_c,old_d) ;  flag=1;  iteration=1

print("真正的答案:",0.62,-0.16,0.29,7.0,errorfun(0.62,-0.16,0.29,7.0))

while (flag==1):
  new_a=old_a - stepsize*partialfun_a(old_a,old_b,old_c,old_d)
  new_b=old_b - stepsize*partialfun_b(old_a,old_b,old_c,old_d)
  new_c=old_c - stepsize*partialfun_c(old_a,old_b,old_c,old_d)
  new_d=old_d - stepsize*partialfun_d(old_a,old_b,old_c,old_d)

  curErr=errorfun(new_a,new_b,new_c,new_d)
  if (abs(curErr-preErr) >= tolence):
     old_a=new_a; old_b=new_b; old_c=new_c;  old_d=new_d ; preErr=curErr;      iteration= iteration+1
  else:
     flag=0
print("a,b,c,d= ",round(new_a,2), ",",round(new_b,2), ",",
       round(new_c,2), ",",round(new_d,2), " 時有最小值: ", curErr)
print(" 迭代總次數為:", iteration)
```

Ln: 23 Col: 82

▲圖 5-5-6　範例 Ex5_5_gd04.py 的程式碼

6 線性分類器

6-1 線性迴歸分類器

顧名思義，分類器是輸入一個多維度自變數之後，可以得到分類的結果。例如：針對產品的品管，給定產品的度量值就可以分出良品與不良品。又例如，給定一個人的身高與體重，分類器可以判定胖與瘦。分類器有兩類，線性與非線性。線性分類器是將每個輸入的自變數乘上權重之後再加起來，然後依照積之和的值判斷分類歸屬。我們使用二維自變項 $X = (x_1, x_2)$ 為例說明線性分類器的運作原理。積之和的公式如下：

$$s = w_1x_1 + w_2x_2 + c$$

歸屬於那一分類則依 s 的值決定，舉例來說，若要分成 2 類，當 s 的值接近 -1 時分為一類，當 s 接近 1 時分為另一類。但問題是，如何求得 w_1 與 w_2？回顧前一章所討論的線性迴歸分析，若將上述式子的 $\{s, x_1, x_2\}$ 視為資料集的一筆資料紀錄，那麼線性分類器的 $\{w_1, w_2, c\}$ 的求取方式，其實就是線性迴歸分析的機器學習問題。如此一來就可以套用任何機器學習平台的方法，例如運用 Python 的 LinearRegression 方法。線性迴歸公式 (formula) 可以寫成

$$s \sim w_1x_1 + w_2x_2 + c$$

以 x_1 代表身高，x_2 代表體重，$s = -1$ 代表瘦，$s = 1$ 代表胖。這裡的 s 是依變數，或稱應變項，在分類的應用上也叫做標記欄位 (Labeling Field)。假設我們有以下的資料集：

x_1(身高)	x_2(體重)	s
181	89	1
149	76	1
162	82	1
171	61	–1
186	75	–1
182	70	–1

在運用線性迴歸解線性分類問題之前，我們先說明線性可分的概念。寫一段 Python 程式繪出上表 $\{x_1,x_2\}$ 的二維圖，程式如文字方塊所示，而執行結果則表現在圖 6-1-1。

```
Ex6_1_001.py
import matplotlib.pyplot as plt
import numpy as np
xpoints = np.array([149,162,181])
ypoints = np.array([76,82,89])
plt.plot(xpoints, ypoints, 'o')
xpoints = np.array([171,182,186])
ypoints = np.array([61,70,75])
plt.plot(xpoints, ypoints, 'x')
xpoints = np.array([148,190])
ypoints = np.array([61,88])
plt.plot(xpoints,ypoints, linestyle = 'dotted')
plt.show()
```

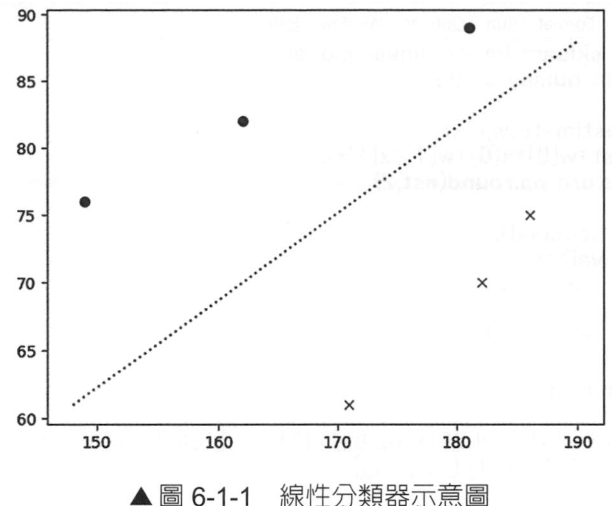

▲圖 6-1-1 線性分類器示意圖

圖 6-1-1 中，● 的點分成一類，x 的分成另一類。爲了區別，在圖上我們也畫了一條直線，直線的右下方是一組 (瘦)，直線的左上方是另一組 (胖)。也就是，如果有一個新的輸入點，例如 (x1,x2) = (159,82)，因爲落會在圖的左上方，所以歸類爲胖。因爲使用一條線即可分成兩組，所以是線性可分的情況。

線性分類器的關鍵是如何找出 $\{w_1, w_2, c\}$，這個問題我們在第 5 章已討論過，只是現在不是估測問題而是分類的問題。接下來，我們寫一段 Python 程式來完成上述 6 個資料點的線性迴歸機器學習，然後檢驗看看是否可以成功分類。我們的作法是給定自變數資料陣列 X=[[181,89],[149,76],[162,82],[171,61],[186,75],[182,70]]，以及對應的依變數資料陣列 s=[[1],[1],[1],[-1],[-1],[-1]]，之後呼叫 LinearRegression 的 fit(X,s) 方法學習到線性迴歸式的係數 {w1,w2,c}，再以此係數建立一個直線做爲兩個類別的資料點之分類依據。程式碼如下圖的 Ex6_2_002.py 所示：

```python
from sklearn import linear_model
import numpy as np

def estimate(w,c,x):
    est=w[0]*x[0]+w[1]*x[1]+c
    return np.round(est,2)

def check(val):
    if val>=0:
        return 1
    else:
        return -1

prediction=[]

X=[[181,89],[149,76],[162,82],[171,61],[186,75],[182,70]]
s=[[1],[1],[1],[-1],[-1],[-1]]

regr = linear_model.LinearRegression()
regr.fit(X, s)
w=regr.coef_[0,:]
c=regr.intercept_[0]
print(c,w)

for  x in X:
    vest=estimate(w,c,x)
    prediction.append(vest)
print(prediction)

result=list(map(check,prediction))
print()
print(result)
```

▲圖 6-1-2　程式碼 Ex6_1_002.py

範例 Ex6_1_002.py 的執行結果如以下的文字方塊所示。

```
==== RESTART: D:/Python/book/chapter6/example/Ex6_1_002.py ====
1.353  [-0.046  0.088 ]
[0.76, 1.1, 1.03, -1.23, -0.7, -0.96]
[1, 1, 1, -1, -1, -1]
```

$\{w_1,w_2,c\}$ 是 {1.353,-0.046,0.088} 可以構成 (x_1, x_2) 平面的一條線，f(x1,x2)=w1*x1+w2*x2 +c。將資料點 (x_1, x_2) 代入，若較接近 1.0 就歸類爲 s=1 那一群，若較接近 –1.0 就歸類爲 s=–1 那一群。[0.76, 1.1, 1.03, –1.23, –0.7, –0.96] 是訓練資料集 6 個點代入直線式所得到的值，[1, 1, 1, –1, –1, –1] 就是分類的結果，準確率 100%。從圖 6-1-1，我們已知此範例是線性可分的問題，使用線性迴歸分類器當然可以得到準確率高的結果。

總結線性迴歸分類器的作法爲以下幾個步驟：

1. 將訓練資料集的依變數也就是類別標記以數值表示，例如類別 A 表示爲 1.0，~A 就是 –1.0。如圖 6-1-2 的第 16 與 17 行程式碼。
2. 當做是線性迴歸的問題，運用 sklearn 模組的 Linear Regression 的方法，找出一組線性迴歸式的係數，使得各資料點代入後盡量接近依變數，即使目前的依變數的值不是 1.0 就是 –1.0。如圖 6-1-2 的第 19 至 23 行程式碼。
3. 求得線性迴歸式的係數後，建立線性迴歸式並代入測試資料點，得到估測值。如圖 6-1-2 的第 25 至 28 行程式碼，以及第 4 至第 6 行的 estimate(⋯) 函式。
4. 歸類的判斷依據估測值接近 1.0 或 –1.0 做分類。如圖 6-1-2 的第 30 至 32 行程式碼，以及第 8 至第 12 行的 check(⋯) 函式。
5. 若分類效能爲可接受，即將線性迴歸式的係數及補償量或稱截距輸出。之後實現在另一支程式，那麼給定新輸入資料向量即可得到分類結果。

6-2　支持向量機分類器

支持向量機 (support vector machine,SVM) 是很知名的機器學習演算法。SVM 在一開始是用來解決線性可分的問題。下圖以二維平面作爲例子，再次說明何謂線性可分。假設有 2 大類的資料點，分別標示爲 x 與 o，如圖 6-2-1 的分布。

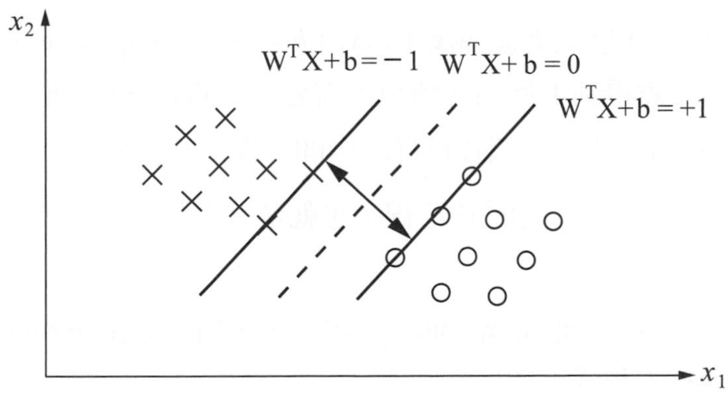

▲圖 6-2-1　線性可分的例子

X 表示資料點 $\begin{bmatrix} x_1 \\ x_2 \end{bmatrix}$，W 表示權重值的資料點 (w_1,w_2)。將 (w_1,w_2) 視爲二維平面的一個向量，則 $W^T=[w_1,w_2]$。W^TX 是內積，$[w_1,w_2]\begin{bmatrix} x_1 \\ x_2 \end{bmatrix} = w_1x_1 + w_2x_2$，因此 $W^TX+b = 0$ 其實就是一個直線方程式，$w_1x_1 + w_2x_2 + b = 0$，將 x_1 想成二維座標的水平軸，x_2 爲垂直軸，就可理解。在這一個直線方程式等號右邊分別給定 –1 與 +1，我們就可以得到下列 3 個平行的直線方程式，也就是圖 6-2-1 所示的三條直線。

$$w_1x_1 + w_2x_2 + b = -1 \ (W^TX + b = -1)$$

$$w_1x_1 + w_2x_2 + b = 0 \ (W^TX + b = 0)$$

$$w_1x_1 + w_2x_2 + b = +1 \ (W^TX + b = +1)$$

SVM 就是要找到這一條超直線 $W^TX+b=0$，此超直線 (hyperline) 要能使得兩大類的資料點盡可能遠離，愈遠愈好。只要 W 與 b 的解能找到超直線就找到了。SVM 應用下列的作法找到超直線 (hyper line)。假設在 2 大類的資料點都有若干點會通過 $W^TX + b = +1$ 與 $W^TX + b = -1$ 這 2 條直線。這 2 條直線都與超直線平行，且與超直線的距離均爲 d，也就是這 2 條直線的距離爲 $2d$。使得 d 最大的 W 與 b，就是所要的解。

大家可能會想到，$w_1x_1 + w_2x_2 + b = c$，c 不一定必須爲 1 才可以與 $w_1x_1 + w_2x_2 + b = 0$ 這一條線平行。那爲什麼只考慮 $w_1x_1 + w_2x_2 + b = +1$ 及 $w_1x_1 + w_2x_2 + b = -1$，這是因爲等號兩邊同除以 c 就得到 1 及 –1，所以不需要多一個 c，細節推導於下。

SVM 的超直線可以視爲 2 個資料群的中間分界。想像一下，2 個資料群中間隔了一條河道，而超直線是此河道的中心線，也就是 $w_1'x_1 + w_2'x_2 + b' = 0$，而河道兩邊的直線分別是

$w_1'x_1 + w_2'x_2 + b' = +c$ 及 $w_1'x_1 + w_2'x_2 + b' = -c$，將等號兩邊都同除以 c，則可以得到下列的 3 條直線方程式：

$$\frac{w_1'}{c} \times x_1 + \frac{w_2'}{c} \times x_2 + \frac{b'}{c} = 0$$

$$\frac{w_1'}{c} \times x_1 + \frac{w_2'}{c} \times x_2 + \frac{b'}{c} = +1$$

$$\frac{w_1'}{c}\times x_1+\frac{w_2'}{c}\times x_2+\frac{b'}{c}=-1$$

令 $w_1=\frac{w_1}{c}$ ，$w_2=\frac{w_2}{c}$ ，$b=\frac{b'}{c}$ ，就可以得到

$$w_1x_1+w_2x_2+b=-1$$

$$w_1x_1+w_2x_2+b=0$$

$$w_1x_1+w_2x_2+b=+1$$

舉例如下，如果有一個資料集可以被 $5x_1+3x_2+2=0$ 的超直線分成 2 類，其中一類的邊界線是 $5x_1+3x_2+2=4$ ，另一類的邊界線是 $5x_1+3x_2+2=-4$ 。將 3 條直線方程式的等號隻左右邊都除以 4，我們可以得到以下 3 條平行的直線方程式：

$$\frac{5}{4}x_1-\frac{3}{4}x_2+\frac{2}{4}=-1$$

$$\frac{5}{4}x_1-\frac{3}{4}x_2+\frac{2}{4}=0$$

$$\frac{5}{4}x_1-\frac{3}{4}x_2+\frac{2}{4}=+1$$

對照前述的表示式，$w=\begin{bmatrix}\frac{5}{4}\\-\frac{3}{4}\end{bmatrix}$，$b=\frac{2}{4}$。

一旦得到直線方程式 $w_1x_1+w_2x_2+b=0$ 的 $\{w_1, w_2, b\}$，若有新資料點，將它代入直線方程式，$w_1x_1+w_2x_2+b$ 求得一個值，若比較接近 –1 分爲一類，若比較接近 +1 則分爲另一類。

但重點是如何得到 $\{w_1, w_2, b\}$ 的係數值？最佳的作法就是從訓練資料集中進行學習，找到 $\{w_1, w_2, b\}$ 使得二條邊界線的距離越大越好，也就是使得 d 最大。訓練資料集之資料點都是已知分類的，也就是其分類標記 (label) 是知道的。支持向量機演算法求得 $\{w_1, w_2, b\}$ 的方法描述如下。所謂的支持向量是 2 個分類的邊界線所通過的那些點。換句話說，只要分別找到這些點 (也就是支持向量)，相當於就找到這兩條邊界線，而找到邊界線就相當於找到超直線。SVM 學習演算法會從 2 個已分類好的資料點以一再嘗試的方式找到那些支持向量。圖 6-2-2 是 8 個資料點的 SVM 可能模型之一。△與○分別表示 2 種不同分類的資料點。

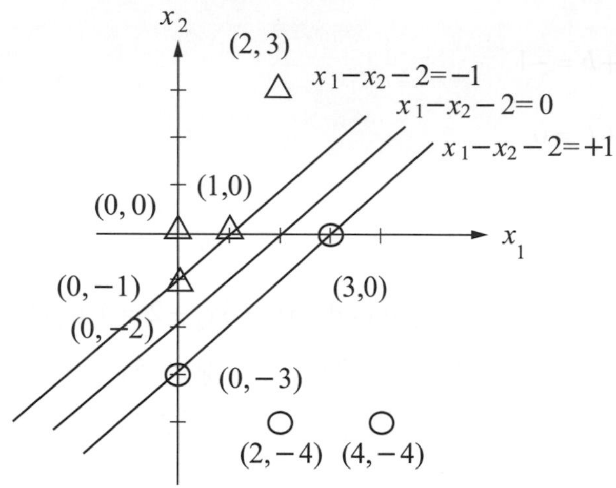

▲圖 6-2-2　8 個資料點的 SVM 可能模型之一

當 $\{w_1, w_2, b\}=\{1,-1,-2\}$ 時，3 條直線方程式分別為：

$x_1 - x_2 - 2 = -1$ .... ①

$x_1 - x_2 - 2 = 0$ .... ②

$x_1 - x_2 - 2 = 1$ .... ③

3 條直線中，②是超直線。當資料點落在直線的左上方時，例如 (2, 3)，為另一類。將 (2, 3) 代入 $x_1 - x_2 - 2$ 可得到 –3，會小於 –1。當資料點落在直線③的右下方時，例如 (4, –4) 為另一類。將 (4, –4) 代入 $x_1 - x_2 - 2$ 得到 6 會大於 1。所以很顯然，使得 $x_1 - x_2 - 2 \leqq -1$ 的 (x_1, x_2) 為一類，其他則為另一類。從圖 6-2-2 可看出 (1, 0) 及 (0, –1) 在直線上，而 (3, 0) 及 (0, –3) 則在另一直線上，這 4 點就是支持向量。

圖 6-2-2 只是展示超直線及其上下邊界線的一個可能情況，還有許多其他的可能性，而關鍵是要從訓練資料集中，以任意排列組合中得到最佳的超直線。許多機器學習套件只要給定訓練資料集，就能從資料集進行 SVM 模型學習，並得到最佳超直線。我們以圖 6-2-2 所給定之已分類的資料點為例，先說明各種排列組合的情況，再使用 Python 的 SVM 機器學習演算法進行學習。給定的資料集如下表所示：

x_1	x_2	s
1	0	–1
0	–1	–1
0	0	–1
2	3	–1
3	0	1
0	–3	1
2	–4	1
4	–4	1

資料集的欄位 s 的值有 2 種 –1 及 1，表示標記成 2 類。將資料集的 8 個點，再次畫在座標點上，如圖 6-2-3 所示。

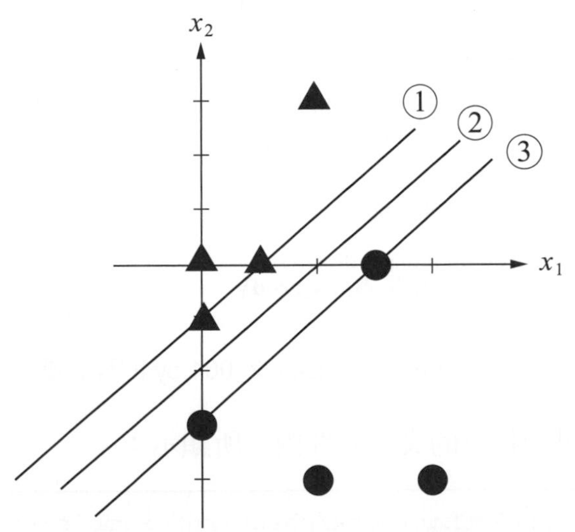

▲圖 6-2-3　資料集的 8 個點畫在座標點上

資料集的資料點有 2 類，每一類各有 4 個點，4 個點可以組成出 6 條直線。依照前面的 SVM 方法說明，如果能夠從這 2 個分類的所有直線中以排列組合的方式分別找一條線，然後檢驗是否為平行的兩條直線。一個分類的每一條直線可以對應到另一分類的 6 條直線，所以總共有 36 種組合方式。若其中有成平行關係的直線組合，那麼這 2 條平行直線的中間平行線就是超直線。若有多條超直線，則選擇邊線距離最遠的那一個。圖 6-2-3 也給出其中一組超直線與對應的兩條邊線。由於這兩條邊線直線上的資料點就是支持向量。在 $x_1 - x_2 - 2 = -1$ 的 2 個支持向量分別是 (1, 0) 及 (0, –1)。在 $x_1 - x_2 - 2 = +1$ 的支持向量分別是 (3, 0) 及 (0, –3)。

而且很明顯，$\{w_1, w_2, b\}$ 是 $\{1.0,-1.0,-2.0\}$。前述的答案，可以自行使用編程方式以排列組合完成。但是要自己寫程式完成支持向量的尋找，只有資工專長者才比較有能力完成。爲了讓一般使用者也能應用支持向量機分類器。Python 有一個提供 SVM 機器學習演算法的 sklearn.svm 模組，其函式 SVC(…) 可以完成支持向量的尋找。我們就以前述資料集爲例來練習 SVC(…) 函式的使用，檢視是否可以找到支持向量與直線的係數。程式碼如圖 6-2-4 的 Ex6_2_001.py 所示。程式的第 6 行 model=SVC(kernel="linear")，表示是將 SVM 當做線性分類器使用。另外，在給定訓練資料集至模型時，SVC 並不要求應變數的標記必須是數值，文字型的 Label 也可以。

```
File Edit Format Run Options Window Help
1  from sklearn.svm import SVC
2
3  X=[[1,0],[0,-1],[0,0],[2,3],[3,0],[0,-3],[2,-4],[4,-4
4  #y=[-1,-1,-1,-1,1,1,1,1]
5  y=['A','A','A','A','B','B','B','B']
6  model=SVC(kernel="linear")
7  model.fit(X,y)
8
9  print('w1與w2是: ',model.coef_[0,0],model.coef_[(
10 print('b是: ', model.intercept_[0])
11
12 print("Support Vectors are : ")
13 print(model.support_vectors_)
14
15 y_pred=model.predict(X)
16 print('分類結果為 ', y_pred)
                                        Ln: 16  Col: 23
```

▲圖 6-2-4　範例 Ex6_2_001.py 的程式碼

此範例的執行結果如以下的文字方塊內容所顯示：

```
==== RESTART: D:/Python/book/chapter6/example/Ex6_2_002.py ====
w1與w2是：  0.9998955144478722 -0.999686543343616
b是：  -1.999582057791488
Support Vectors are :
[[ 1.  0.]
 [ 0. -1.]
 [ 3.  0.]
 [ 0. -3.]]
分類結果為   ['A' 'A' 'A' 'A' 'B' 'B' 'B' 'B']
```

檢視執行結果，$\{w_1, w_2, b\}$ 極接近 {1.0,–1.0,–2.0}，另外所得到的支持向量亦如預期。而由於這是一個完全線性可分的問題，因此分類準確率達到 100%。

6-3 SVM 原理推導

在前一節提到，SVM 是從 2 類的資料點中，找出支持向量 (support vectors)，並以之構成 2 條平行直線，而這 2 條直線的中間直線就是超直線。如果有多組平行線可以選擇，選擇準則是 2 條邊直線離越遠越好。中間的那條直線也叫決策邊界 (decision boundary)。為了說明 SVM 原理，我們重新列出決策邊界線及與邊界線平行的 2 條直線如下：

$$w_1x_1 + w_2x_2 + b = -1 \quad \text{①}$$

$$w_1x_1 + w_2x_2 + b = 0 \quad \text{②}$$

$$w_1x_1 + w_2x_2 + b = +1 \quad \text{③}$$

另外，也重新繪出 3 條直線的示意圖如圖 6-3-1。

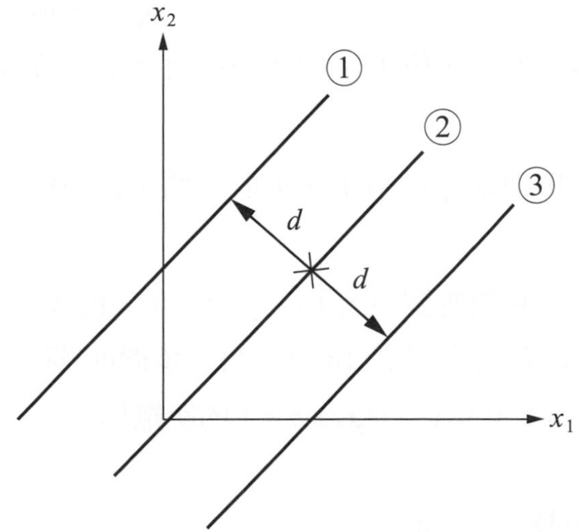

▲圖 6-3-1　SVM 的 Hyperplane 示意圖

依照兩條平行線的距離公式，直線①與②的距離，以及①與③的距離都是為 $\frac{1}{\sqrt{w_1^2+w_2^2}}$，也就是 $d=\frac{1}{\sqrt{w_1^2+w_2^2}}$。$w_1$ 及 w_2 的求解，是使 d 越大越好，相當於使得決策邊界離兩邊最近資料點 (支持向量) 最遠。支持向量 (Support vectors) 就是在超直線或超平面 (hyperplane) 的那些資料點 (註：正確的說法是支持向量為最接近超直線或超平面的那些資料點)。

前述的平行線的距離計算從何而來，在此我們假設有兩條平行直線 $L_1: Ax+By+C_1=0$ 與 $L_2: Ax+By+C_2=0$，直線 L_1 與 L_2 的距離為

$$\text{dist}(L_1,L_2)=\frac{|C_1-C_2|}{\sqrt{A^2+B^2}}$$

從二維平面的幾何數學可推導，任一點 (x_p, y_p) 到直線 $Ax+By+C=0$ 之距離公式為 $Ax_p+By_p+\frac{C}{\sqrt{A^2+B^2}}$。因此只要將 (0,0)，也就是原點到 L_1 及 L_2 的距離算出，然後兩者相減即可要得到上述的 2 平行直線距離，$\text{dist}(L_1, L_2)$。代入此距離公式，圖 6-3-1 的①與②，以及①與③的距離 d 可算出，都是 $\frac{1}{\sqrt{w_1^2+w_2^2}}$。

若有一條直線方程式，$Ax+By+C=0$，要判斷任意一點 (x_p, y_p) 是在直線的那一側，判斷規則如下：

若 $Ax_p+By_p+C<0$ 則 (x_p, y_p) 在直線 L 的左側，若 $Ax_p+By_p+C>0$ 則 (x_p, y_p) 在直線 L 的右側。

將直線 $Ax+By+C=0$ 對應到 $w_1x_1+w_2x_2+b=0$，也就是二維座標系統 (x, y) 等效於 (x_1, x_2)，而係數 $\{A, B, C\}$ 等效於 $\{w_1, w_2, b\}$。依據前述的 2 平行線距離算法，兩條直線 $w_1x_1+w_2x_2+b=-1$ 及 $w_1x_1+w_2x_2+b=1$ 的距離為

$$d=\frac{|b+1-(b-1)|}{\sqrt{w_1^2+w_2^2}}=\frac{2}{\sqrt{w_1^2+w_2^2}}$$

一旦 $\{w_1, w_2, b\}$ 知道，那麼要判斷給定的 (x_1, x_2) 在超直線那一側以便完成分類，只要代入直線方程式即可。給定一個資料集有三個欄位，名稱爲 $\{x_1, x_2, z\}$，共有 N 筆資料紀錄。$\{x_{1i}, x_{2i}\}$ 表示第 i 筆的自變數紀錄。z 欄位是標記，代表 2 個分類，標記值可以是“B”與“W”，分別表示黑 (Black) 與白 (White)，也就是若有一類的標記使用“B”字元，則另一類則使用“W”字元。當然，我們也可以使用 –1 與 +1 作爲標記，也就是當 z 的值爲 –1 時是一類，當 z 是 +1 時是另一類。計算 d 時雖然與 b 值無關，但是 b 也是待解的未知數，它決定超平面出現的位置。

典型的資料集，以兩個自變數 x_1 與 x_2 的情況爲例，x_{ij} 表示第 i 個自變數的第 j 筆資料紀錄。示意如下表：

x_1	x_2	z
x_{11}	x_{21}	–1
x_{12}	x_{22}	+1
x_{13}	x_{23}	+1
x_{14}	x_{24}	+1
x_{15}	x_{25}	–1
…	…	…
x_{1n}	x_{2n}	1

當 z 的標記值爲 –1 分類的那些點是位在 $w_1x_1 + w_2x_2 + b = 0$ 左上部，另一方面，$z = +1$ 的標記值分類的那些點則位於 $w_1x_1 + w_2x_2 + b = 0$ 右下部。

SVM 最重要的概念是要從 $z = -1$ 標記的那些資料點以排列組合的方式找出所有可能的直線，每一條直線都有其對應的 $\{w_1, w_2, b\}$。同樣的，$z = +1$ 的那些資料點也是以排列組合的方式找出所有可能的直線，也有其對應的直線係數。找出兩個分類的資料點所有的直線，接下來還要從對應 $z = -1$ 與 $z = +1$ 分類的直線中，一一對應找到對應的平行線。平行線可能有多種組合，選擇準則是離得越遠越好。所謂距離越大越好，也就是有最大的 $\frac{2}{\sqrt{w_1^2 + w_2^2}}$。令 $\mathrm{W}^{\mathrm{T}} = [w_1, w_2]$，則 $\|\mathrm{W}\| = \sqrt{\mathrm{w}_1^{\ 2} + \mathrm{w}_2^{\ 2}}$ 這裡 $\|\mathrm{W}\|^2 = \mathrm{W}^{\mathrm{T}}\mathrm{W}$。越遠越好的概念，相當於找到一組 $\{w_1, w_2, b\}$ 使得 $\frac{2}{\|\mathrm{W}\|}$ 最大，也就是 $\underset{\{w_1, w_2, b\}}{\arg\max} \frac{2}{\|\mathrm{W}\|}$，這等效於 $\underset{\{w_1, w_2, b\}}{\arg\max} \frac{1}{\|\mathrm{W}\|}$，也等效於 $\underset{\{w_1, w_2, b\}}{\arg\min} \|\mathrm{W}\|$，當然也等效於

$\underset{\{w_1,w_2,b\}}{\arg\min}\frac{\|\mathrm{W}\|^2}{2}$。$\underset{\{w_1,w_2,b\}}{\arg\min}\frac{\|\mathrm{W}\|^2}{2}$ 的意思是，嘗試各種可能的 $\{w_1, w_2, b\}$，其中有一組可使得 $\frac{\|\mathrm{W}\|^2}{2}$ 最小，就是所要的答案。

在進行直線的排列組合時，還須維持兩個分組的資料點的分組標記不變，因爲這是已知的標記結果，也就是 $z = -1$ 的那些資料點仍然必須在 $w_1x_1 + w_2x_2 + b = -1$ 的左上部；$z = +1$ 的資料點仍然必須在 $w_1x_1 + w_2x_2 + b = +1$ 的下半部。令第 i 筆資料紀錄表示成 $X_i^{\mathrm{T}} = [x_{1i}, x_{2i}]$，這段敘述若以數學式表示，相當於存在下列 2 式：

$$\mathrm{W}^{\mathrm{T}}X_i + b + 1 \le 0 \text{ for } X_i \text{ with } z_i = -1$$

$$\mathrm{W}^{\mathrm{T}}X_i + b - 1 \ge 0 \text{ for } X_i \text{ with } z_i = +1$$

上列之數學式可移項後寫成

$$\mathrm{W}^{\mathrm{T}}X_i + b \le -1 \text{ for } X_i \text{ with } z_i = -1$$

$$\mathrm{W}^{\mathrm{T}}X_i + b \ge +1 \text{ for } X_i \text{ with } z_i = +1$$

當 $z_i = -1$ 時，$\mathrm{W}^{\mathrm{T}}X_i + b \le -1$， 相當於 $z_i(\mathrm{W}^{\mathrm{T}}X_i + b) \ge 1$； 當 $z_i = +1$ 時，$\mathrm{W}^{\mathrm{T}}X_i + b \ge +1$，所以 $z_i\,(\mathrm{W}^{\mathrm{T}}X_i + b) \ge 1$。也就是 z_i 與 $(\mathrm{W}^{\mathrm{T}}X_i + b)$ 相乘必然大於或等於 1。因此上述兩個數學式可以改寫爲合併式：

$$z_i(\mathrm{W}^{\mathrm{T}}X_i + b) \ge 1 \text{ for } z_i = -1, +1$$

整合前述的論述，SVM 相當於解下列的數學問題：

$$\underset{\{w_1,w_2,b\}}{\arg\min}\frac{\|\mathrm{W}\|^2}{2} \text{ such that } z_i(\mathrm{W}^{\mathrm{T}}X_i + b) \ge 1 \text{ for } i = 1, \ldots, n$$

上式中的 n 是訓練資料集的總筆數，「suchthat」後面的式子相當於限制式。若要使用電腦程式解決上述的數學問題，其實就是解一個線性規劃 (linear programming) 的問題。可以想成是一種在限制條件下搜尋所有可能解，然後選擇一個最佳解的作法。

在搜尋這些可能解時，若硬性規定 $z_i(\mathrm{W}^{\mathrm{T}}X_i+b)\geq 1$，則可能找不到最佳解。一個作法是放鬆限制條件，使 $z_i(\mathrm{W}^{\mathrm{T}}X_i+b)\geq 1-\varepsilon_i\ \ \varepsilon_i\geq 0$，上述限制條件的放鬆是針對每一個資料點而論，也就是每個資料點 X_i 的容忍值 ε_i 可以是不一樣的，從找到最佳解的觀點，當然是 ε_i 都要越小越好。

$z_i(\mathrm{W}^{\mathrm{T}}X_i+b)\geq 1-\varepsilon_i$ 的意義是，當超平面決定後，標記 $z_i=-1$ 及 $z_i=+1$ 的資料點，並不硬性要求一定要在邊界線 L_1 及 L_2 的左上部與右下部。以 $X_i^{\mathrm{T}}=[x_{1i},x_{2i}]$ 爲例，假設 X_i 是歸屬於在 L_1 那一類，X_i 不一定要落在 L_1 的左上部而是可以稍容忍落在 L_1 的右下部也就是 L_2 的左上部，但離 L_1 比較近，如圖 6-3-2 所示。

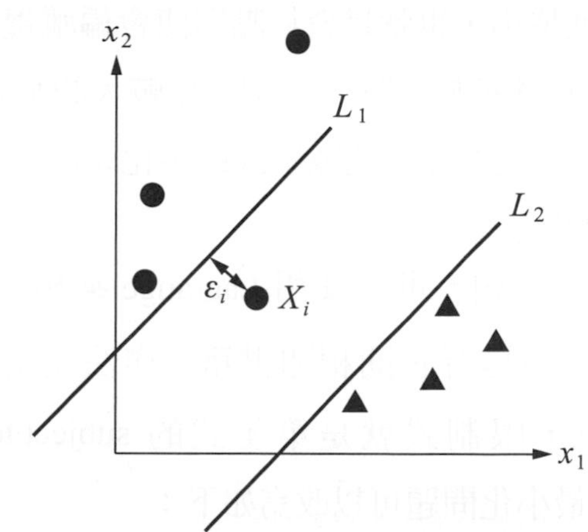

▲圖 6-3-2　加入容忍值的支持向量之概念

上圖的意義是，即使 X_i 不在 L_1 的左上方，也就是不符合 $\mathrm{W}^{\mathrm{T}}X_i+b\geq -1$，但只要是靠近 L_1，還是可以歸類到 $z=-1$ 的那一個分組。在 L_2 附近，但不在其右下方的那些資料點，也可以做類似的結論。每一個 X_i 都容許有些誤差 ε_i 存在，也就是 $z_i(\mathrm{W}^{\mathrm{T}}X_i+b)\geq 1-\varepsilon_i$ 的意義是表示支持向量並不一定強制要求在邊界線 L_1 或 L_2 上，而是可稍爲偏移。

不同資料點的容許誤差量 ε_i 是不一樣的，在求解時每個 ε_i 是越小越好。如何以數學式描述 ε_i 越小越好？有一個作法就是讓總和最小，也就是讓 $\sum_{i=1}^{n}\varepsilon_i$ 最小。依前述的討論，令 $\varepsilon=[\varepsilon_1,\varepsilon_2,\cdots,\varepsilon_n]^{\mathrm{T}}$，我們可以將待解的數學問題改寫成：

$$\underset{\{w,b,\varepsilon\}}{\text{argmin}}\ (\frac{\|\mathrm{W}\|^2}{2}+\sum_{i=1}^{n}\varepsilon_i)\ \text{subject to}\ z_i(\mathrm{W}^{\mathrm{T}}X_i+b)\geq 1-\varepsilon_i,\varepsilon_i\geq 0,i=1,2,\cdots n$$

爲了手動調節 $\sum_{i=1}^{n}\varepsilon_i$ 的影響，我們可將容許的誤差量總和乘上一個常數 C，C 是事先決定的，一般是取值爲 1.0。前述之待解問題變成下式：

$$\underset{\{w,b,\varepsilon\}}{\text{argmin}}(\frac{\|\mathrm{W}\|^2}{2}+C\sum_{i=1}^{n}\varepsilon_i)\ \text{subject to}\ z_i(\mathrm{W}^{\mathrm{T}}X_i+b)\geq 1-\varepsilon_i,\varepsilon_i\geq 0,i=1,2,\cdots n\cdots ④$$

設想 C 極端的情況，當 C 很大時，爲了使得 $(\frac{\|\mathrm{W}\|^2}{2}+C\sum_{i=1}^{n}\varepsilon_i)$ 最小，ε_i 就需要越小越好，也就是 ε_i 影響就越小，也就是資料點即使會偏離邊界線，也幾乎要在邊界線附近才會符合要求。當 C 接近於 0 時，ε_i 則有比較大的範圍可以調整，表示 ε_i 的重要性越顯著。C 決定了 ε_i 在進行上述數學式最小化時的重要性。當 C 愈大，重要性愈小；C 愈小，ε_i 重要性愈大。

要解前述的線性規劃問題，可以使用 Lagrange 乘積項方法，此方法的後續推導本書就不加以詳述，請自行查閱相關書籍。作法是引入 Lagrange 參數 α_i 及 β_i，因爲有兩個限制式，限制式就是第④式的 subject to $z_i(\mathrm{W}^{\mathrm{T}}X_i+b)\geq 1-\varepsilon_i$ 及 $\varepsilon_i\geq 0,i=1,2,\cdots n$，上述的最小化問題可以改寫如下：

$$F(\mathrm{W},b,\alpha,\beta,\varepsilon)=\frac{1}{2}\mathrm{W}^{\mathrm{T}}\mathrm{W}+C\sum_{i=1}^{n}\varepsilon_i-\sum_{i=1}^{n}\alpha_i\left(z_i\left(\mathrm{W}^{\mathrm{T}}X_i+b\right)-1+\varepsilon_i\right)-\sum_{i=1}^{n}\beta_i\varepsilon_i$$

$$\mathrm{W}=\mathrm{W}^{\mathrm{T}}\mathrm{W}\qquad \alpha^{\mathrm{T}}=[\alpha_1,\alpha_2,\alpha_3,\ldots,\alpha_n]$$

$$\mathrm{W}^{\mathrm{T}}=[w_1,w_2]\qquad \beta^{\mathrm{T}}=[\beta_1,\beta_2,\beta_3,\ldots,\beta_n]$$

$$\varepsilon^{\mathrm{T}}=[\varepsilon_1,\varepsilon_2,\varepsilon_3,\ldots,\varepsilon_n]\qquad X_i^{\mathrm{T}}=[x_{1i},x_{2i}]$$

上述的問題其實就是最佳化的問題，要從眾多 $\{W, b, \alpha, \beta, \varepsilon\}$ 的組合中，找到最佳解。求解過程就是 $F(W, b, \alpha, \beta, \varepsilon)$ 對每個參數偏微分，並令所有偏微分項皆爲 0，之後求解。實現這種解法的一種作法是梯度下降法。這些推導有點複雜，就加以省略，只要了解是可以用此種方式求得解即可。

6-4 核函數

SVM 是 Corinna Cortes 和 Uapnik 於 1995 年所提出的二元分類器 (binary classifier)，它在解決小樣本、非線性分類問題上有優秀的表現。這似乎與之前說的 SVM 是一種線性分類器有所衝突。實際上，SVM 是藉由核函數將在低維度非線性可分的資料點藉由核函數映射到高維度成爲線性可分的資料點，如此一來就轉換成線性可分了。一個設想的非線性可分的資料集並繪出其分布，如下表與圖 6-4-1 所示。

x_1	x_2	z
4	1	−1
3	2	−1
1	−1	−1
3	−2	−1
2	−4	+1
1	−5	+1
2	4	+1
5	5	+1

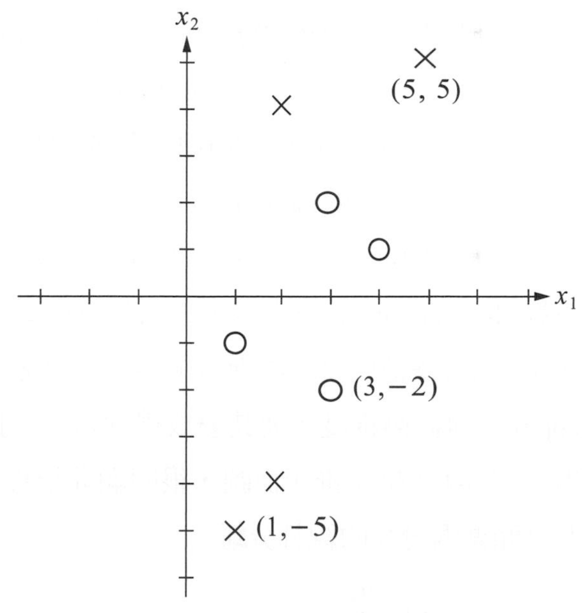

▲圖 6-4-1 非線性可分問題之示意圖

從圖 6-4-1 上可看出，$z=-1$ 與 $z=+1$ 的資料點顯然不是線性可分，圖中分別以 X 跟 O 符號表示不同分組。SVM 是用來解決線性可分的問題，對於目前這一個非線性可分的問題並無法解決。爲了解決這個問題，可以引入第 3 個欄位 $x_3 = x_1^2 + x_2^2$，所以上述資料集就可以改寫爲下表：

x_1	x_2	x_3	z
4	1	17	−1
3	2	13	−1
1	−1	2	−1
3	−2	13	−1
2	−4	20	+1
1	−5	26	+1
2	4	20	+1
5	5	50	+1

從這一個資料集可以看出，$z=-1$ 及 $z=+1$ 的資料點 (x_1,x_2,x_3)，若繪製成 3D 圖，很明顯就變成線性可分。判斷 x_3 的值就可以看出分類，也就是 $x_3 \geq 19$ 對應到的 $z=+1$ 標記，$x_3 < 19$ 對應 $z=-1$。設想這個 3D 圖，若 x_3 爲垂直方向，從上表可以很清楚看出 $z=-1$ 與 $z=+1$ 的標記資料點，只要判斷 x_3 是大於或小於 19 即可完成分類。如此一來，原本是非線性可分的問題，現在就變成線上可分了。

SVM 方法中將低維度轉爲高維度的函數就叫做映射函數 (mapping function)。透過映射函數可將非線性可分的問題轉換成線性可分的問題。如何導出映射函數，這與核函數 (Kernel function) 有關，核函數及從低維度映射至高維度的細節，我們將在下段描述。總結來說，資料集無法被線性分類器分類時，將資料集的每筆資料記錄映射 (mapping) 到較高維度，使其變成線性可分。此觀念可以從圖 6-4-2、6-4-3 的示意圖看出。圖 6-4-2 是二維平面圖，很明顯非線性可分；圖 6-4-3 爲三維立體圖，可找到一個平面做兩分類的線性分離。

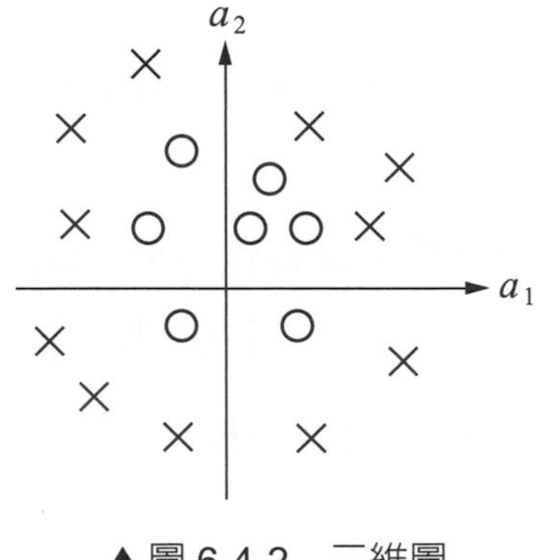

▲圖 6-4-2　二維圖

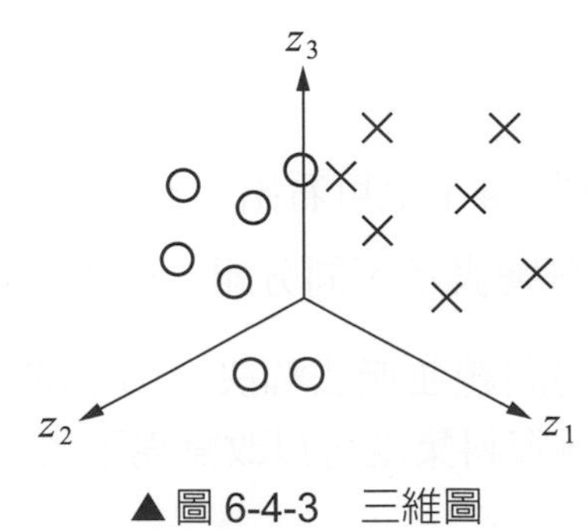

▲圖 6-4-3　三維圖

圖 6-4-2 是非線性可分，圖 6-4-3 則是線性可分，這個更高維度的空間稱為 Hilbert space(H)。如何從低維度映射到高維度，牽涉到映射函數與核函數的觀念。

若 a 是向量 $[a_1,a_2]^{\mathrm{T}}$，經映射函數的作用有映射向量為 $\Phi(a)$，若 b 是向量 $[b_1,b_2]^{\mathrm{T}}$，有映射向量 $\Phi(b)$。核函數 $K(a, b)$ 是 a 與 b 向量經映射函數產生的新向量 $\Phi(a)$ 及 $\Phi(b)$ 的內積，$<\Phi(a),\Phi(b)>$，也就是核函數，$K(a,b)=<\Phi(a),\Phi(b)>$。

以下以 a 及 b 二個二維向量做例子，說明由一種簡單的核函數，$K(a,b)=(a^{\mathrm{T}}b)^2$ 找出一個映射函數再將二維資料點映射到三維空間的推導過程。推導過程如下：

$$a=\begin{bmatrix}a_1\\a_2\end{bmatrix}\quad b=\begin{bmatrix}b_1\\b_2\end{bmatrix}\text{，}<a,b>=a^{\mathrm{T}}b$$

$$K(a,b)=(<a,b>)^2=\left(a^{\mathrm{T}}b\right)^2=\left([a_1,a_2]\begin{bmatrix}b_1\\b_2\end{bmatrix}\right)^2=\left(a_1b_1+a_2b_2\right)^2=a_1^{\ 2}b_1^{\ 2}+a_2^{\ 2}b_2^{\ 2}+2a_1a_2b_1b_2$$

而 $a_1^{\ 2}b_1^{\ 2}+a_2^{\ 2}b_2^{\ 2}+2a_1a_2b_1b_2=\begin{bmatrix}a_1^{\ 2}\\a_2^{\ 2}\\\sqrt{2}a_1a_2\end{bmatrix}^{\mathrm{T}}\begin{bmatrix}b_1^{\ 2}\\b_2^{\ 2}\\\sqrt{2}b_1b_2\end{bmatrix}$

$$=\left[a_1^{\ 2}a_2^{\ 2}\sqrt{2}a_1a_2\right]\cdot\begin{bmatrix}b_1^{\ 2}\\b_2^{\ 2}\\\sqrt{2}b_1b_2\end{bmatrix}=<\Phi(a),\Phi(b)>$$

$$\Rightarrow\Phi(a)=\begin{bmatrix}a_1^{\ 2}\\a_2^{\ 2}\\\sqrt{2}a_1a_2\end{bmatrix}\quad\Phi(b)=\begin{bmatrix}b_1^{\ 2}\\b_2^{\ 2}\\\sqrt{2}b_1b_2\end{bmatrix}$$

也就是 $a=\begin{bmatrix}a_1\\a_2\end{bmatrix}$，經過 $\Phi(a)$ 映射到三維空間會產生一個新向量，

$\Phi(a)=\begin{bmatrix}a_1^{\ 2}\\a_2^{\ 2}\\\sqrt{2}a_1a_2\end{bmatrix}$，而 $b=\begin{bmatrix}b_1\\b_2\end{bmatrix}$，則映射向量 $\Phi(b)=\begin{bmatrix}b_1^{\ 2}\\b_2^{\ 2}\\\sqrt{2}b_1b_2\end{bmatrix}$

實際上，上述的核函數 $(a^{\mathrm{T}}\ b)^2$ 只是多項式核函數的一個特例。多項式核函數 (polynomial kernel) 的定義如下式：

$$K(a,b) = (\alpha < a,b > + e)^d$$

d 為正整數，也叫做自由度 (degree)，α 與 e 是另兩個可調的係數。當 $\alpha = 1$、$d = 2$ 及 $e = 0$ 時，就是我們前面所討論的 $K(a,b) = (a^{\mathrm{T}}b)^2$。

除了多項式核函數，另外一個常用的核函數叫做 RBF 核函數 (gaussian radial basis function kernel)，此核函數定義如下：

$$K(a,b) = e^{-\gamma\|a-b\|^2}$$

γ 是一個非 0 的實數，叫 gamma 值，而 a 與 b 都是待映射的向量。γ 常設定為 1，從 RBF 核函數推導出映射函數的過程牽涉到比較複雜的數學，本書就不予以推導。

接下來，我們就以下列的資料及展示映射函數的作用。

x_1	x_2	y
1	1	A
1	–1	A
–1	1	A
–1	–1	A
2	2	B
2	–2	B
–2	2	B
–2	–2	B

此資料集很明顯的不是線性可分，而是內圈是類別 A，外圈是類別 B。

我們將資料集的 8 個資料點，繪製在圖上，外圈圓形實心的資料點是一類，內圈矩形實心是另一類，如圖 6-4-4 所示。

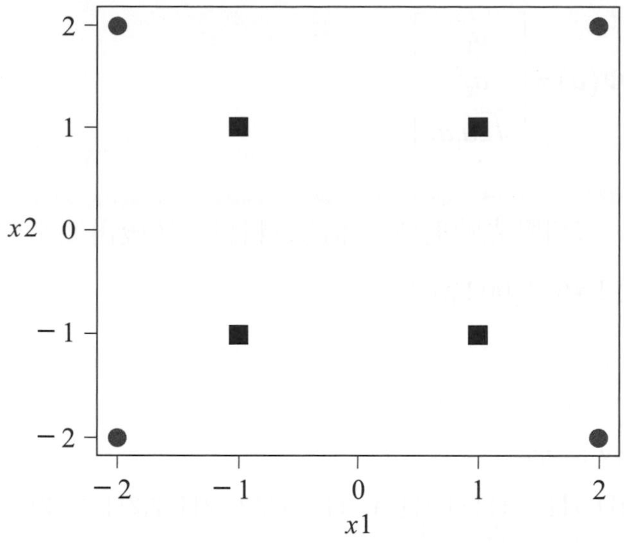

▲圖 6-4-4　非線性可分的情況

接下來我們撰寫一段程式來解上述的非線性可分的問題，使用 SVC(…) 函式但是不將二維資料點映射到三維資料點。可以預期，在此情況下，SVC(…) 應該無法正確完成分類。程式碼如圖 6-4-5 的 Ex6_4_001.py：

```
File  Edit  Format  Run  Options  Window  Help
from sklearn.svm import SVC

X=[[1,1],[1,-1],[-1,1],[-1,-1],[2,2],[2,-2],[-2,2],[-2,-2]]

y=['A','A','A','A','B','B','B','B']
model=SVC(kernel="linear")
model.fit(X,y)

y_pred=model.predict(X)
print('分類結果為 ', y_pred)
# 分類結果為 ['B' 'B' 'B' 'B' 'B' 'B' 'B' 'B']
Ln: 5  Col: 5
```

▲圖 6-4-5　範例程式 Ex6_4_001.py

程式中，SVC(…) 函式的 kernel 參數被設定成 linear，表示 SVC(…) 不做將低維度轉到高維度的動作，而是直接以原本二維資料點求解。由圖 6-4-5 的執行結果 y_pred=model.predict(X) ，可以發現到所有的資料點都被歸爲 B 類，也就是無法正確分類。已知多項式核函數的映射函數爲：

$$a=\begin{bmatrix}a_1\\a_2\end{bmatrix},\ \Phi(a)=\begin{bmatrix}a_1^{\ 2}\\a_2^{\ 2}\\\sqrt{2}a_1a_2\end{bmatrix}$$

使用它將二維的資料點先映射成三維的資料點，然後再使用 SVC(…) 進行分類。程式碼如圖 6-4-6 的 Ex6_4_002.py：

```
File  Edit  Format  Run  Options  Window  Help
from sklearn.svm import SVC
import math
import numpy as np

X=np.array([[1,1],[1,-1],[-1,1],[-1,-1],[2,2],[2,-2],[-2,2],[-2,-2]])
y=['A','A','A','A','B','B','B','B']
x1=X[:,0]
x2=X[:,1]
new_x1=np.power(x1,2.0)
new_x2=np.power(x2,2.0)
new_x3=math.sqrt(2)*x1*x2

newX=np.stack((new_x1,new_x2,new_x3),axis=1)

model=SVC(kernel="linear")
model.fit(newX,y)

print("w1,w2,w3 is : ",model.coef_)
print("b is : ", model.intercept_)
y_pred=model.predict(newX)
print('分類結果為 ', y_pred)

Ln: 22  Col: 0
```

▲圖 6-4-6　範例程式 Ex6_4_002.py

上述程式的執行結果如以下的文字方塊所示。

```
======= RESTART: D:/Python/book/chapter6/example/Ex6_4_002.py =====
w1,w2,w3 is :  [[3.33274385e-01 3.33274385e-01 5.00189545e-05]]
b is :  [-1.66637193]
分類結果為  ['A' 'A' 'A' 'A' 'B' 'B' 'B' 'B']
```

上述程式我們仍然使用 SVM 線性分類器，model=SVC(kernel="linear")，只是現在的訓練資料集已由二維轉換成三維。從執行結果可以看到目前的超平面之係數有 3 個，因爲自變數有 3 個。轉換成三維之後，已變成線性可分的問題，因此分類的準確率爲 100%。也就是從執行結果可以發現，原本無法分類的，目前已可以正確分類。

上述的程式碼，我們是將 kernel 參數設定爲 linear。實際上，在呼叫 SVC(…) 函式時，kernel 參數的預設不是 linear，而是 radial，也就是 RBF 核函數。以這種方式呼叫 SVC(…) 時，我們根本不需要自己將資料集從低維度轉換到高維度，而是 SVC(…) 內部會自行轉換，也就是只需給定原始資料集，SVC 內部會完成從低維度映射到高維度的工作。程式如圖 6-4-7 的 Ex6_4_003.py：

```
File  Edit  Format  Run  Options  Window  Help
 1 from sklearn.svm import SVC
 2 import math
 3 import numpy as np
 4
 5 X=np.array([[1,1],[1,-1],[-1,1],[-1,-1],[2,2],[2,-2],[-2,2],[-2,-2]])
 6 y=['A','A','A','A','B','B','B','B']
 7
 8 model=SVC()
 9 model.fit(X,y)
10
11 y_pred=model.predict(X)
12 print('分類結果為 ', y_pred)
13 #分類結果為 ['A' 'A' 'A' 'A' 'B' 'B' 'B' 'B']
                                                    Ln: 13  Col: 41
```

▲圖 6-4-7　範例程式 Ex6_4_003.py

上述程式的第 8 行 model=SVC()，我們沒有設定任何 kernel 參數，如前所述默認值爲 kernel=radial。原始資料集雖然是非線性可分，現在已可以正確完成分類。

6-5　SVM 的多元分類應用

SVM 是一種二元分類器，但是許多分類問題都是多元分類問題，SVM 可以使用下列的策略來解決多元分類的問題。一種策略是一對一 (one-against-one)，另一種策略是一對其他 (one-against-all)。

一對其他 (one-against-all) 策略每次都還是解一個二元分類的問題。舉例來說，若有 3 個分類，標記分別是 A、B、C，第一個分類先進行 A 與其他 (B 與 C) 的 SVM 分類，第二次分類則是進行 B 與其他 (A 與 C) 的 SVM 分類，第三次分類則是進行 C 與其他 (A 與 B) 的 SVM 分類。這種策略需要 N 個 SVM 分類器，如果資料集有 N 個類別時。另外，此種策略的缺點是每一個分類器的資料集的 2 種標記的資料筆數是不平衡的 (unbalanced data)。以 A 爲一類，B 與 C 爲另一類 (D 類)，D 類的資料集由 B 與 C 組成，其資料筆數多於 A 的機會很大，所以這會有資料集偏斜的問題。

假設有一個資料集有 9 個資料點如下表所示：

x_1	x_2	s
1	4	A
2	3	A
3	3	A
6	5	B
7	4	B
8	3	B
4	6	C
3	9	C
5	7	C

我們將上述的 9 個資料點以下列的程式碼繪製在一張圖上，很明顯是分成 3 類。

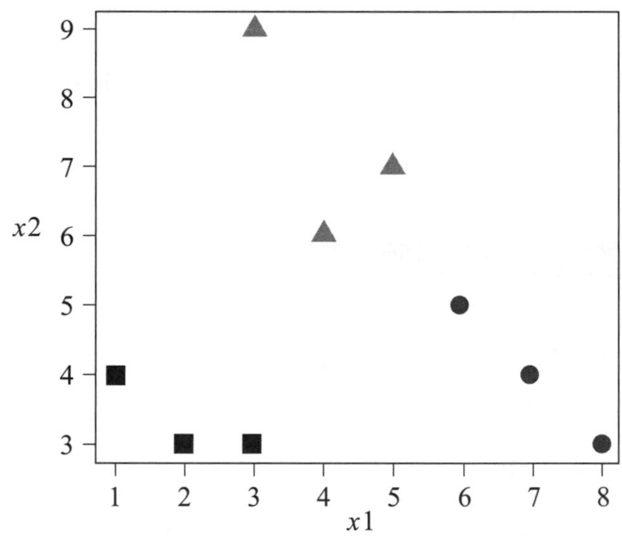

▲ 圖 6-5-1　分成 3 類的點分佈圖

按照 1 對其他 (one-against-all) 的策略，我們須執行 3 次的 SVM 機器學習。

程式碼以建立 3 個 SVM 模型，如圖 6-5-2 的 Ex6_5_001.py 範例：

```
 1 from sklearn.svm import SVC
 2 import numpy as np
 3
 4 X=np.array([[1,4],[2,3],[3,3],[6,5],[7,4],[8,3],[4,6],[3,9],[5,7]])
 5 y=['A','A','A','B','B','B','C','C','C']
 6
 7 s1=['A','A','A','D','D','D','D','D','D']
 8 model_1=SVC()    #第一個SVM分類器
 9 model_1.fit(X,s1)
10
11 s2=['E','E','E','B','B','B','E','E','E']
12 model_2=SVC()    #第二個SVM分類器
13 model_2.fit(X,s2)
14
15 s3=['F','F','F','F','F','F','C','C','C']
16 model_3=SVC()    #第三個SVM分類器
17 model_3.fit(X,s3)
18
19 def classify(testX):
20     y_pred=model_1.predict(testX)
21     if (y_pred == 'A'):
22         return 'A'
23     else:
24         y_pred=model_2.predict(testX)
25         if (y_pred == 'B'):
26             return 'B'
27         else:
28             y_pred=model_3.predict(testX)
29             if (y_pred == 'C'):
30                 return  'C'
31             else:
32                 return 'G'
33 result=[]
34 for x in X:
35     testX = x.reshape(1, 2)
36     result.append(classify(testX))
37 print("分類結果為: ",result)
```

▲圖 6-5-2　範例程式 Ex6_5_001.py

針對多元分類器如果採取的是 one-against-all 的策略，那麼給定測試自變數資料向量時，會先經過第一個分類器的分類，如果未能得到答案，也就是不是類別 A 就再經過第二個分類器的分類，依此類推；如 Ex6_5_001.py 的第 19 到第 32 行程式敘述的內容。

從結果看起來，1 對其它 (one-against-all) 的策略可以成功分類。除了 one-against-all 策略可以解決 SVM 的多元分類問題，還有另一個策略是 one-against-one 策略。一對一 (one-against-one) 的多元分類是每次分類都是一對一互比，如果資料集包含 M 個類別，one-against-one 的 SVM 分類策略就需要建立 $\frac{M(M-1)}{2}$ 個分類器。

一旦以 SVM 機器學習得到 $\frac{M(M-1)}{2}$ 個分類器後，當要針對新輸入的資料點進行分類時，就必須採樹狀決策方式做一對一互比。我們以已經完成機器學習的參個分類器 {A, B}、{A, C}、{B, C} 爲例，如圖 6-5-3 所示。

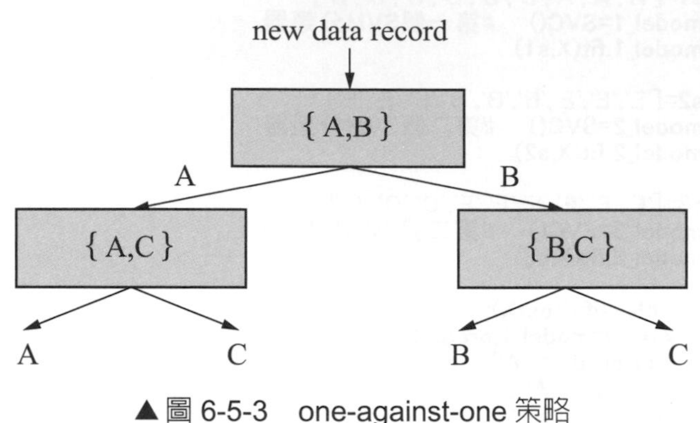

▲圖 6-5-3　one-against-one 策略

這是一種有向無環圖 (DAG，directed acyclic graph)，所以 one-against-one 的多元 SVM 分類策略也叫做 DAG SVM。當有一筆新資料輸入後，DAG SVM 分類的步驟是，先判斷 A 類或 B 類，再判斷是 A 或 C 類，以及 B 或 C 類，最後即可完成分類。Python 的 SVC(…) 函式預設爲 DAG SVM，也就是 SVC(…) 內部會建立多個 Model 然後執行 one-against-one 的策略完成分類。接下來，我們直接使用 Python 的 SVC(…) 針對前述同樣有 3 類標記的資料集進行分類，分類的準確率 100%，程式碼如圖 6-5-4 的 Ex6_5_002.py：

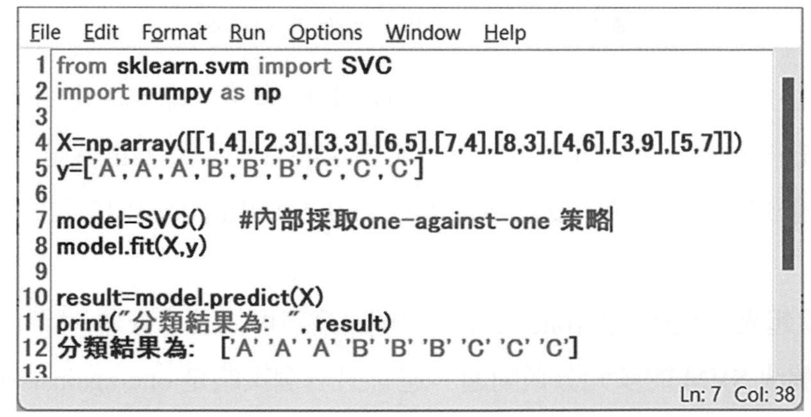
File Edit Format Run Options Window Help

```
from sklearn.svm import SVC
import numpy as np

X=np.array([[1,4],[2,3],[3,3],[6,5],[7,4],[8,3],[4,6],[3,9],[5,7]])
y=['A','A','A','B','B','B','C','C','C']

model=SVC()    #內部採取one-against-one 策略
model.fit(X,y)

result=model.predict(X)
print("分類結果為: ", result)
分類結果為:  ['A' 'A' 'A' 'B' 'B' 'B' 'C' 'C' 'C']
```

Ln: 7 Col: 38

▲圖 6-5-4　範例程式 Ex6_5_002.py

接下來，我們以實際的資料集分類問題來展示 SVM 的多元分類器的應用。仍然使用 iris 資料集。iris 資料集總共有 150 筆資料紀錄。有三大類，分別是 setosa、versicolor、與 virginica。基於此一資料集，使用 SVM 機器學習演算法，我們可以得到一個 SVM 分類器，裡面包含三個類別。之後，再以訓練資料集做爲測試資料集檢視分類器效能。範例如圖 6-5-5 的程式 Ex6_5_003.py 所示。

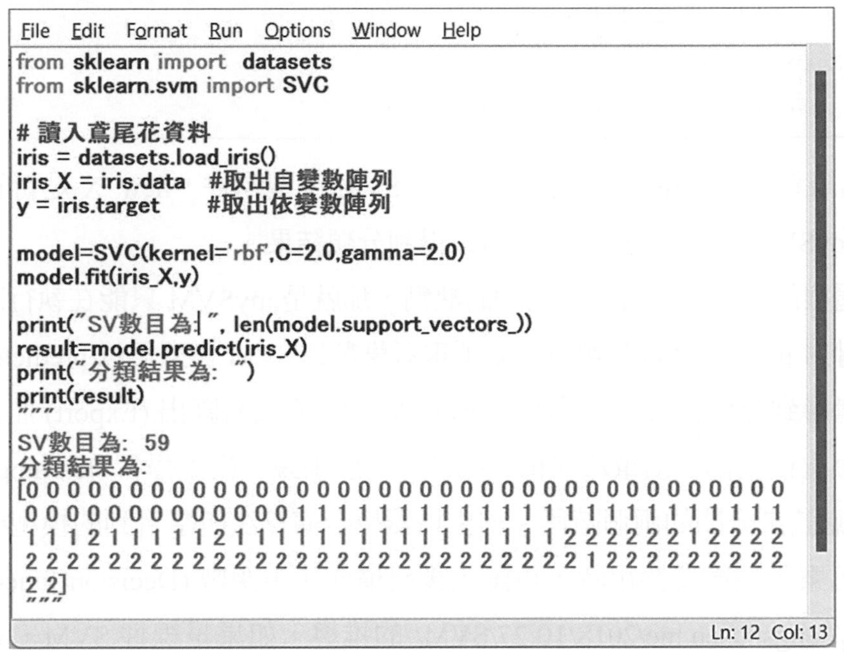

```
File  Edit  Format  Run  Options  Window  Help
from sklearn import  datasets
from sklearn.svm import SVC

# 讀入鳶尾花資料
iris = datasets.load_iris()
iris_X = iris.data   #取出自變數陣列
y = iris.target      #取出依變數陣列

model=SVC(kernel='rbf',C=2.0,gamma=2.0)
model.fit(iris_X,y)

print("SV數目為:", len(model.support_vectors_))
result=model.predict(iris_X)
print("分類結果為: ")
print(result)
"""
SV數目為: 59
分類結果為:
[0 0 0 0 0 0 0 0 0 0 0 0 0 0 0 0 0 0 0 0 0 0 0 0 0 0 0 0 0 0 0 0 0 0 0 0 0
 0 0 0 0 0 0 0 0 0 0 0 0 0 1 1 1 1 1 1 1 1 1 1 1 1 1 1 1 1 1 1 1 1 1 1 1 1
 1 1 1 2 1 1 1 1 1 2 1 1 1 1 1 1 1 1 1 1 1 1 1 1 1 1 2 2 2 2 2 2 1 2 2 2 2
 2 2 2 2 2 2 2 2 2 2 2 2 2 2 2 2 2 2 2 2 2 2 2 2 2 2 2 1 2 2 2 2 2 2 2 2 2
 2 2]
"""
                                                          Ln: 12  Col: 13
```

▲圖 6-5-5　範例程式 Ex6_5_003.py

觀察上述結果，SVM 分類器模型有設定了幾個參數，model=SVC (kernel='rbf',C=2.0, gamma=2.0)，這裡的 C 就是我們在討論 SVM 原理所提到的常數 C，其值預設爲 1，我們將它改爲 2.0。kernel='rbf' 是將 SVM-Kernel 設爲 radial，表示使用 RBF 核函數。本例所學習到的 SVM 模型之支持向量的數目 (number of support vectors) 爲 59，也就是 150 個自變數資料向量中有 59 個被選做支持向量。從分類結果來看，50 個 setosa 都分類正確；50 個 versicolor 中，有 2 個錯誤分類爲 virginica；50 個 virginica，也都分類正確。

6-6 SVM 模型參數的匯出

給定訓練資料集，呼叫 SVM 機器學習演算法即可得到 SVM 模型。之後，基於此模型，給定新的資料向量，就可以完成分類。這是前一節 SVM 的重點，一個典型的步驟如以下的文字方塊所示。

```
mySVM=SVC(kernel="linear")
mySVM.fit(X,y)
y_pred=mySVM.predict(new_X)
```

{X,y} 為訓練資料集，mySVM 為所得到的 SVM 模型物件，new_X 是新資料向量。只要呼叫 mySVM.predict(new_X) 即可以得到分類結果。

然而這樣的使用方式有一個明顯的缺點，那就是 mySVM 只能在執行時期應用。也就是要針對 new_X 進行分類時，必須重新學習到 SVM 模型再以 predict(…) 套用到新資料向量得到分類結果。這是因為 mySVM 的參數沒有匯出 (Export) 而是儲存在內部，因此每次模型都必須重新建構成物件。一般來說，模型學習 (learning) 與模型套用 (apply) 應該是分開的兩個階段。經由機器學習演算法所學習到的模型參數應該匯出成一個檔案，然後要套用時，再匯入後建構成決策函數 (Decision function)。參考網站 https://tangshusen.me/2018/10/27/SVM/ 的推導，如果是線性 SVM，其決策函數如下式。

$$f(X) = \mathrm{sign}(\sum_{i \in SV} \alpha_i y_i X^T X_i + b) \tag{6-1}$$

這裡的 X 是新輸入資料向量，X_i 則為支持向量，y_i 是 X_i 對應的標記值，這裡的 y_i 不是 1 就是 –1。sign 表示正或負，小括號內若是正的歸為一類 1，負的歸為另一類。依照上式，SVM 模型的參數包括支持向量 X_i、y_i、α_i 及 b。當我們使用 sklearn.svm 模組的 SVC(…) 方法完成模型訓練後，要如何輸出這些模型的參數值。參考 sklearn.svm.SVC 的網路手冊 (Manual)

https://scikit-learn.org/stable/modules/generated/sklearn.svm.SVC.html， 可以查到 SVC(…) 的各輸出屬性 (Attributes)，下表是與線性 SVM 有關的輸出屬性。其中，dual_coef_ 是陣列，第 *i* 個元素就是 $\alpha_i y_i$ ，因已經將 α_i 及 y_i 相乘在一起，這樣就不需要再額外輸出求 y_i。

輸出屬性名稱	說明
dual_coef_	Dual coefficients of the support vector in the decision function, multiplied by their targets. Alpha(i) 但已經乘上 y(i)，也就是 $x_i y_i$ 。
intercept_	Constants in decision function. 也就是 b
support_vectors_	Support vectors. 支持向量

圖 6-6-1 的程式 Ex6_6_expo_01.py 是使用 linear SVM 針對給定的訓練資料集，訓練得到 SVM 模型後，再將 SVM 模型參數輸出到一個檔案的範例。

```
File  Edit  Format  Run  Options  Window  Help
import matplotlib.pyplot as plt
from sklearn.svm import SVC
import numpy as np

X=np.array([ [-1,3],[-3,2],[1,3],[4,4],[-5,-2],[2,-3],[-2,-1],[3,1] ])
y=[1,1,1,1,-1,-1,-1,-1]

model=SVC(kernel="linear")
model.fit(X,y)

print("Alpha: ", model.dual_coef_)
print("VC: ¥n", model.support_vectors_)
print("b: ", model.intercept_)

alpha=model.dual_coef_
VC=model.support_vectors_
b=model.intercept_
N=len(alpha[0])
L=len(VC[0])

f = open("linearSVM.txt", "w")
f.write(str(N) + "¥n")
for i in range(0,N):
   f.write(str(alpha[0,i]) + "¥n")
   for k in range(0,L):
      f.write(str(VC[i,k]) + "  ")
   f.write("¥n")
f.write(str(b[0]) + "¥n")
f.close()

plt.plot(X[0:4,0],X[0:4,1],'o')
plt.plot(X[4:8,0],X[4:8,1],'x')
plt.show()
                                                    Ln: 33  Col: 10
```

▲圖 6-6-1　範例 Ex6_6_expo_01.py 的程式碼

Ex6_6_expo_01.py 程式中，我們也繪出訓練資料集的 8 個資料點，如圖 6-6-2 所示。

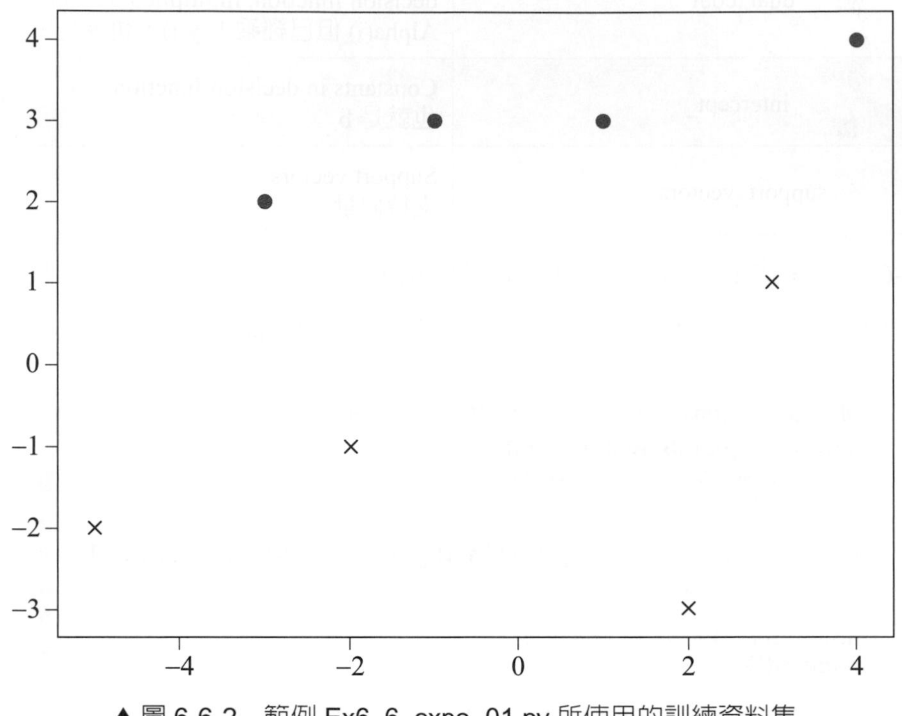

▲ 圖 6-6-2　範例 Ex6_6_expo_01.py 所使用的訓練資料集

很明顯，這是一個線性可分的問題，使用線性 SVM 可以求解。所得到的線性 SVM 模型的參數如以下的文字方塊所示。

```
==== RESTART: D:\Python\book\chapter6\example\Ex6_6_expo_01.py ====

Alpha:  [[-0.31245161  0.18754839  0.12490323]]
VC:
 [[3. 1.]
 [1. 3.]
 [4. 4.]]
b:  [-0.99896776]
```

從執行結果來看，支持向量有 3 個，也就是訓練資料集中的 8 個資料點有 3 個被選爲支持向量。這 3 個支持向量分別有其對應的 α_i 。b 則是決策函數中所需的補償量，也叫截距 (intercept)。若要將這些參數匯出成檔案，必須定義儲存的格式，以便在另一個程式讀入時，能正確的還原。程式中是將參數儲存在一個純文字檔，檔案內容如以下的文字方塊所顯示。

```
3
-0.3124516138737855
3.0  1.0
0.1875483861262145
1.0  3.0
0.124903227747571
4.0  4.0
-0.9989677626407572
```

儲存的格式是先記錄支持向量 (VC) 的數目，上述的 3，之後再紀錄每一組 Alpha 與 VC，最後再紀錄 b 值。這個文字檔可以使用任何程式語言讀入，建立 SVM 決策函數，之後即可對新輸入向量進行分類。舉例來說，可以使用 php 程式語言建置線性 SVM 分類器網站應用程式，使用者透過輸入介面給定新資料向量，系統呼叫決策函數即可得到分類結果。當然我們也可以使用 Python 讀入線性 SVM 模型的參數後建立決策函數。圖 6-6-3 的範例 Ex6_6_expo_02.py 即展示這個實作。

```
File  Edit  Format  Run  Options  Window  Help
 1 import numpy as np
 2 def decisionFun(X,alpha,VC,b):
 3     N=len(alpha)
 4     total=0.0
 5     for i in range(0,N):
 6       t1=X.dot(VC[i])
 7       t1=alpha[i]*t1
 8       total=total + t1
 9     val=total+b
10     if (val <= 0.0):
11       return -1
12     else:
13       return 1
14
15 alpha=[] ;  VC=[]
16 f = open("linearSVM.txt", "r")
17 N=int(f.readline())
18 for i in range(0,N):
19    alpha.append(float(f.readline()))
20    vctxt=f.readline();   txt=vctxt.split();   txt=list(map(float,txt))
21    VC.append(txt)
22 b=float(f.readline())
23 f.close()
24
25 print(alpha) ; print(VC) ; print(b)
26
27 #X=np.array([ [-1,3],[-3,2],[1,3],[4,4],[-5,-2],[2,-3],[-2,-1],[3,1] ])
28 #y=[1,1,1,1,-1,-1,-1,-1]
29
30 while(True):
31    xin=input("請給定輸入向量:   ")
32    if (xin =='Q' or xin =='q'):
33       break
34    else:
35       X=xin.split();   X=list(map(float,X));   X=np.array(X)
36       result=decisionFun(X,alpha,VC,b)
37       print("分類的結果是標記 ", result)
38
                                                Ln: 37  Col: 32
```

▲圖 6-6-3　範例 Ex6_6_expo_02.py 程式碼

上述程式中的函式，decisionFun(X,alpha,VC,b) 的 X 是要進行分類的新輸入向量，alpha、VC、與 b 分別是決策函數所需要的 alpha、支持向量、以及補償值。第 15 行至第 23 行是讀入儲存在 linearSVM.txt 的線性 SVM 參數。其中，txt=vctxt.split(); txt=list(map(float,txt)) 是將所讀入的一行 VC 的各個轉成浮點數後指派到 List 的各別元素。第 30 行至第 37 行則是輸入介面，每次輸入一個新資料向量，除非遇到’q’或’Q’才離開 while 迴圈。Ex6_6_expo_02.py 的執行結果如以下的文字方塊所示，我們輸入了 [3,1]、[-1,3]、[-5,2]、以及 [-4.8 1.9] 發現都能正確的分類。

```
=== RESTART: D:/Python/book/chapter6/example/Ex6_6_expo_02.py ===
[-0.3124516138737855, 0.1875483861262145, 0.124903227747571]
[[3.0, 1.0], [1.0, 3.0], [4.0, 4.0]]
-0.9989677626407572
請給定輸入向量：   3 1
分類的結果是標記  -1
請給定輸入向量：   -1 3
分類的結果是標記  1
請給定輸入向量：   -5 2
分類的結果是標記  1
請給定輸入向量：   -4.8 1.9
分類的結果是標記  1
請給定輸入向量：   q
```

前述的內容是針對線性 SVM 的決策函數之匯出成檔案與匯入後套用的例子。接下來，我們再以非線性可分的例子來說明非線性 SVM 模型之決策函數的建構方式。非線性 SVM 模型之決策函數如下式所示。

$$f(X) = \text{sign}(\sum_{i \in SV} \alpha_i y_i K(X, X_i) + b) \tag{6-2}$$

這個決策函數所需的 Alpha、VC 及 b 就與之前的線性 SVM 模型的決策函數公式 (6-1) 相同，但有一個明顯的差別就是 $X^T X_i$ 改為 $K(X, X_i)$。這裡的 $K(.,.)$ 代表非線性 SVM 的核函數 (kernel function)。查詢網站 https://scikit-learn.org/stable/modules/svm.html#shrinking-svm，有一段針對此模組之 Kernel function 的說明，如下之文字方塊所示。

The *kernel function* can be any of the following:

- linear: $\langle x, x' \rangle$.
- polynomial: $(\gamma \langle x, x' \rangle + r)^d$, where d is specified by parameter `degree`, r by `coef0`.
- rbf: $\exp(-\gamma \|x - x'\|^2)$, where γ is specified by parameter `gamma`, must be greater than 0.
- sigmoid $\tanh(\gamma \langle x, x' \rangle + r)$, where r is specified by `coef0`.

上述內容是說，kernel function 有 4 種選擇，linear、polynomial、rbf、sigmoid。Linear 就是我們在之前所討論的線性 SVM，而後三種則都有各自組態參數可以設定。所謂組態參數是在呼叫 SVM(…) 要帶入的參數。選用 polynomial 時要設定 gamma(r)、coef0(r) 及 degree(d)。coef0 就是 kernel function 中的 r，而 degree 就是 d；一個設定例，model=SVM(kernel='polynomial', gamma=1.0, coef0=0.0, degree=2)。選用 rbf 時要設定 gamma，model=SVM(kernel='rbf ', gamma=1.0)；選用 sigmoid 時要設定 gamma 與 coef0，例如 model=SVM(kernel=' sigmoid' , gamma=1.0,coef0=0.0)。

圖 6-6-4 的 Ex6_6_expo_03.py 是非線性可分的問題，核函數使用 polynomial 的範例。

File Edit Format Run Options Window Help

```
from sklearn.svm import SVC
from sklearn.metrics import accuracy_score
import numpy as np

X=[[0.5,0.5],[1,1],[1,-1],[-1,1],[-1,-1],
   [2,2],[2,-2],[-2,2],[-2,-2],[3,-3]]
y=[1,1,1,1,1,-1,-1,-1,-1,-1]

model=SVC(kernel="poly",gamma=1.0,degree=2,coef0=0.0)
model.fit(X,y)

print("kernel function 是 ",model.kernel)
print("Alpha: ", model.dual_coef_)
print("VC: ¥n", model.support_vectors_)
print("b: ", model.intercept_)
print("Gama是 ",model.gamma)
print("d是 ", model.degree)
print("r 是 ", model.coef0)

alpha=model.dual_coef_
VC=model.support_vectors_
b=model.intercept_
N=len(alpha[0])
L=len(VC[0])

f = open("polySVM.txt", "w")
f.write(str(N) + "¥n")
for i in range(0,N):
   f.write(str(alpha[0,i]) + "¥n")
   for k in range(0,L):
      f.write(str(VC[i,k]) + "  ")
   f.write("¥n")
f.write(str(b[0]) + "¥n")
f.write(str(model.gamma)+"¥n")
f.write(str(model.coef0)+"¥n")
f.write(str(model.degree)+"¥n")
f.close()

y_pred=model.predict(X)
print(f'Accuracy : {accuracy_score(y,y_pred)}')
```

Ln: 40 Col: 47

▲圖 6-6-4　範例 Ex6_6_expo_03.py 程式碼

程式中的第 1 行到第 5 行是給定訓練資料集，前 5 筆是一類，標記為 1；後 5 筆是另一類，標記為 –1。從向量長度來判斷，很明顯前 5 筆是在內圈，後 5 筆是在外圈。這是一個非線性可分的問題。Ex6_6_expo_03.py 的執行結果如以下的文字方塊所示。最後一行的 Accuracy:1.0，表示以訓練資料集做為測試資料集時，分類的準確率是 1.0。

```
=== RESTART: D:/Python/book/chapter6/example/Ex6_6_expo_04.py ===
kernel function 是  poly
Alpha:  [[-0.05764455 -0.05348424  0.06390091  0.04722788]]
VC:
 [[-2.  2.]
 [-2. -2.]
 [-1.  1.]
 [-1. -1.]]
b:  [1.66693181]
Gama是  1.0
d    是  2
r    是  0.0
Accuracy : 1.0
```

程式中，我們也將 polynomial SVM 模型參數儲存在 polySVM.txt 中，儲存格式是先存支持向量的數目，再儲存 alpha[i] 與 VC[i]，再儲存 b、Gamma、degree 及 coef0。後面這 3 個參數是 polynomial kernel function 在呼叫 SVM 機器學習演算法時，需要給定的，因此也要一併儲存，這樣套用時才能完整建構決策函數。

圖 6-6-5 的範例 Ex6_6_expo_04.py 是讀入 polynomial SVM 模型參數後，建構決策函數，當有新資料向量輸入時，就可以依照決策函數的正負值進行分類。本例展示非線性 SVM 的套用例子，讀者可參考公式 (6-2) 對照程式敘述以協助理解。

```
File  Edit  Format  Run  Options  Window  Help
1 import numpy as np
2
3 alpha=[] ;  VC=[]
4 f = open("polySVM.txt", "r")
5 N=int(f.readline())
6 for i in range(0,N):
7    alpha.append(float(f.readline()))
8    vctxt=f.readline();  txt=vctxt.split();  txt=list(map(float,txt))
9    VC.append(txt)
10 b=float(f.readline())
11 gamma=float(f.readline())
12 coef0=float(f.readline())
13 degree=float(f.readline())
14 f.close()
15
16 def polyDecision(newX,alpha,VC,b,gamma,coef0,degree):
17     N=len(alpha)
18     total=0
19     for i in range(0,N):
20         kpart=gamma*newX.dot(VC[i]) + coef0
21         kpart=alpha[i]*np.power(kpart,degree)
22         total=total + kpart
23     value=total+b
24     if (value <= 0.0):
25         return -1
26     else:
27         return 1
28
29 while(True):
30    xin=input("請給定輸入向量:  ")
31    if (xin =='Q' or xin =='q'):
32        break
33    else:
34      newX=xin.split();   newX=list(map(float,newX))
35      newX=np.array(newX)
36      result=polyDecision(newX,alpha,VC,b,gamma,coef0,degree)
37      print("分類的結果是標記 ", result)
                                                    Ln: 38  Col: 0
```

▲圖 6-6-5　範例 Ex6_6_expo_04.py 的程式碼

在程式中的函式 polyDecision(newX,alpha,VC,b,gamma,coef0,degree) 就是決策函數公式 (6-2)，實現在程式碼第 16 行到第 27 行，請自行比對。程式執行結果如以下的文字方塊所示。

```
==== RESTART: D:/Python/book/chapter6/example/Ex6_6_expo_04.py ====
請給定輸入向量：    1.0 1.0
分類的結果是標記    1
請給定輸入向量：    -1 -1
分類的結果是標記    1
請給定輸入向量：    -1  1
分類的結果是標記    1
請給定輸入向量：    2 2
分類的結果是標記    -1
請給定輸入向量：    -2 -2
分類的結果是標記    -1
請給定輸入向量：    -3 -3
分類的結果是標記    -1
請給定輸入向量：    0.1 0.1
分類的結果是標記    1
請給定輸入向量：    9 9
分類的結果是標記    -1
請給定輸入向量：    0.5 -0.5
分類的結果是標記    1
請給定輸入向量：    Q
```

測試的輸入向量分別是 [-1,-1]、[-1 1]、[2,2]、[-2,-2]、[-3,-3]、[0.1,0.1]、[9,9]、[0.5,-0.5]，依它們所得到的結果，皆可以正確分類。也就是以本例來說，polynomuinal 核函數可得到正確分類。

圖 6-6-6 的範例 Ex6_6_expo_05.py 與圖 6-6-7 的範例 Ex6_6_expo_06.py 是將 kernel function 改爲 rbf 的參數匯出及匯入情況。Ex6_6_expo_05.py 基於訓練資料集，將 kernel function 設爲 rbf 時，訓練出 rbf 非線性 SVM 模型並將模型參數存入 rbfSVM.txt 檔內。Ex6_6_expo_05.py 的執行結果如以下文字方塊所示，由於訓練資料集的筆數少，幾乎所有的訓練資料向量都是支持向量。

```
==== RESTART: D:/Python/book/chapter6/example/Ex6_6_expo_05.py =====
kernel function 是  rbf
Alpha:  [[-0.92665437 -0.91346767 -0.92984556 -0.92984553 -0.89420278
0.773459   0.82055691   1.         1.          1.        ]]
VC:
[[ 2.  2. ] [ 2.  -2. ] [-2.  2. ] [-2.  -2. ] [ 3.  -3. ] [ 0.5  0.5] [ 1.  1. ]
 [ 1.  -1. ] [-1.  1. ] [-1.  -1. ]]
b:  [-0.08865033]
Gama 是  2.0
Accuracy : 1.0
```

```
File Edit Format Run Options Window Help
from sklearn.svm import SVC
from sklearn.metrics import accuracy_score
import numpy as np

X=[[0.5,0.5],[1,1],[1,-1],[-1,1],[-1,-1],
   [2,2],[2,-2],[-2,2],[-2,-2],[3,-3]]
y=[1,1,1,1,1,-1,-1,-1,-1,-1]

model=SVC(kernel="rbf",gamma=2.0)
model.fit(X,y)

print("kernel function 是 ",model.kernel)
print("Alpha: ", model.dual_coef_)
print("VC: ¥n", model.support_vectors_)
print("b: ", model.intercept_)
print("Gama是 ",model.gamma)

alpha=model.dual_coef_
VC=model.support_vectors_
b=model.intercept_
N=len(alpha[0])
L=len(VC[0])

f = open("rbfSVM.txt", "w")
f.write(str(N) + "¥n")
for i in range(0,N):
   f.write(str(alpha[0,i]) + "¥n")
   for k in range(0,L):
      f.write(str(VC[i,k]) + "  ")
   f.write("¥n")
f.write(str(b[0]) + "¥n")
f.write(str(model.gamma)+"¥n")
f.close()

y_pred=model.predict(X)
print(f'Accuracy : {accuracy_score(y,y_pred)}')

Ln: 18 Col: 0
```

▲圖 6-6-6　範例 Ex6_6_expo_05.py 的程式碼

Ex6_6_expo_06.py 則是讀入 rbf SVM 模型參數後，建構決策函數，當使用者輸入資料向量後即進行分類。底下的文字方塊為 Ex6_6_expo_06.py 的執行結果，從輸入向量及其標記結果可以看出，均可以得到正確的分類結果。

```
==== RESTART: D:/Python/book/chapter6/example/Ex6_6_expo_06.py ====
請給定輸入向量： 1  1
分類的結果是標記  1
請給定輸入向量： -1  1
分類的結果是標記  1
請給定輸入向量： 2  2
分類的結果是標記  -1
請給定輸入向量： -2  2
分類的結果是標記  -1
```

File Edit Format Run Options Window Help

```
import numpy as np
import math

alpha=[] ;  VC=[]
f = open("rbfSVM.txt", "r")
N=int(f.readline())
for i in range(0,N):
   alpha.append(float(f.readline()))
   vctxt=f.readline();   txt=vctxt.split();   txt=list(map(float,txt))
   VC.append(txt)
b=float(f.readline())
gamma=float(f.readline())
f.close()

def rbfDecision(newX,alpha,VC,b,gamma):
    N=len(alpha);   total=0
    for i in range(0,N):
        subX=newX-VC[i]; kpart=math.exp(-gamma*subX.dot(subX))
        kpart=alpha[i]*kpart
        total=total + kpart
    value=total+b
    if (value <= 0.0):
        return -1
    else:
        return 1


#X=[[0.5,0.5],[1,1],[1,-1],[-1,1],[-1,-1],   [2,2],[2,-2],[-2,2],[-2,-2],[3,-3]]
#y=[1,1,1,1,1,-1,-1,-1,-1,-1]
while(True):
   xin=input("請給定輸入向量:  ")
   if (xin =='Q' or xin =='q'):
      break
   else:
      newX=xin.split();   newX=list(map(float,newX))
      newX=np.array(newX)
      result=rbfDecision(newX,alpha,VC,b,gamma)
      print("分類的結果是標記 ", result)
```

Ln: 38 Col: 32

▲圖 6-6-7　範例 Ex6_6_expo_06.py 的程式碼

再強調一次，圖 6-6-7 的 Ex6_6_expo_06.py 之第 15 行至第 25 行就是建構 rbf 的決策函數公式 (6-2)。因爲 rbf 非線性 SVM 模型參數是匯出在文字檔內，如前所述，可以使用任何程式語言從檔案讀入所需參數後再建構 rbf 決策函數。這種將機器學習階段與模型套用階段分開的觀念在 AI 應用系統的開發中是很關鍵的，尤其就 SVM 模型來說更重要。其他模型，例如線性迴歸分類器類神經網路 (Artificial Neural Network)、決策樹 (Decision Tree) 所匯出的參數與其模型結構是可以直接對應的，但是 SVM 則是間接的匯出決策函數所需的參數。

7 非線性分類器

7-1 類神經網路分類器概論

當類神經網路分類器 (neural network classifier) 已由機器學習得到，在套用階段就可以針對新輸入資料 (new data record) 進行分類。AI 應用建置者通常會建立一個資料輸入的使用者介面，如圖 7-1-1，是一個類神經網路分類器網站的輸入介面的示意圖。

127.0.0.1/NNservice/serviceIF.p

127.0.0.1/NNservice/s...

這是一個類神經網路分類器的服務介面。
只要鍵入花萼長度、花萼寬度、花瓣長度、花瓣寬度，
Neural Network Classifying Model
就可以幫你做品種分類，setosa、versicolor、virginica。

輸入花萼長度 7.7

輸入花萼寬度 2.6

輸入花瓣長度 6.9

輸入花瓣寬度 2.3

送出

▲圖 7-1-1　類神經網路分類器網站的輸入介面示意圖

輸入花萼長度、花萼寬度、花瓣長度、花瓣寬度，按「送出」後，後端處理程式收到資料後就會呼叫類神經網分類器進行運算，然後給出分類的結果。如圖 7-1-2 所示，所得到的分類結果是 virginica。

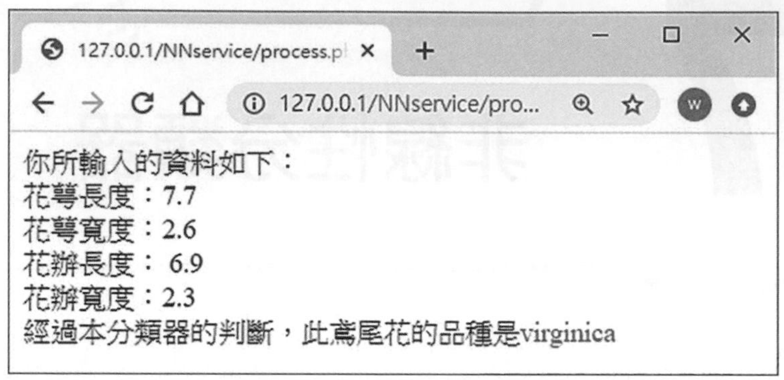

▲圖 7-1-2　分類結果的顯示

那類神經網路到底是如何運作的？要回答此問題，請參考圖 7-1-3，此圖是一個類神經網路三層架構圖，包含輸入層、隱藏層及輸出層。

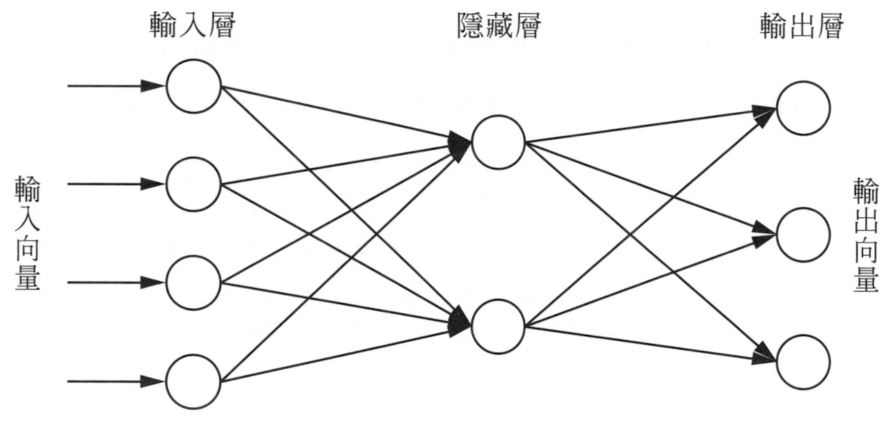

▲圖 7-1-3　類神經三層架構圖

輸入向量是有待分類的新資料紀錄，例如圖 7-1-1 的 {7.7,2.6,6.9,2.3}，而輸出向量是分類的結果，結果可能是 {1,0,0}，{0,1,0} 或 {0,0,1}，分別表示 3 種分類之一。

從這個結構圖來看，類神經網路分類器實際上是由左而右的一連串運算過程。圖 7-1-3 上的圓圈是節點，代表神經元 (neuron)。雖然叫神經元，但是僅是借用生物領域的名稱，實際上只是一種數學運算的節點。神經元的運算步驟，輸入層的神經元比

較單純，基本上是將輸入值乘上一個數，一般是 1.0，而且只有一個輸入。輸入層神經元的運算步驟，如圖 7-1-4 所示。

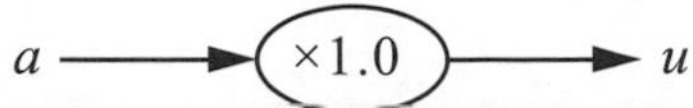

▲ 圖 7-1-4　輸入層的神經元運算步驟

除了輸入層，隱藏層與輸出層的神經元之輸入是前一層神經元的輸出，而且有多個，如圖 7-1-5 所示。

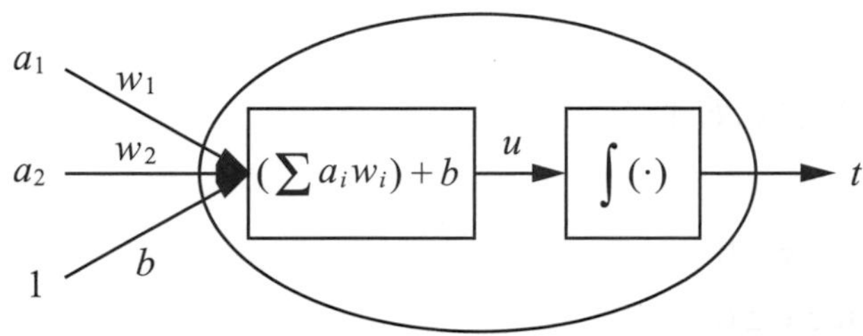

▲ 圖 7-1-5　隱藏層及輸出層的神經元運運算步驟

圖 7-1-5 的神經元是以 2 個輸入項 $\{a_1, a_2\}$ 爲例，運算步驟共分成 2 個階段，第一階段是積之和，第二階段是將積之和的結果經過一個非線性函數作用。另外除了輸入項之外，每一個神經元還有一個常數項作爲補償項，一般來說，會使用 1 做爲常數項的輸入，並乘上一個係數 b。以圖 7-1-5 爲例，第一階段的積之和的運算結果 u 爲：

$$u = a_1 w_1 + a_2 w_2 + b = \sum_{i=1}^{2} a_i w_i + b$$

第二階段的函數輸出值 t，也就是：

$$t = f(u) = f(\sum_{i=1}^{2} a_i w_i + b)$$

上式的 $f(u)$ 是一種非線性函數，稱爲激勵函數 (activation function)，主要的作用是引入非線性。常用的激勵函數有三種：Sigmoid、TanH 及 ReLu。

Sigmoid 激勵函數表示式如下：

$$f(x)=\frac{1}{1+e^{-x}}$$

TanH 激勵函數表示式如下：

$$f(x)=\frac{2}{1+e^{-2x}}-1$$

ReLu 激勵函數表示式如下：

$$f(x)=\begin{cases}0 \text{ for } x<0\\ x \text{ for } x\geq 0\end{cases}$$

3 種激勵函數的繪圖呈現在如圖 7-1-6 上。

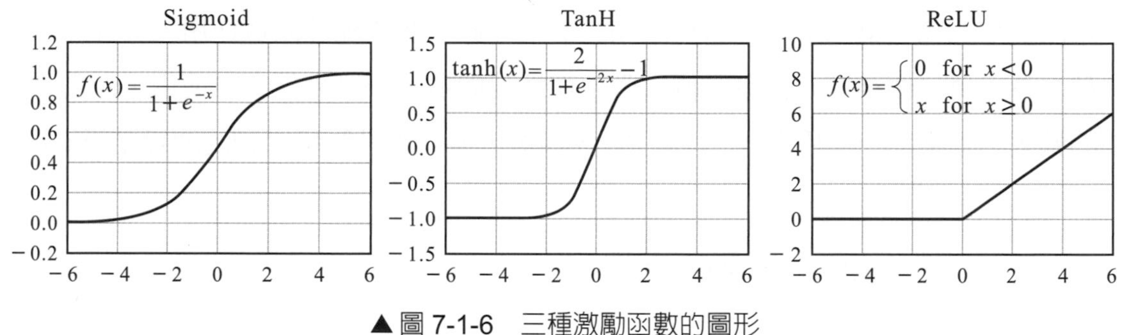

▲圖 7-1-6　三種激勵函數的圖形

每個神經元的輸入路徑上所標示的 w_i 叫做權重。為了在繪圖時能清楚表達個符號的對應意義，常使用的方法是在符號上加下標，例如：$w_{i,j,k}$ 就表示第 i 層的第 j 個神經元接到次一層的第 k 個神經元的權重。$b_{i,j}$ 則表示第 i 層的第 j 個補償量。$u_{i,j}$ 則表示是第 i 層的第 j 個神經元的輸出。

t_i 則表示輸出層的第 i 個神經元的輸出。依此符號的表示法，我們重新繪製 3 層架構的類神經網路如圖 7-1-7 所示。

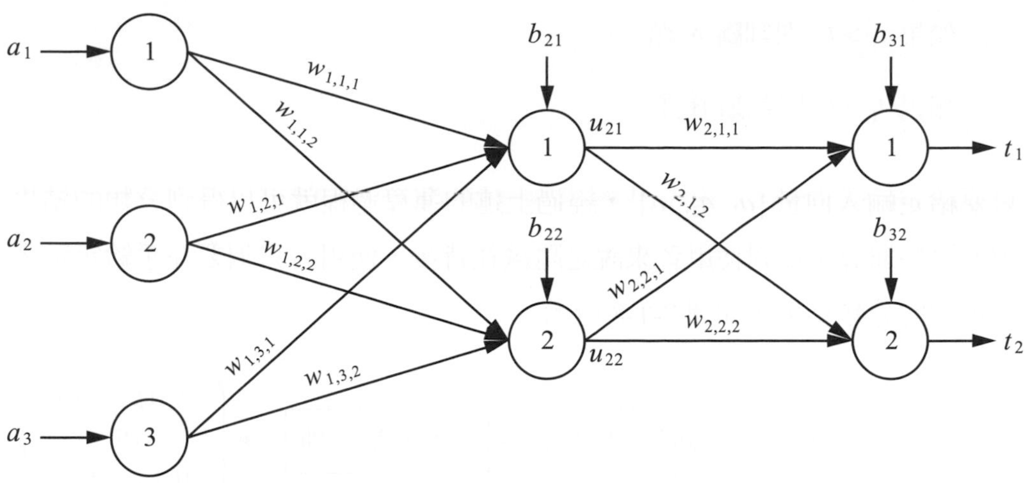

▲圖 7-1-7　三層類神經網路的架構

圖 7-1-7 是一個輸入層有 3 個神經元，隱藏層有 2 個神經元，輸出層有 2 個神經元的類神經網路。實際上，每一層的神經元可以有多個，隱藏層也可以不只有一層，可以有多層。由輸入層開始，配合前面已描述過的運算步驟與符號，上圖的數學運算可以依序表示如下：

$$u_{21} = f(a_1 \times w_{1,1,1} + a_2 \times w_{1,2,1} + a_3 \times w_{1,3,1} + 1.0 \times b_{21}) \quad ①$$

$$u_{22} = f(a_1 \times w_{1,1,2} + a_2 \times w_{1,2,2} + a_3 \times w_{1,3,2} + 1.0 \times b_{21}) \quad ②$$

$$t_1 = f(u_{21} \times w_{2,1,1} + u_{22} \times w_{2,2,1} + 1.0 \times b_{31}) \quad ③$$

$$t_2 = f\left(u_{21} \times w_{2,1,2} + u_{22} \times w_{2,2,2} + 1.0 \times b_{32}\right) \quad ④$$

如果 t_1 與 t_2 分別代表輸入向量經過類神經網路運算後的輸出值，因爲輸出層有 2 個神經元，所以是分 2 類，例如標記是 A 與 B。從 t_1 與 t_2 的結果如何判斷是 A 類或 B 類？一般式依照下列的規則：

如果 $t_1 \cong 1$ 而且 $t_2 \cong 0$ 則判斷爲 A 類。

如果 $t_1 \cong 0$ 而且 $t_2 \cong 1$ 則判斷爲 B 類。

或是更寬鬆的規則：

如果 $t_1 > t_2$ 則判斷 A 類。

如果 $t_1 \leq t_2$ 則判斷 B 類。

只要給定輸入向量 $[a_1, a_2, a_3]^T$，經過上述的運算過程就可以得到分類的結果。一般來說，這些運算細節對使用者來說是隱藏在背後，使用者只須要在乎給定輸入是否能得到正確的分類結果，如圖 7-1-8 所示。

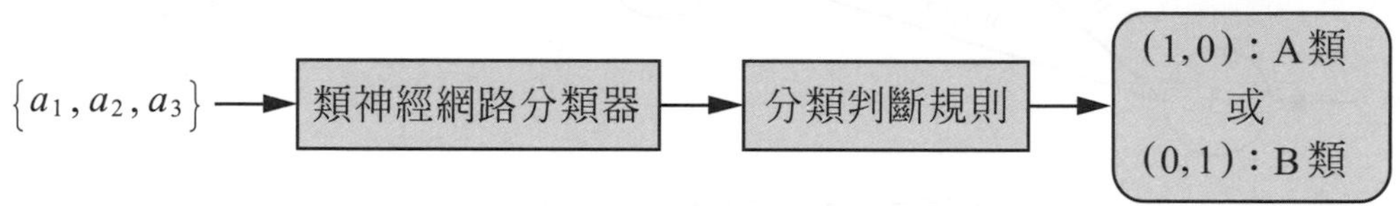

▲圖 7-1-8　類神經網路運作示意圖

依前述的討論，只要類神經網路的所有必要係數的值都確定，那在給定輸入向量後，的確可以得到分類的結果。但是許多人會有一個疑問，那類神經網路的係數的值到底要如何得到？

檢視圖 7-1-7 的 3 層類神經網路架構圖，總共有 10 個權重值 $\{w_{i,j,k}\}$ 要決定，以及 4 個補償值 $(b_{i,j})$ 要決定，也就是有 14 個未知數待決定。如何決定這些係數是類神經網路機器學習演算法要完成的工作。既然是一種機器學習演算法，依照本書前面幾章的討論，必須先有訓練資料集。還是以圖 7-1-7 的架構圖為例，此架構圖所對應到之示意資料集如表 7-1-1 所示。

▼表 7-1-1　類神經網路的訓練資料集示意圖

a_1	a_2	a_3	t_1	t_2
2.3	5.1	7.8	1.0	0.0
2.5	2.1	6.7	0.0	1.0
1.0	1.2	3.8	1.0	0.0
–2.3	7.8	2.5	0.0	1.0
3.8	9.8	6.7	1.0	0
⋮	⋮	⋮	⋮	⋮

類神經網路機器學習演算法，其中最有名的一種叫倒傳遞 (back propagation) 學習演算法，執行步驟可以描述於下：

第一步：設定變數 preErr = 100000，Thr = 0.001，並以隨機方式設定所有權重值 (w) 與補償量 (b) 的初始值。

第二步：將訓練資料集的每一筆資料記錄的 $\{a_1, a_2, a_3\}$，依據前段的運算式①②③④得到對應的預測輸出值 $\{\hat{t_1},\hat{t_2}\}$。

第三步：計算每一筆資料記錄的預測輸出向量值 $\{\hat{t_1},\hat{t_2}\}$ 與其實際 $\{t_1,t_2\}$ 的的差值，並將所有差值的平方相加。相加的結果記錄到變數 curErr 內。

第四步：如果 (abs(curErr-preErr)<Thr) 則停止執行並輸出 $\{w_{\mathrm{i,\,j,\,k}}\}$ 及 $\{b_{\mathrm{i,\,j}}\}$。不然執行 preErr= curErr 並執行下一步，也就是第五步。

第五步：每一個係數都依最陡峭下降原則 (steepest descent) 變化少許值，也就是

$$w_{i,j,k} = w_{i,j,k} + \Delta_{i,j,k}$$

$$b_{i,j} = b_{i,j} + \Delta_{i,j}$$

Δ 是對應到要求的參數之誤差函數的微分量。

第六步：回到第二步執行。

前述的機器學習步驟，我們省略了一些推導的步驟，實際上與梯度下降法極其類似，有興趣者，可以搜尋“Back propagation Neural Network”即可找到許多參考資料。

7-2　類神經網路的應用

如果有一個類神經網路的模型具有 4 個輸入層節點，2 個隱藏層節點，2 個輸出層節點，如圖 7-2-1 所示。

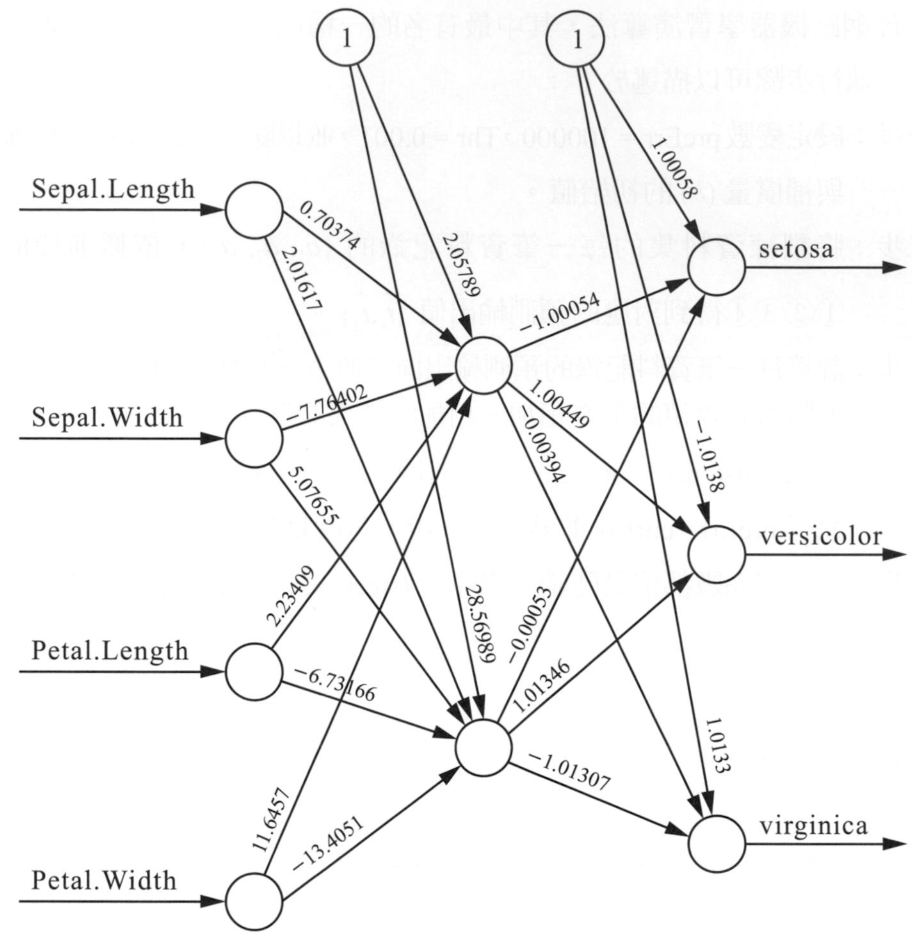

▲圖 7-2-1　4×2×3 的類神經網路模型

在運用時，通常必須寫程式，可以看成是開發一個 AI 應用系統，所以編程 (coding) 是必然的工作。圖 7-2-1 的模型中，權重值 $\{w_{i,j,k}\}$ 及補償量 $\{b_{i,j}\}$ 都已有確定值，所以可以編寫一個函式 (function) 完成從輸入層到輸出層的所有運算，以 Python 語言爲例，NN_Service(…) 函式及其呼叫如圖 7-2-2 之 Ex7_2_001.py：

```
File Edit Format Run Options Window Help
import math
import numpy as np

def Act_Fun(u):
    result = 1.0/(1.0+math.exp(-u))
    return result

def NN_Service(a1,a2,a3,a4):
   z1 = 1*( 2.05789 ) + a1*(0.70374)  + a2*(-7.76402) + a3*(2.23409) + a4*(11.6457)
   u1 = Act_Fun(z1)

   z2 = 1*(28.56989)+a1*(2.01617)+a2*(5.07655)+a3*(-6.73166)+a4*(-13.4051)
   u2 = Act_Fun(z2)

   o1 = 1*(1.00058)+u1*(-1.00054)+u2*(-0.00053)
   setosa = Act_Fun(o1)

   o2 = 1*(-1.0138)+u1*(1.00489)+u2*(1.01346)
   versicolor = Act_Fun(o2)

   o3 = 1*(1.0133)+u1*(-0.00394)+u2*(-1.01307)
   mirginica = Act_Fun(o3)

   if  (setosa > versicolor) and (setosa > mirginica) :
      return [1,0,0]
   elif (versicolor > mirginica) and (versicolor > setosa):
      return [0,1,0]
   else:
      return [0,0,1]

result=NN_Service(5.7,2.8,4.1,1.3)
print(result)    #[0,1.0]
                                                        Ln: 32 Col: 25
```

▲圖 7-2-2　範例 Ex7_2_001.py 程式碼

上述的程式碼中，我們有定義一個激勵函式 Act.Fun(…)，Act_Fun(…) 函式是一個 Sigmoid 激勵函式。a1 是 Sepal.Length，a2 是 Sepal.Width，a3 是 Petal.Length，a4 是 Petal.Width。若給定輸入向量 {a1,a2,a3,a4}={5.7,2.8,4.1,1.3}，呼叫 NN_Service(5.7,2.8,4.1,1.3) 後而可以得到輸出結果，[0,1,0]。程式碼的最後段落，是先找出 {setosa,versicolor,virginica} 的最大值，並將其設為 1，其餘設為 0，然後回傳結果。以本例來說，就是回傳 [0,1,0]。

同一個問題，並不限只有一種類神經網路的結構，圖 7-2-2 是一個 4×1×2×3 的結構，其神經元至神經元之間的權重值 (weights)，以及各神經元的偏差值 (bias) 也是經由類神經網路機器學習演算法基於訓練資料集所得到的。實作圖 7-2-3 的結構，與 Ex7_2_001.py 類似，差別是增加一層隱藏層。

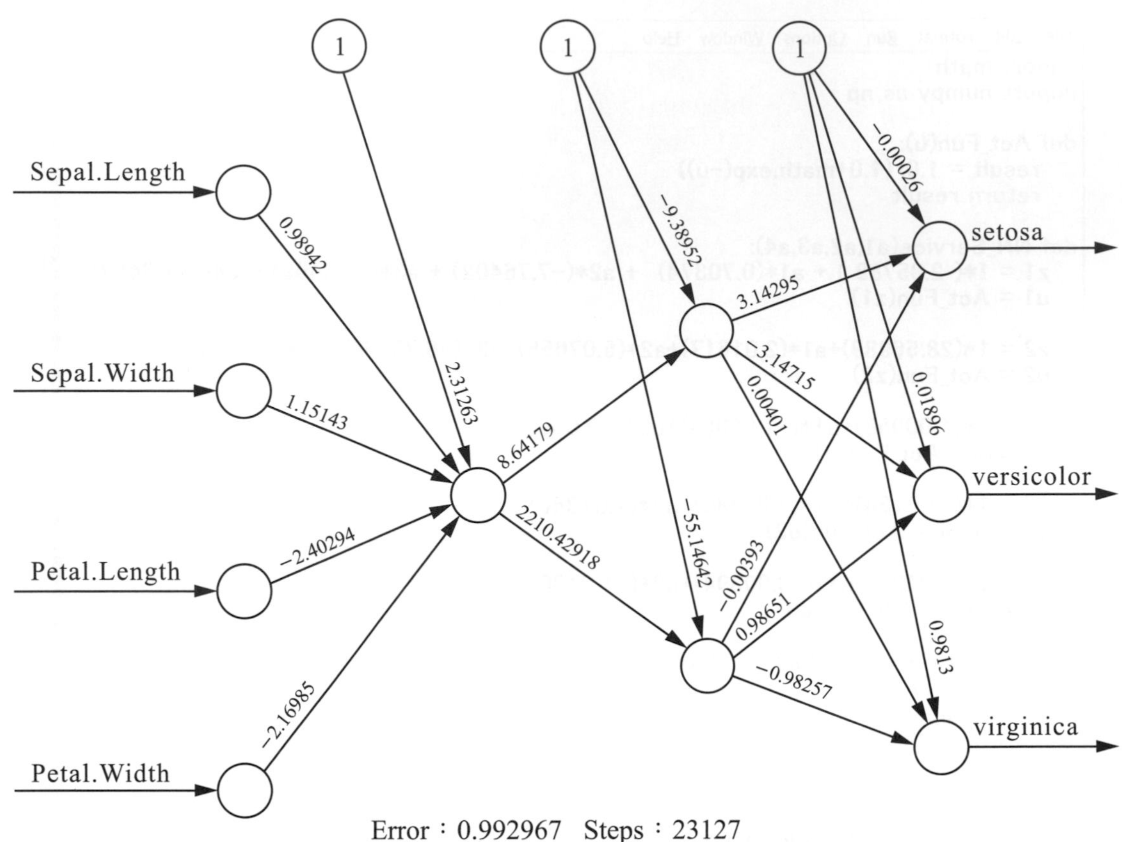

▲圖 7-2-3 一個 4×1×2×3 的類神經網路結構

當然類神經網路分類器也能以其他程式語言實現，例如使用 php、java 或 ASP.NET 實現，然後部署在網頁伺服器 (web Server) 上，以網站應用程式 (webApplication) 的方式提供給使用者使用。就如同本章一開頭所描述的那種應用方式。

7-3 Python 的類神經網路機器學習模組

Python 的 sklearn.neural_network 模組提供 MLPClassifier(…) 方法，給定訓練資料集並設定適當參數後即可以完成類神經網路參數的訓練。MLPClassifier(…) 方法有幾個重要的參數要設定，其意義說明如下表：

參數名稱	說明
hidden_layer_sizes	預設 (100)，第 i 個元素表示第 i 個隱藏層的神經元的個數，例如 (2,3) 表示有 2 個隱藏，第一層有 2 個神經元，第二層有 3 個神經元。
activation	預設 ’relu’ - ‘identity' : f(x) = x - ‘logistic’ ： f(x) = 1 / (1 + exp(-x)) - ‘tanh’ ： f(x) = tanh(x) - ‘relu’ ： f(x) = max(0, x)
solver	預設 ‘adam’，權重優化的方法 - lbfgs：quasi-Newton - sgd：隨機梯度下降 - adam： Kingma 提出的機遇隨機梯度的優化器
random_state	預設 None，隨機數生成器的隨機種子。若有設定，牛頓法的初始猜測值都一樣。
max_iter	預設 200，最大迭代次數，達到即停止迭代。

呼叫 MLPClassifier(⋯) 方法之後的回傳結果的意義如下表所示。

回傳參數	意義
coefs_	List，第 i 個元素表示第 i 層至其下一層的權重矩陣，此權重矩陣是一個二維陣列，因爲下一層通常會有多個神經元。
intercepts_	List，第 i 個元素表示第 i+1 層的補償值矩陣。
loss_	總和誤差值
n_iter_	迭代總次數

我們以一個明顯分線性可分的問題做爲範例，此範例的訓練資料集有 8 個資料點，X=[[1.1,1.1],[1.2,–1.2],[–1.3,–1.3],[–1.4,1.4],[2.1,2.1],[2.2,–2.2],[–2.3,–2.3],[–2.4,2.4]]，前 4 點爲一類，後 4 點爲另一類，對應的標記向量爲 y=[[1,0],[1,0],[1,0],[1,0],[0,1],[0,1],[0,1],[0,1]] 。將這 8 個點繪在 (x1,x2) 平面上，並以 x 與 o 標記做分類，繪圖的程式碼如圖 7-3-1，結果如圖 7-3-2。

```
File  Edit  Format  Run  Options  Window  Help
import matplotlib.pyplot as plt
import numpy as np
X=np.array([[1.1,1.1],[1.2,-1.2],[-1.3,-1.3],[-1.4,1.4],
            [2.1,2.1],[2.2,-2.2],[-2.3,-2.3],[-2.4,2.4]])

plt.plot(X[0:4,0],X[0:4,1],'o')
plt.plot(X[4:8,0],X[4:8,1],'x')
plt.xlabel("x1")
plt.ylabel("x2")
plt.show()
                                              Ln: 10  Col: 10
```

▲圖 7-3-1　繪圖程式 Ex7_3_plot.py

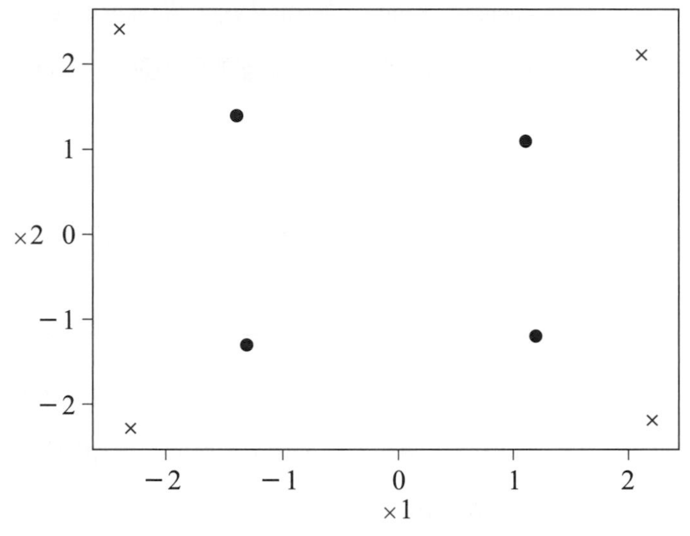

▲圖 7-3-2　非線性可分的資料點

針對這一個分類問題，使用類神經網路做爲 AI Model 的程式碼如圖 7-3-3 的 Ex7_3_002.py 所示。MLPClassifier(…) 方法的參數設定如下：activation='logistic', hidden_layer_sizes=(3,), solver='lbfgs', random_state=500。訓練資料集的自變數有兩個，所以輸入層有 2 個神經元，hidden_layer_sizes=(3,) 表示有一層隱藏層包含 3 個神經元；要分兩類，所以輸出層需要 2 個神經元。這樣所構成的類神經網路爲 2×3×2 的結構，呼叫 MLPClassifier(…) 方法後所得到的模型的權重係儲存在 myann.coefs_ 屬性中。coefs_ 是一個串列資料結構，以本例來說，從輸入層到隱藏層的 2×3 個權重 (Weights) 儲存在第一個元素 coefs_[0]，從隱藏層到輸出層的 3×2 個權重 (Weights) 儲存在第二個元素 coefs_[1]。二維陣列 myann.intercepts_ 則儲存了隱藏層與輸出層各神經元的偏差值。

```
File  Edit  Format  Run  Options  Window  Help
from sklearn.neural_network import MLPClassifier

X=[[1.1,1.1],[1.2,-1.2],[-1.3,-1.3],[-1.4,1.4],[2.1,2.1],[2.2,-2.2],[-2.3,-2.3],[-2.4,2.4]]
y=[[1,0],[1,0],[1,0],[1,0],[0,1],[0,1],[0,1],[0,1]]

#2x3x2 的結構
myann = MLPClassifier(activation='logistic',
                hidden_layer_sizes=(3,), solver='lbfgs', random_state=500)
myann.fit(X, y)

weights=myann.coefs_
bias=myann.intercepts_
weiInHidden=weights[0]     #2x3 的weights 矩陣
print("輸入層到隱藏層的weights矩陣:¥n",weiInHidden)
print("輸入層第一個neuron到隱藏層的第一個neuron的weight")
print(weiInHidden[0][0])  #weights[0][0][0]
weiHiddenOut=weights[1]   #3x3 的weights 矩陣
print("隱藏層到輸出層的weights矩陣:")
print(weiHiddenOut)
print("隱藏層第二個neuron到輸出層的第二個neuron的weight:")
print(weiHiddenOut[1][1])
print("偏差值串列: ")
print(bias)
print("隱藏層第二個neuron的偏差值: ",bias[0][1])
print("輸出層第一個neuron的偏差值: ",bias[1][0])

print(f'best_loss_:{myann.loss_}')
result=myann.predict(X)
print("分類結果為: ")
print(result)
accuracy=myann.score(X,y)
print("準確率為: ", accuracy)
                                                        Ln: 22  Col: 0
```

▲圖 7-3-3　範例 Ex7_3_001.py 的程式碼

執行結果如以下文字方塊所示。

```
======= RESTART: D:\Python\book\chapter7\Ex7_3_001.py =======
輸入層到隱藏層的 weights 矩陣：
 [[ 3.08735631 -4.96790507 11.16212436]
 [ 3.22473667  5.68312156  0.52170661]]
輸入層第一個 neuron 到隱藏層的第一個 neuron 的 weight
3.087356311493793
隱藏層到輸出層的 weights 矩陣：
[[ 14.53047781 -14.2370704 ]
 [-14.05222588  13.56774804]
 [-14.81753838  14.1233898 ]]
```

```
隱藏層第二個 neuron 到輸出層的第二個 neuron 的 weight:
13.567748039156825
偏差值串列：
[array([ 11.28882997, -20.09032267, -18.94170695]),
array([-7.19957505,   7.29026175])]
隱藏層第二個 neuron 的偏差值：   -20.090322668546225
輸出層第一個 neuron 的偏差值：   -7.199575045031115
best_loss_:0.010879072608816927
分類結果為：
[[1 0]
 [1 0]
 [1 0]
 [1 0]
 [0 1]
 [0 1]
 [0 1]
 [0 1]]
準確率為：  1.0
```

result=myann.predict(X) 可以得到測試資料集的分類結果；myann.loss_ 儲存的是測試資料集的誤差平方總和，myann.score(X,y) 可以得到測試資料集的分類準確率。從執行結果來看，準確率高達 100%。

接下來我們以鳶尾花 (iris) 資料集爲例，進一步說明 Python 的類神經網路機器學習模組的應用。首先複習 iris 資料集，我們列出資料紀錄的第 95 筆到第 105 筆，如圖 7-3-4 所示。

	Sepal.Length	Sepal.Width	Petal.Length	Petal.Width	Species
95	5.6	2.7	4.2	1.3	versicolor
96	5.7	3.0	4.2	1.2	versicolor
97	5.7	2.9	4.2	1.3	versicolor
98	6.2	2.9	4.3	1.3	versicolor
99	5.1	2.5	3.0	1.1	versicolor
100	5.7	2.8	4.1	1.3	versicolor
101	6.3	3.3	6.0	2.5	virginica
102	5.8	2.7	5.1	1.9	virginica
103	7.1	3.0	5.9	2.1	virginica
104	6.3	2.9	5.6	1.8	virginica
105	6.5	3.0	5.8	2.2	virginica

▲圖 7-3-4　資料集 iris 的第 95 至 105 筆資料紀錄

很明顯的，Sepal.Length、Sepal.Width、Petal.Length、Petal.Width 就是輸入層之神經元，也叫節點 (input nodes) 的輸入向量，而 Species 的標記值數目就是輸出層節點 (output node) 的數目。針對這個訓練資料集，我們變化 MLPClassifier(…) 方法的參數設定，然後比較最大迭代次數(n_iter_)、誤差平方和(loss_)、以及準確率(score(X,y)) 的不同。範例程式如圖 7-3-5 的 Ex7_3_iris.py，執行結果如下文字方塊所示。

```
=== RESTART: D:/Python/book/chapter7/example/Ex7_3_iris.py ===
優化權重設為 lbfgs 時，
  迭代總次數為：    108
  誤差平方和為： 0.042
  準確率為：         0.987
lbfgs 改為 adam 時，
  迭代總次數為：      3064
  誤差平方和為：      0.181
  準確率為：            0.98
將 activation 由 logistic 改為 relu 時，
  迭代總次數為：    5
  誤差平方和為： 1.099
  準確率為：        0.333
將隱藏層由 (2,) 改為 (2,3) 時，
   迭代總次數為：    215
   誤差平方和為： 0.05
   準確率為：       0.987
```

從執行結果觀察，呼叫 MLPClassifier(…) 方法時，不同的參數設定所訓練得到的模型之效能會有差異。其中，將 activation 由 logistic 改爲 relu 時，準確率僅剩 0.333，這表示 activation 函式還是選用 logistic 爲最佳。將隱藏層由一層有兩個神經元 [註：(2)] 改爲兩層各有 2 與 3 個神經元 [註：(2,3)] 時，效能沒有明顯變化，如果要選用，當然是選層數較小的，因爲計算量會比較少。當優化權重的方法由 lbfgs 改爲 adam 時，效能沒有很大變化，但後者的迭代次數增加許多，從 108 增加到 3064，所以一般會使用 lbfgs 方法，因爲計算量比較少。

```
File  Edit  Format  Run  Options  Window  Help
from sklearn import datasets
from sklearn.neural_network import MLPClassifier
import numpy as np
iris = datasets.load_iris()
X = iris.data
y = iris.target

model_1 = MLPClassifier(solver='lbfgs', activation='logistic',
                    hidden_layer_sizes=(2,), random_state=400)
model_1.fit(X, y)
accuracy=model_1.score(X,y)
print("優化權重設為 lbfgs 時,")
print("  迭代總次數為:",model_1.n_iter_)
print("  誤差平方和為:", np.round(model_1.loss_,3))
print("  準確率為: ", np.round(accuracy,3))

model_2 = MLPClassifier(solver='adam', activation='logistic',
        hidden_layer_sizes=2, random_state=400,max_iter=10000)
model_2.fit(X, y)
accuracy=model_2.score(X,y)
print("lbfgs改為adam時,")
print("  迭代總次數為:",model_2.n_iter_)
print("  誤差平方和為:", np.round(model_2.loss_,3))
print("  準確率為: ", np.round(accuracy,3))

model_3 = MLPClassifier(solver='lbfgs', activation='relu',
        hidden_layer_sizes=2, random_state=400)
model_3.fit(X, y)
accuracy=model_3.score(X,y)
print("將activation由logistic改為relu時,")
print("  迭代總次數為:",model_3.n_iter_)
print("  誤差平方和為:", np.round(model_3.loss_,3))
print("  準確率為: ", np.round(accuracy,3))

model_4 = MLPClassifier(solver='lbfgs', activation='logistic',
        hidden_layer_sizes=(2,3), random_state=400,max_iter=300)
model_4.fit(X, y)
accuracy=model_4.score(X,y)
print("將隱藏層由(2,) 改為(2,3)時,")
print("  迭代總次數為:",model_4.n_iter_)
print("  誤差平方和為:", np.round(model_4.loss_,3))
print("  準確率為: ", np.round(accuracy,3))
                                                Ln: 42  Col: 40
```

▲圖 7-3-5　範例 Ex7_3_iris.py 的程式碼

Ex7_3_iris.py 的程式中，在呼叫 MLPClassifier(…) 方法時，都有設定 random_state 爲任一固定值 (例如 400)，這是爲了讓類神經網路機器學習演算法在尋找神經元至神經元的權重時，都從一個相同的初始值開始，這樣每次重新程式的執行，我們都可以得到相同的結果，這樣一來，可以方便我們觀察執行的結果並進行分析。

一般在實際應用時，我們不會固定 random_state，那表示每次所得到的權重值與偏差值都不會相同。你可以多執行圖 7-3-6 的範例程式 Ex7_3_iris_02.py 幾次，你會發現每一次的結果都不太一樣。相當於在不設定 random_state 的情況下，每執行一次就得到一個結構相同但參數值不同的新模型，如何進行效能評估選一個最佳的，除了檢視 Error 值之外，還有其他評估指標，本書第八章將討論。

```
File Edit Format Run Options Window Help
from sklearn import datasets
from sklearn.neural_network import MLPClassifier
import numpy as np
iris = datasets.load_iris()
X = iris.data
y = iris.target

model = MLPClassifier(solver='lbfgs', activation='logistic',
                     hidden_layer_sizes=(2,))
model.fit(X, y)

print(" 迭代總次數為:",model.n_iter_)
print(" 誤差平方和為:", np.round(model.loss_,3))
print(" 權重為: ",model.coefs_ )
print(" 偏差值為: ",model.intercepts_)
                                              Ln: 16  Col: 0
```

▲圖 7-3-6　範例 Ex7_3_iris_02.py 的程式碼

圖 7-3-6 程式所得到的權重與偏差值中的一個結果，我們繪成圖 7-3-7。由於未設定 random_state，所以每次執行的結果都不一樣，之前的圖 7-2-1 也是可能的結果之一。

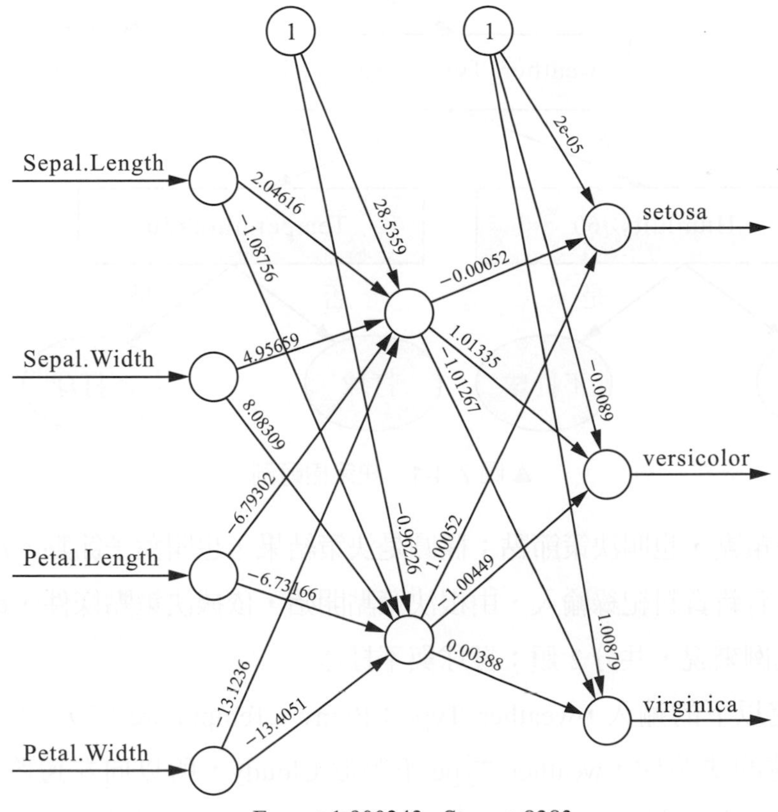

▲圖 7-3-7　範例 Ex7_3_iris_02.py 的可能結果之一

從以上的類神經網路機器學習的範例可以看出，一旦訓練資料集蒐集完成後，要套用類神經網路學習演算法學到模型，並不是一件困難的事。但是比較麻煩的地方是，在訓練模型時，有許多參數值可以選擇，如何選擇到最適合的，這就必須透過效能的比較。一個效能比較的方法是透過混淆矩陣，在下一章，我們將討論此議題。

7-4 決策樹實務應用

決策樹 (decision tree) 顧名思義，就是依照樹狀結構達到分類的目的。舉例來說，圖 7-4-1 是一株是否要打高爾夫球的決策樹。

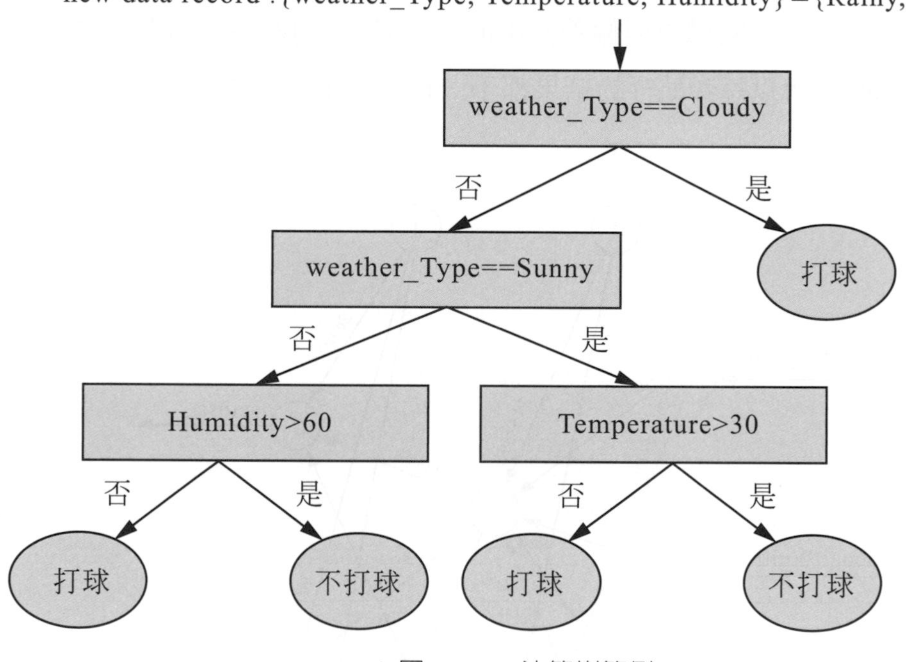

▲圖 7-4-1 決策樹範例

矩形是決策點，也叫決策節點；橢圓是決策結果，也叫葉子節點。決策結果就是分類結果。若有新資料紀錄輸入，由根決策點開始，依據決策點條件，最終可達到分類結果。以此例來說，共分 2 類：打球與不打球。

例如給定以下的輸入，weather_Type：Rainy；Temprature：39° C；Humidity：65，按照前述的決策樹，weather_Type 不等於 Cloudy，所以向左邊跑到「weather_Type == Sunny」的決策點，weather_Type 也不等於 Sunny 所以向左方路徑到「Humidity

> 60」的決策點。輸入的 Humidity 是 65 大於 60，所以向右方路徑，因此最後決策爲「不打球」。

一般來說，決策樹會被編寫成應用函式，並提供介面讓使用者輸入新資料紀錄後，再呼叫決策樹函式，示意圖如圖 7-4-2 所示。

請輸入下列天氣狀況，我們可以幫你決策是否要打球的決策。	
weather_Type：	Rainy
Temprature：	39
Humidity：	65
	送出

▲圖 7-4-2　使用者輸入介面

在介面填妥資料並按「送出」後，所輸入的資料記錄即送至決策樹函式，完成分類決策後，在畫面上輸出決策結果。輸入介面也可以是文字列形式。圖 7-4-1 範例的決策樹函式，以及文字輸入介面的 Python 程式，如圖 7-4-3 的 Ex7_4_tree_01.py。

```
File  Edit  Format  Run  Options  Window  Help
weather_Type=input("請輸入Weather_Type:{Rainy,Sunny,or Cloudy}:")
Temperature=input("請輸入Temperature:")
Temperature=int(Temperature)
Humidity=input("請輸入Humudity:")
Humidity=int(Humidity)

if (weather_Type =="Cloudy"):
    print("打球")
else:
    if (weather_Type =="Sunny"):
        if (Temperature > 30):
          print("不打球")
        else:
          print("打球")
    else:
        if (Humidity > 60):
          print("不打球")
        else:
          print("打球")
                                                        Ln: 21  Col: 0
```

▲圖 7-4-3　範例 Ex7_4_tree_01.py 程式碼

執行過程如以下的文字方塊所示。

```
== RESTART: D:/Python/book/chapter7/example/Ex7_4_tree_01.py ==
請輸入 Weather_Type：{Rainy,Sunny,or Cloudy}：Rainy
請輸入 Temperature：30
請輸入 Humudity：56
打球
```

許多人的一個疑問會是，上述的決策樹是如何得到的，答案當然是從訓練資料集經過決策樹機器學習演算法運算所得到的。以下，我們舉一個訓練資料集爲例展示決策樹機器學習演算法。表 7-4-1 的資料集，weather_Type、Temperature、Humidity 等 3 個變數是自變數，Decision 是分類標記。分類標記有 Play(打球) 與 No Play(不打球) 的 2 種情況。

▼表 7-4-1 Decision Tree 訓練資料集

weather_Type	Temperature	Humidity	Decision
Cloudy	29	50	Play(打球)
Cloudy	24	49	Play(打球)
Cloudy	27	52	Play(打球)
Cloudy	26	56	Play(打球)
Sunny	31	55	No Play(不打球)
Sunny	33	61	No Play(不打球)
Sunny	34	59	No Play(不打球)
Sunny	28	58	Play(打球)
Sunny	27	55	Play(打球)
Rainy	28	62	No Play(不打球)
Rainy	26	63	No Play(不打球)
Rainy	20	70	No Play(不打球)
Rainy	28	55	Play(打球)
Rainy	27	54	Play(打球)
Rainy	29	50	Play(打球)

基於此訓練資料集，建立決策樹的基本作法是從根決策點開始。在每一個決策點依照分類標記欄位值統計出各分類出現的機率，然後選用一個決策條件，再依據此一決策條件將所有資料記錄分成左右兩個路徑。舉例來說，在根決策點，也就是最一開始的節點，檢視訓練資料集總共有 15 筆資料紀錄，15 筆資料中有 9 筆的標記分類爲 Play 也就是打球的機率是 9/15，6 筆爲 No Play 也就是不打球的機率爲 6/15。根部決策點的決策條件，選擇「weather_Type == Cloudy?」，也就是判斷 weather_Type 欄位是否爲 Cloudy，再決定路徑。

依據這些資訊，根部決策點的統計資料及決策條件如下：

(打球 $\frac{9}{15}$，不打球 $\frac{6}{15}$)

weather_Type == Cloudy?

檢視資料集中 weather_Type 的欄位值爲 Cloudy 的資料記錄，總共有 4 筆，非 Cloudy 總共有 11 筆。從根決策點分左右兩個路徑。右路徑代表符合 weather_Type== Cloudy 的條件 4 筆，檢視這 4 筆資料記錄的標記欄位，全部都爲 "Play"，因此右邊路徑直接就產生決策結果，不需再設決策條件往下分。不再設定決策條件，表示已是葉子節點 (leaf node) 節點，繪成橢圓。左路徑代表不符合 weather_Type == Cloudy 條件的情況，總共有 11 筆，也就是左路徑是 weather_Type! = Cloudy 共有 11 筆，其中有 5 筆 " 打球 "，6 筆 " 不打球 "，尙未有明確結果，所以需再設決策條件，節點形狀爲矩形。例如選用的決策條件爲「weather_Type == Sunny?」。原本只有根決策點，依照前面的分析，可重新繪出新的決策樹如圖 7-4-4，圖中左邊決策節點，可依決策條件可再繼續往下分左右節點。

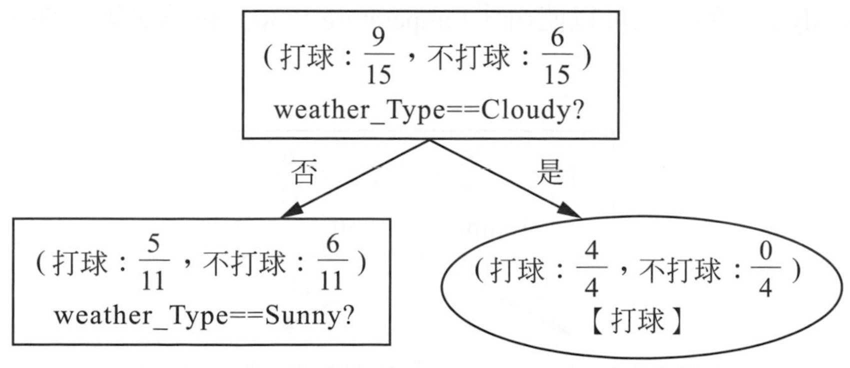

▲圖 7-4-4　從根決策點分左右路徑

根節點右邊路徑「打球」的機率 100%，也就是如果根決策點之後是往右路徑即可做出「打球」的決策，因此圖 7-4-5 就以橢圓形表示葉節點 (leaf node)。向左邊的路徑無法做出「打球」或「不打球」的決策，因此必須再設定一個決策條件，例如「weather_Type == Sunny ？」，也就是需再判斷 weather_Type 是否等於 Sunny。依前面所描述的原則，在新決策節點選用一個決策條件，分左右路徑，依此類推，我們最終可以完成圖 7-4-5 的決策樹模型。在圖 7-4-5 上，我們在「weather_Type == Sunny」決策點再分出左右路徑，並且再選擇「Humidity > 60」及「Temperature > 30」做爲節點的決策條件。依此兩個決策條件，可以得到 4 個節點，因爲其分類狀況都很確定，因此都當做葉子節點。

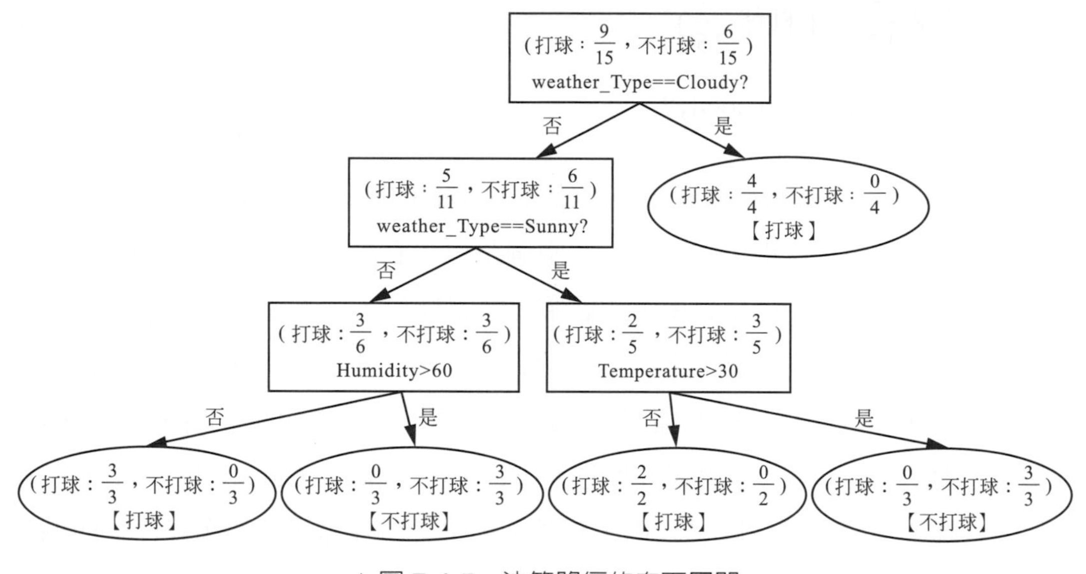

▲圖 7-4-5　決策路徑的向下展開

至此，許多人會有疑惑，每一個決策點的決策條件要如何決定。實際上，每一個決策點都有許多決策條件可以選擇。以根決策點爲例，除了圖 7-4-5 的「weather_Type == Cloudy」之外，也可以使用「Temperature > 30」做爲決策條件，如圖 7-4-6 所示。

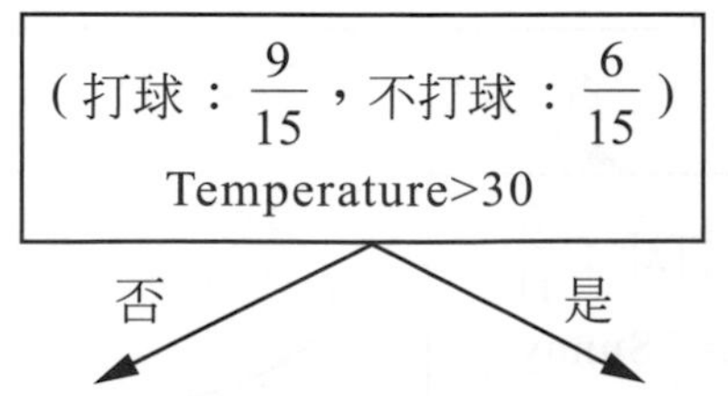

▲圖 7-4-6　Temperature > 30 做為根節點決策條件

當然還有其他的可能選擇，例如 Humidity > 58。一旦選擇了決策條件，分左右路徑及再建立其它決策節點與之前的規則都一樣，最終也會建立一顆決策樹，換句話說，給定了訓練訓練集，我們可以建立許多棵不同的決策樹。所以，現在的關鍵是，給定訓練資料集，依照前面的步驟，建立了許多棵決策樹後，那一棵才是最佳的決策樹。一個量化選擇的方式是選擇在每一個決策節點都有最大資訊增益 (information gain, IG) 的那一棵樹。

資訊增益 (information gain, IG) 的計算方式，最常見的是基於熵 (Entropy) 與 Gini 不純度 (Gini Impurity) 做計算。熵是對不確定性的一種測量，若有一事件 X，有 n 種可能性，分別是 x_1 、 x_2 、 x_3 、⋯、 x_n ，每一種可能性的機率爲 $p(x_1)$ 、 $p(x_2)$ 、⋯、 $p(x_n)$ ，則 X 的熵 $E(X)$，如下式：

$$E(X)=-\sum_i p(x_i)\log_2 p(x_i)$$

若有一事件有 2 種情況，機率皆爲 0.5，則熵爲結果 $-0.5\cdot\log_2\frac{1}{2}-0.5\cdot\log_2\frac{1}{2}$ 爲 1，表示不確定性最大。因爲 2 種情況都有相同的發生機會。若事件的 2 種情況，機率分別是 1.0 與 0.0，則熵就是 0.0，表示是確定的狀況，因爲其中的一種事件的機率是 100%。

我們舉一個例子做說明。假設資料集有 100 筆資料紀錄，其中 70 筆是類別 A，30 筆是類別 B。以此做爲根決策點 (root node)，則根節點的熵，$E\,(root)$ 計算如下：

$$E(root)=-\frac{70}{100}\log_2\frac{70}{100}-\frac{30}{100}\log_2\frac{30}{100}=0.88$$

假設從根決策點依某種決策條件可以分左右兩個路徑。右路徑包含 60 筆資料紀錄，其中 35 筆歸在 A 類，25 筆歸在 B 類。左路徑包含 40 筆資料紀錄，其中 35 筆爲 A 類，5 筆爲 B 類。

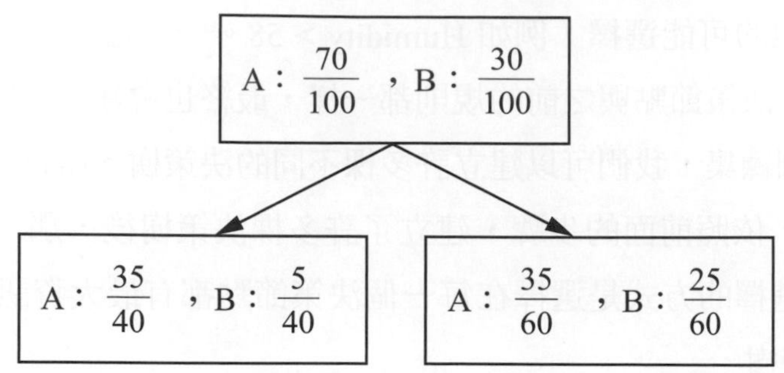

▲圖 7-4-7　從根決策點依某種決策條件分左右兩路徑的結果

右路徑 (right) 決策點與左路徑 (left) 決策點的熵分別計算如下：

$$E(right) = -\frac{35}{60}\log_2\frac{35}{60} - \frac{25}{60}\log_2\frac{25}{60} = 0.98$$

$$E(left) = -\frac{35}{40}\log_2\frac{35}{40} - \frac{5}{40}\log_2\frac{5}{40} = 0.54$$

資訊增益 (IG) 的定義是決策節點的熵減掉分割後的各路徑之熵的權重總和，這裡的權重是各路徑的發生機率。以圖 7-4-7 的決策樹為例，右路徑分到 60 個樣本，機率是 $\frac{60}{100}$，左路徑分到 40 個樣本，機率是 $\frac{40}{100}$。其資訊增益 (IG) 如下計算：

$$\text{IG} = E(root) - \frac{60}{100}E(right) - \frac{40}{100}E(left) = 0.88 - \frac{60}{100}\times 0.98 - \frac{40}{100}\times 0.54$$
$$= 0.076$$

若有第二棵樹如圖 7-4-8 所示。

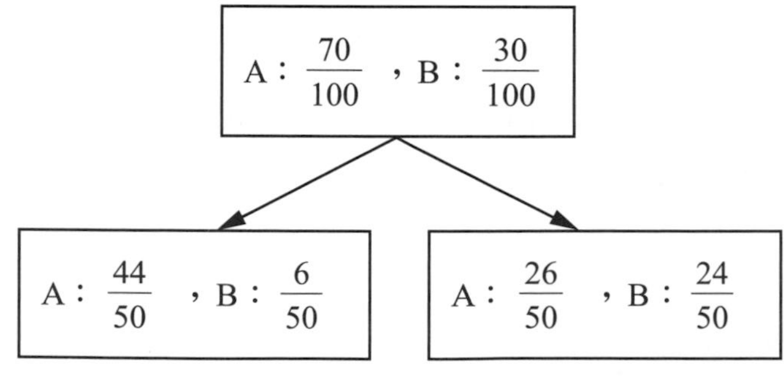

▲圖 7-4-8　另一種決策條件的二元樹結果

則這一棵二元樹的各決策點的熵與資訊增益之計算方式如下：

$$E(right) = -\frac{26}{50}\log_2\frac{26}{50} - \frac{24}{50}\log_2\frac{24}{50} = 0.999$$

$$E(left) = -\frac{44}{50}\log_2\frac{44}{50} - \frac{6}{50}\log_2\frac{6}{50} = 0.529$$

$$E(root) = -\frac{70}{100}\log_2\frac{70}{100} - \frac{30}{100}\log_2\frac{30}{100} = 0.881$$

$$\text{IG} = E(root) - \frac{50}{100}E(right) - \frac{50}{100}E(left)$$

$$= 0.88 - \frac{50}{100}\times 0.999 - \frac{50}{100}\times 0.529 = 0.117$$

比較這 2 種決策樹，由於第一棵的資訊增益 0.076 小於第二棵的 0.117，因此第二棵是較佳的選擇。

如果以前面是否打球的資料集已經建立好的決策樹圖 7-4-5 爲例，從最底部的葉子節點展示如何計算熵，及各決策點的 IG。從最左邊開始，由於機率不是 1.0 就是 0.0，所以 4 個葉子節點子熵都是 0.0。因爲 0 乘上任何數都是 0 而 $-\frac{3}{3}\log_2\frac{3}{3} - \frac{0}{3}\log_2\frac{0}{3}$ 的計算中，$\frac{0}{3}$ 爲 0，且 $\log_2\frac{3}{3} = \log_2 1 = 0$。圖 7-4-5 的「Humidity > 60」與「Temperature > 30」決策點的 Entropy，分別是 $-\frac{3}{6}\log_2\frac{3}{6} - \frac{3}{6}\log_2\frac{3}{6} = 1.0$ 及 $-\frac{2}{5}\log_2\frac{2}{5} - \frac{3}{5}\log_2\frac{3}{5} = 0.971$。而「weather_Type == Sunny」節點的熵爲 $-\frac{5}{11}\log_2\frac{5}{11} - \frac{6}{11}\log_2\frac{6}{11} = 0.994$。「weather_Type == Cloudy」節點的 Entropy 爲 $-\frac{9}{15}\log_2\frac{9}{15} - \frac{6}{15}\log_2\frac{6}{15} = 0.971$，而「weather_Type == Cloudy」右路徑的節點之熵爲 $-\frac{4}{4}\log_2\frac{4}{4} - \frac{0}{4}\log_2\frac{0}{4} = 0$。根節點「weather_Type == Cloudy」的 IG 可由下列算式求得：

$$\text{IG} = 0.971 - \frac{11}{15}\times 0.994 - \frac{4}{15}\times 0 = 0.242$$

「weather_Type == Sunny」的決策點之 $IG = 0.994 - \frac{6}{11} \times 1.0 - \frac{5}{11} \times 0.971 = 0.007$。

由於決策樹的各節點的決策條件是從資料集自變數欄位配合值域以任意組合的方式得到，所以有可能產生多棵樹。從圖 7-4-5 的訓練資料集，也就是表 7-4-1 的資料集，我們可以得到另一棵樹，如圖 7-4-9 所示。

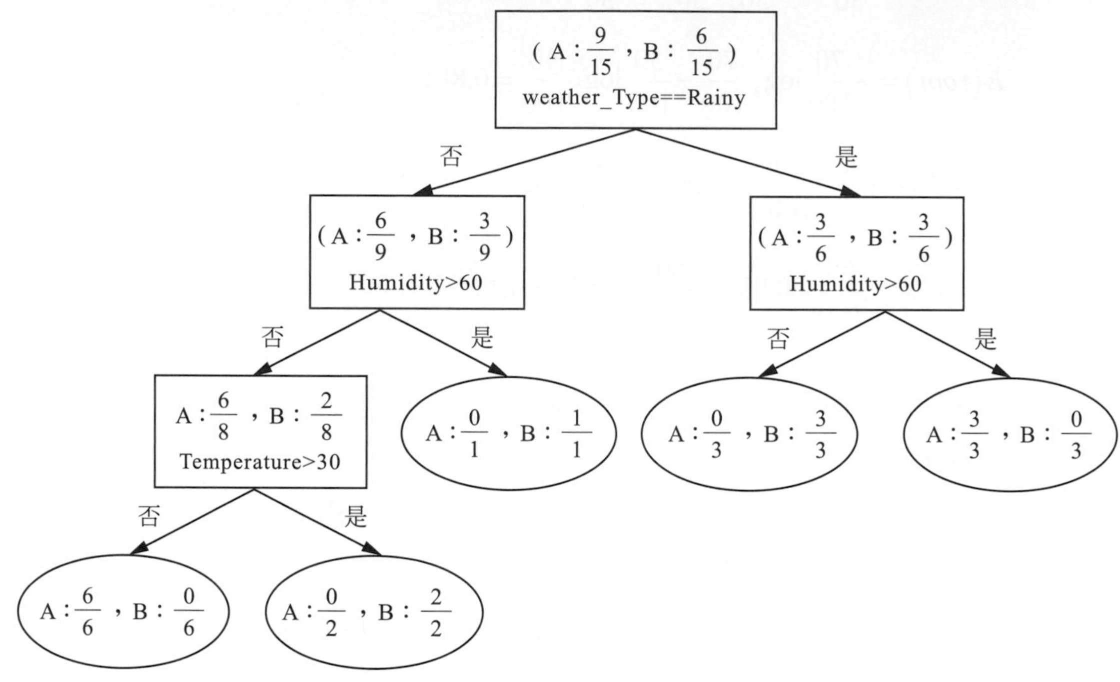

▲圖 7-4-9　資料集表 7-4-1 的另一棵決策樹

「weather_Type == Rainy」的節點之 Entropy 為 $-\frac{9}{15}\log_2\frac{9}{15}-\frac{6}{15}\log_2\frac{6}{15}=0.971$。而分出去的左節點「Humidity > 60」之 Entropy 為 $-\frac{6}{9}\log_2\frac{6}{9}-\frac{3}{9}\log_2\frac{3}{9}=0.92$，分出去的右節點「Humidity > 60」之 Entropy 為 $-\frac{3}{6}\log_2\frac{3}{6}-\frac{3}{6}\log_2\frac{3}{6}=1.0$。依此，「weather_Type == Rainy」節點的資訊增益為 $0.971-\frac{9}{15}\times 0.92-\frac{6}{15}\times 1.0=0.019$。

與圖 7-4-5 的決策樹之根部決策條件分左右路徑後之根節點「weather_Type == Cloudy」的 IG 值 0.242 比較，圖 7-4-9 的根部決策點條件之 IG 小很多。如果要選，應該選圖 7-4-5。圖 7-4-10 的 Ex7_4_ent_01.py 展示 IG 的計算方式。

```
File  Edit  Format  Run  Options  Window  Help
import math

def getEntropy(p):
  Entropy=0  #uncertainty
  for a in p:
     if (a!=0) and (a!=1):
       Entropy=Entropy + (-a)*math.log2(a)
  return Entropy

wei=[9/15,6/15]
p0=[9/15,6/15]
p1=[6/9,3/9]
p2=[3/6,3/6]
IG=getEntropy(p0)-(wei[0]*getEntropy(p1) + wei[1]*getEntropy(p2))
print(IG)
                                                    Ln: 10  Col: 0
```

▲圖 7-4-10　範例 Ex7_4_ent_01.py 程式

每一個決策點的決策條件其排列組合有很多種，作法是先列舉每一種組合，再一一計算資訊增益再選擇一個最佳的，這顯然要花非常多的運算時間，也要花費許多編程的成本。針對此，Python 提供了決策樹機器學習套件，sklearn.tree 模組的 DecisionTreeClassifier(…) 方法。我們使用這一個方法，基於表 7-4-1 的資料集進行決策樹的學習，程式碼 Ex7_4_002.py 顯示於圖 7-4-11。

File Edit Format Run Options Window Help

```
1 import numpy as np
2 import pandas as pd
3 from  sklearn import tree
4 from  sklearn.tree import DecisionTreeClassifier
5 from  sklearn.tree import export_text
6 import matplotlib.pyplot as plt
7
8 #使用Dictionary 建立DataFrame
9 grades = {
10    "wType" : ["cloudy","cloudy","cloudy","cloudy","sunny",
11 "sunny","sunny","sunny","sunny","rainy","rainy","rainy","rainy","rainy","rainy"],
12    "Temp" : [29,24,27,26,31,33,34,28,27,28,26,20,28,27,29],
13    "Hum" : [50,49,52,56,55,61,59,58,55,62,63,70,55,54,50]
14 }
15 trnX = pd.DataFrame(grades)
16 d = {'cloudy': 0, 'sunny': 1, 'rainy': 2}
17 trnX['wType'] = trnX['wType'].map(d)
18
19 Dec = {"Decision":["Play","Play","Play","Play","NoPlay","NoPlay",
20 "NoPlay","Play","Play","NoPlay","NoPlay","NoPlay",
21 "Play","Play","Play"]
22 }
23 y = pd.DataFrame(Dec)
24 d = {'Play': 1, 'NoPlay': 0}
25 y['Decision'] = y['Decision'].map(d)
26
27 features = ['wType', 'Temp', 'Humudity']
28 dtree = DecisionTreeClassifier(criterion="entropy")
29 dtree = dtree.fit(trnX, y)
30
31 r = export_text(dtree, feature_names=features)
32 print(r)
33 print(dtree.predict(trnX[:5]))
34
35 tree.plot_tree(dtree)
36 plt.show()
```

Ln: 33 Col: 0

▲圖 7-4-11　範例 Ex7_4_002.py 程式碼

程式中，我們使用 Dictionary 建立資料框 (DataFrame)，請參考程式碼的第 9 到第 25 行。其中，d = {'cloudy': 0, 'sunny': 1, 'rainy': 2} 是將名目資料值對應到整數值，也就是將 cloudy、sunny、與 rainy 對應到整數 0、1、與 2。trnX['wType'] = trnX['wType'].map(d) 是將 DataFrame 的欄位 wType 的內容都對應成整數值。第 24 與 25 行也是相同的作用，將 “Play” 標記對應到整數 1，也就是 class 1；“NoPlay” 標記對應到整數 0，也就是 class 0。需要將名目資料值對應成整數，這是因爲 Python 的 DecisionTreeClassifier(…) 方法所輸入的訓練資料集的所有欄位內容都必須是數值型態。另外，呼叫 DecisionTreeClassifier(…) 方法時，我們設定 criterion="entropy"，表示計算 IG 時是採用 Entropy。Ex7_4_002.py 程式的第 34 行 dtree.predict(trnX[:5]) 是以前 5 筆做爲測試資料集之分類結果，第 31 行的 r = export_text(dtree, feature_

names=features)，則是顯示所得到的決策樹。這 2 個敘述式的執行結果皆顯示於以下的文字方塊。

```
== RESTART: D:\Python\book\chapter7\example\Ex7_4_002.py ==
|--- Humudity <= 58.50
|   |--- Temp <= 30.00
|   |   |--- class: 1
|   |--- Temp >  30.00
|   |   |--- class: 0
|--- Humudity >  58.50
|   |--- class: 0
[1 1 1 1 0]    # 以前 5 筆做為測試資料集之分類結果
```

sklearn.tree 的 export_text(dtree) 是以樹狀結構顯示所學習到的模型。其結果可以使用任何語言的 if 語法來解讀，以 Python 爲例，所對應的程式碼如下：

```
if (Humudity <= 58.50):
  if (Temp <= 30.00):
    print( "歸類為 class 1" )
  else:
    print( "歸類為 class 0" )
else:
  print( "歸類為 class 0" )
```

如前所述 class 1 對應到標記 Play，class 0 對應到 NoPlay。所學得的決策樹除了以文字方式樹狀結構呈現之外，也可以利用 tree.plot_tree(dtree) 繪製成樹狀結構。結果如圖 7-4-12 所示。

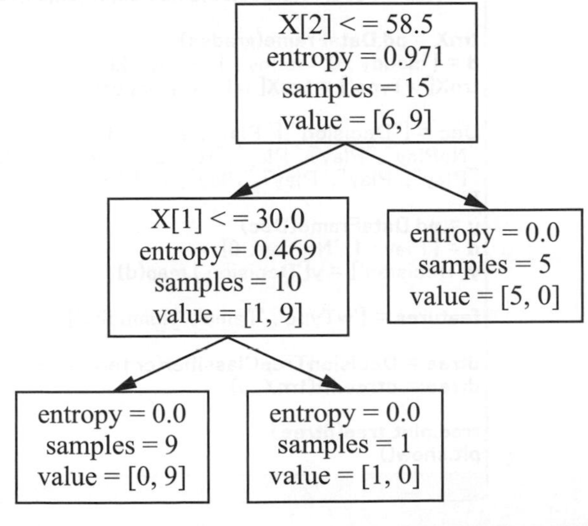

▲圖 7-4-12　範例 Ex7_4_002.py 所學習到的決策樹

上圖的 X[1] 是欄位 Temp，也就是 Temperature，X[2] 則是 Hum，也就是 Humidity。在本例的資料集所得到的決策樹並沒有使用到 X[0] 也就是 wType，亦即 weatherType 沒用到。當訓練資料集的資料筆數過少時，就會發生這種情況。

圖 7-4-12 的根決策節點的 IG=0.971-10/15*0.469=0.64。，顯然比我們之前所建置的兩棵樹 (圖 7-4-5 及圖 7-4-5) 根決策點的 IG 大多了。這就是使用機器學習套件的好處，它可以從眾多可能的答案中找出最佳的那一個。實際的運算方式是從根決策點開始，選擇可以使資訊增益最大的決策條件，或稱爲特徵選擇。一旦根節點決定了，再分別決定其他路徑之決策點的決策條件，原則還是每一個決策節點 " 產生最大資訊增益 "。因爲每一次只決定一個節點的最佳決策條件，因此這種最佳化是區域最佳化而已。當然，所謂最佳的答案是基於所給定的訓練資料集所決定。當資料集有增加、減少、更改的變化時，最佳模型的解可能就不一樣了。如果在資料集加上 3 筆資料紀錄 {"cloudy",33,61,"Paly"}、 {"rainy",24,58,"NoPlay"}、{"sunny",29,54,"NoPlay"}, 然後再學習一遍，請參考圖 7-4-13 的範例 Ex7_4_003.py 程式碼。執行結果則如圖 7-4-14。

```
File  Edit  Format  Run  Options  Window  Help
import numpy as np
import pandas as pd
from   sklearn import tree
from   sklearn.tree import DecisionTreeClassifier
from   sklearn.tree import export_text
import matplotlib.pyplot as plt

grades = {
    "wType" : ["cloudy","cloudy","cloudy","cloudy","sunny",
"sunny","sunny","sunny","sunny","rainy","rainy","rainy",
              "rainy","rainy","rainy","cloudy","rainy","sunny"],
   "Temp" : [29,24,27,26,31,33,34,28,27,28,26,20,28,27,29,33,24,29],
   "Hum" : [50,49,52,56,55,61,59,58,55,62,63,70,55,54,50,61,58,54]
}
trnX = pd.DataFrame(grades)
d = {'cloudy': 0, 'sunny': 1, 'rainy': 2}
trnX['wType'] = trnX['wType'].map(d)

Dec = {"Decision":["Play","Play","Play","Play","NoPlay","NoPlay",
"NoPlay","Play","Play","NoPlay","NoPlay","NoPlay",
"Play","Play","Play","Play","NoPlay","NoPlay"]
}
y = pd.DataFrame(Dec)
d = {'Play': 1, 'NoPlay': 0}
y['Decision'] = y['Decision'].map(d)

features = ['wType', 'Temp', 'Humudity']

dtree = DecisionTreeClassifier(criterion="entropy")
dtree = dtree.fit(trnX, y)

tree.plot_tree(dtree)
plt.show()
                                                        Ln: 32  Col: 21
```

▲圖 7-4-13　範例 Ex7_4_003.py 程式碼

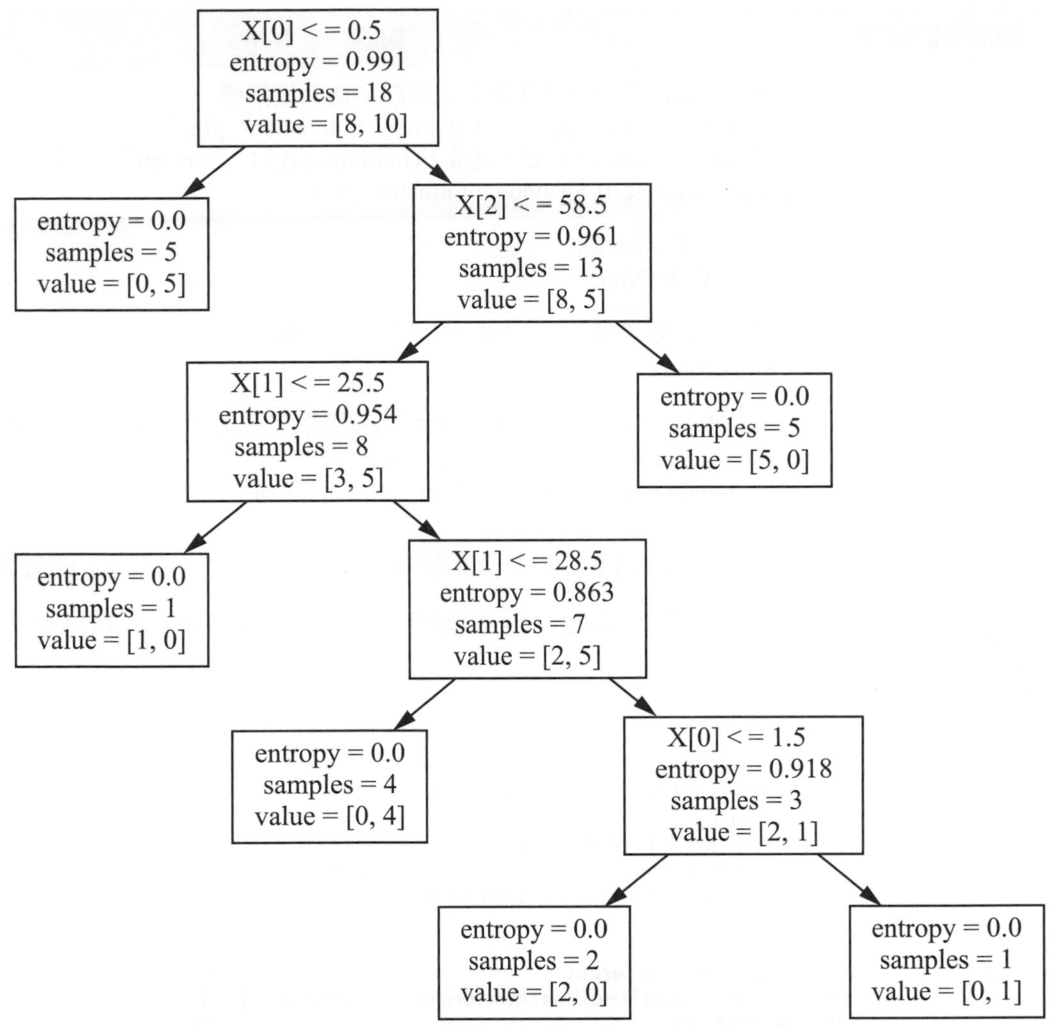

▲圖 7-4-14　增加筆數後，重新學習得到的決策樹

這次的決策樹有使用到 weatherType 欄位了，例如根節點的 X[0]<=0.5，這其實等同於 wType=="cloudy"，因爲 cloudy 標記已被對應到整數 0，wType <= 0.5 相當於 wType == "cloudy"。

Python 的 tree.DecisionTreeClassifier(…) 方法有幾個組態參數可以設定，如下表的說明。

組態參數名稱	說明
criterion	決定決策節點最佳決策條件之資訊增益衡量指標 { "gini", "entropy", "log_loss" }, default=" gini" "gini" 表示使用基尼不純度 (Gini impurity)；"entropy", "log_loss" 表示使用 Shannon information gain。
max_depth	限制最多拆到幾層 int, default=None
min_samples_split	決策節點要繼續分左右路徑的最少資料筆數 int , default=2
random_state	若有設定，每次重新學習，根決策節點會從一個相同的初始決策條件開始。若未設定，則每次都不一樣。 int, RandomState instance or None, default=None

接下來我們再以鳶尾花 (iris) 資料集進行決策樹機器學習，設定不同的組態參數，之後繪出決策樹圖觀察，並檢視其效能。程式碼內容如圖 7-4-15 所示，執行結果則顯示於文字方塊。

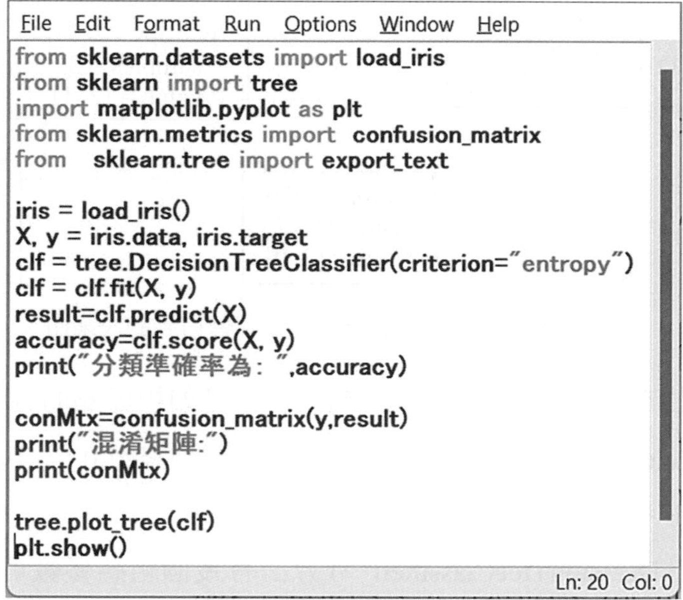

▲圖 7-4-15　範例 Ex7_4_iris.py 程式碼

```
=== RESTART: D:/Python/book/chapter7/example/Ex7_4_iris.py ===
分類準確率為：　1.0
混淆矩陣：
[[50  0  0]
 [ 0 50  0]
 [ 0  0 50]]
```

Ex7_4_iris.py 的 criterion 設定爲 entropy，也就是使用資訊增益做爲選擇決策條件的指標。觀察分類效能，分類準確率爲 100%。從混淆矩陣來看，setosa、versicolor、以及 virginica 都可以正確分類。混淆矩陣的縱軸是實際分類，橫軸是決策樹的分類結果，只有對角線有值，表示 50 個 setosa 都被分類爲 setosa，50 個 versicolor 都被分類爲 versicolor，50 個 virginica 都被分類爲 virginica。你可以將 criterion="entropy" 的設定改爲 criterion="gini"，準確率也是 100%。乍看之下，會認爲決策樹的分類效能非常好，實際上這可能是一種過度擬合 (overfitting)。所謂過度擬合是指使用訓練資料集做爲測試資料集時，測試效能非常好，但如果使用不在訓練資料集中的樣本做爲測試資料集，其效能反而會表現不佳。決策樹機器學習演算法常會學習到過度擬合的模型。從圖 7-4-16 的 Ex7_4_iris.py 所得到的決策樹模型可以看到，許多葉子節點的數目都只有 1 個或 2 個樣本。這表示，只要一直持續執行從決策節點分左右路徑的動作，一定可以達到 100% 的分類結果，因爲訓練資料集的答案是已知的。

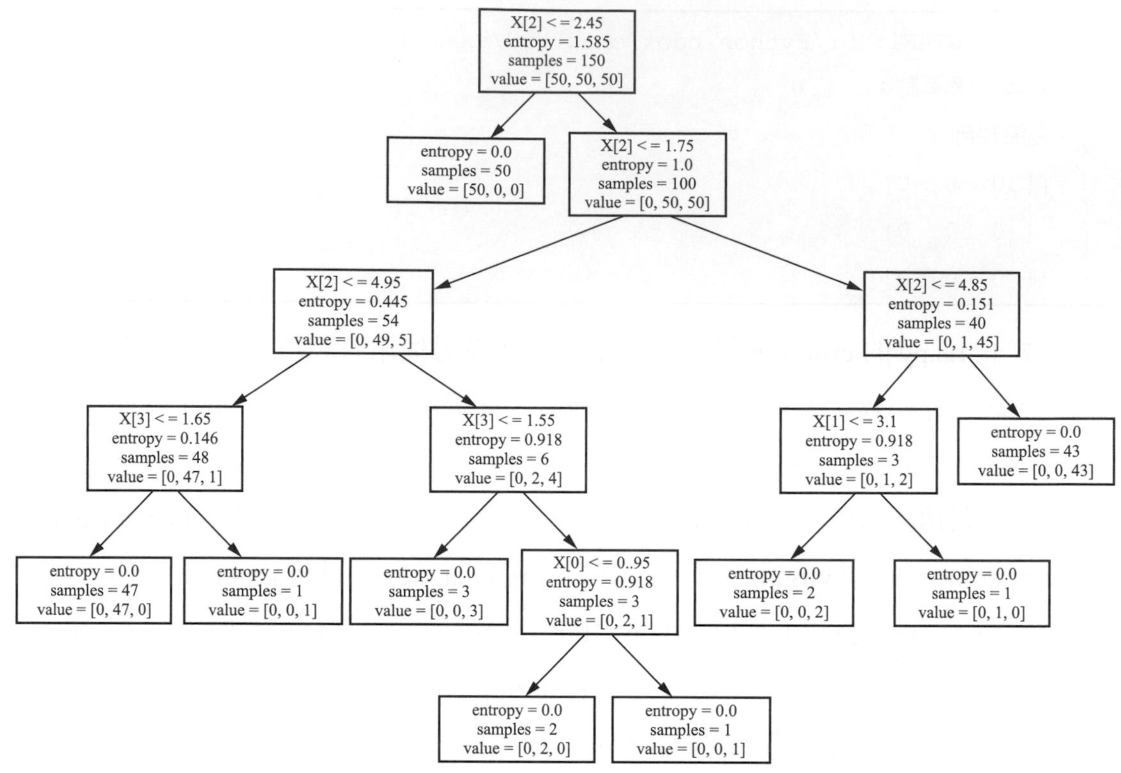

▲圖 7-4-16　Ex7_4_iris.py 的決策樹模型

爲了避免決策樹機器學習演算法過度擬合的缺點，一般會設定每一個決策節點要往下分左右路徑的至少樣本數 (min_samples_split) 與最多可拆到幾層 (max_depth)。設定方式如圖 7-4-17 的 Ex7_4_iris_01.py 的第 10 行 tree.DecisionTreeClassifier (min_samples_split=4,max_depth=3)，我們分別設定爲 4 與 3。

File　Edit　Format　Run　Options　Window　Help

```
1  from sklearn.datasets import load_iris
2  from sklearn import tree
3  import matplotlib.pyplot as plt
4  from sklearn.metrics import  confusion_matrix
5
6  iris = load_iris()
7  X, y = iris.data, iris.target
8  clf = tree.DecisionTreeClassifier(min_samples_split=4,max_depth=3)
9  clf = clf.fit(X, y)
10 result=clf.predict(X)
11
12 conMtx=confusion_matrix(y,result)
13 print(conMtx)
14
15 tree.plot_tree(clf)
16 plt.show()
```

Ln: 5　Col: 0

▲圖 7-4-17　範例 Ex7_4_iris_01.py 程式碼

範例 Ex7_4_iris_01.py 的執行結果之混淆矩陣如下之文字方塊所示。

```
== RESTART: D:\Python\book\chapter7\example\Ex7_4_iris_01.py ==
 [[50  0   0 ]
 [ 0  47  3 ]
 [ 0   1  49 ]]
```

從混淆矩陣判讀此一模型的初步效能，實際爲 setosa 的 50 個樣本都被正確分類爲 setosa；實際爲 versicolor 的 50 個樣本有 3 個被分類爲 virginica；實際爲 virginica 的 50 個樣本有 1 個被分類爲 versicolor。實際上，這樣的情況才是比較正常的情況。AI 模型的效能評估的議題，我們在第 8 章會再進一步說明。

範例 Ex7_4_iris_01.py 程式所學習到的決策樹如圖 7-4-18 所示。

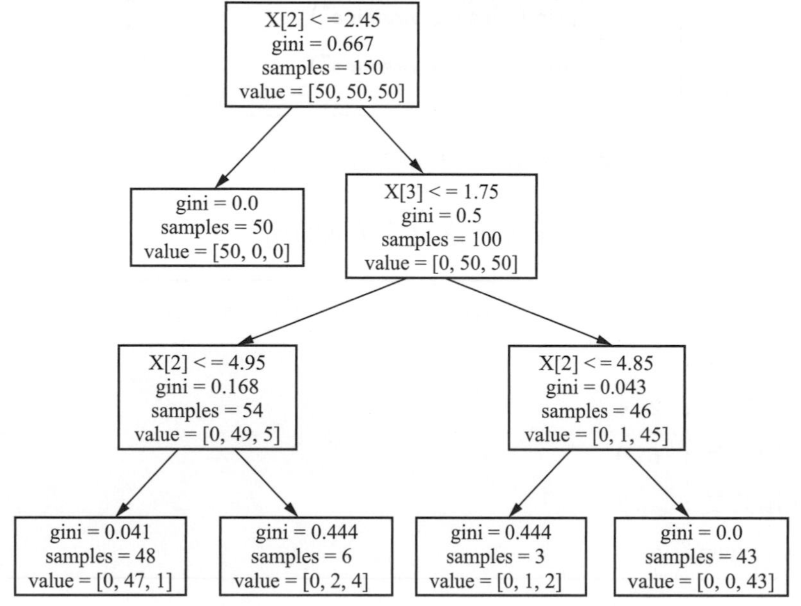

▲圖 7-4-18　Ex7_4_iris_01.py 的決策樹模型

由於限定了最多拆解的層數，以及能再拆解的最少樣本數，就會發生在葉子節點的樣本之分類仍然無法 100% 確定的情況。舉例來說，圖 7-4-18 的最左下方的 samples=48，value=[0,47,1] 是表示分配到此決策節點的樣本數有 48 個，其中 0 個被歸類爲 setosa，47 個被歸類爲 versicolor，1 個被歸類爲 virginica。這是訓練資料集的分佈狀況，但是在實際運用時，是給定自變數數據，最後要得到一個分類。所以針對 value=[0,47,1]，我們會採用機率最高的原則，因此若最後是落到這個決策節點會被分類爲 versicolor。X[0]、X[1]、X[2]、X[3] 分別代表 Sepal.Length、Sepal.Width、Petal.Length、Petal.Width，將圖 7-4-18 的決策樹模型實作成決策樹 iris 品種分類器，程式碼如圖 7-4-19 所示。

```
File  Edit  Format  Run  Options  Window  Help
Sepal_Length=float(input("請輸入花萼長度: "))
Sepal_Width=float(input("請輸入花萼寬度: "))
Petal_Length=float(input("請輸入花瓣長度: "))
Petal_Width=float(input("請輸入花瓣寬度: "))

if (Petal_Length <= 2.45):
    print("分類為 setosa")
else:
    if (Petal_Width <= 1.75):
        if (Petal_Length <= 4.95):
            print("分類為 versicolor")
        else:
            print("分類為 virginica")
    else:
        if (Petal_Length <= 4.85):
            print("分類為 virginica")
        else:
            print("分類為 virginica")
                                                Ln: 1  Col: 0
```

▲圖 7-4-19　範例 Ex7_4_iris_02.py

Ex7_4_iris_02.py 的執行結果如下之文字方塊所示。

```
=== RESTART: D:/Python/book/chapter7/Ex7_4_tree_02.py ===
請輸入花萼長度： 7.7
請輸入花萼寬度： 2.6
請輸入花瓣長度： 6.9
請輸入花瓣寬度： 2.3
分類為 virginica
```

很顯然，在運用時，只要給定自變數資料向量，也就是新輸入値，就可以得到分類的結果。

8 模型評估

8-1 分類器效能指標

對於一個二元分類器，許多人在乎的是分類的正確率 (accurancy, 準確率)。在討論正確率之前，我們先說明什麼是混淆矩陣 (confusion matrix)。所謂混淆矩陣有以下的二維結構。

▼表 8-1-1　N = total nimber of samples

prediction actual	Yes	No
Yes	TP	FN
No	FP	TN

實際 (actual) 與預測 (prediction) 欄位的 Yes 是代表在乎的目標類別，No 指的是非目標類別，例如：若是要判定良品，以及不良品，當我們在乎的是 " 不良品 "，則 " 不良品 " 就是目標類別。TP 是 true positive 的縮寫，翻譯為眞陽性，也就是實際為目標類別也被分類器分類為目標類別的資料記錄筆數；FN 是 false negative 的縮寫，翻譯為偽陰性或假陰性，也就是實際為目標類別卻被錯誤分類為非目標類別的資料記錄筆數。FP 為 false positive 的縮寫，翻譯為偽陽性或假陽性，也就是實際為非目標類別但卻被錯誤歸類為目標類別的數目。TN 是 true negative，翻譯為眞陰性，也就是實際是非目標類別也被分類為非目標類別的資料紀錄數目。

舉一個可以判別是否爲垃圾郵件 (span mail) 的垃圾郵件分類器爲例，垃圾郵件是目標類別。假設分類器要針對 1000 封做垃圾郵件 (spam) 與非垃圾郵件 (nonspam) 的判別。其中實際情況，有 100 封已知是 Spam，900 封已知是 Non Spam。假設某垃圾郵件分類器得到下列的混淆矩陣：

prediction actual	spam	non-spam
spam	20 (TP)	80 (FN)
non-spam	50 (FP)	850 (TN)

對照上一個表的符號，TP = 20，FN = 80，FP = 50，TN = 850。實際 (actual) 是 spam 的總筆數是 TP + FN = 20 + 80 = 100，實際爲 non-spam 的總筆數是 FP + TN = 50 + 850 = 900。實際爲 spam 被正確預測爲 spam 的眞陽性筆數，TP = 20。假陰性筆數 FN = 80。實際爲 non-spam 被誤判爲 spam 的假陽性筆數，FP = 50。

實際爲 non-spam 被正確分類爲 non-spam 的眞陰性筆數，TN = 850。很明顯 N = TP + FN + FP + TN，也就是 1000 = 20 + 80 + 50 + 850。得到一個分類器的混淆矩陣之後，正確率指的是，實際爲目標類別被分類器正確歸類爲目標類別，以及實際爲非目標類別也被分類器正確歸類爲非目標類別的機率。很顯然，依照此定義，

$$\text{accuracy rate} = \frac{TP + TN}{TP + FN + FP + TN} = \frac{TP + TN}{N}$$

以上述垃圾郵件分類器的混淆矩陣範例，算出來的正確率爲：

$$\text{accuracy rate} = \frac{20 + 850}{1000} = \frac{870}{1000} = 87\%$$

正確率是很常用的分類器性能評量指標。然而有時我們也還需使用精準度 (precision rate) 做為效能評量指標，尤其當在乎被分類器判別為目標類別的樣本中到底有多少比例原本就是目標類別。當比例越高，表示分類器的預測越精準，也就是真陽性與假陽性相比，前者比例愈高。換句話說，當我們在乎「模型預測為真的結果有多少比例是符合現實的」時，就需要使用 precision 做為效能的指標。但是精準度高，並無法保證偽陰性率 (False Negative) 低，也就是實際為陽性卻被判斷為陰性的偽陰 (FN) 情況並不保證低，反而有可能多。精準度的公式如下：

$$\text{precision rate} = \frac{\text{TP}}{\text{TP} + \text{FP}}$$

以前述 spam 的混淆矩陣為例，算出來的 $\text{precision rate} = \frac{20}{70} = 29\%$

另外，還有一種稱為召回率 (recall rate) 的效能衡量指標，召回率使用的場合是當我們比較在乎「實際為真，也期待模型能夠正確預測其為真」的情況。召回率高表示實際為真的樣本中有大部分會被分類為真，因此偽陰性的比例低。召回率有時也被稱為靈敏度 (sensitivity)，靈敏度並不保證偽陽性率低。所謂偽陽性是被檢測為陽性的樣本中，實際可能是陰性的情況。召回率的定義是 TP 除以 (TP+FN)，也就是

$$\text{recall rate} = \frac{\text{TP}}{\text{TP} + \text{FP}}$$

以前例算出來的 $\text{recall rate} = \frac{20}{100} = 20\%$。

有許多人會覺得疑惑，正確率、精準率、召回率，到底要使用那一種做爲評估效能的指標，這決定於分類器到底要使用在什麼情況？通常正確率不適用時，就會考慮使用精準率及召回率。舉一個情況來說，如果有一個垃圾郵件的分類器，測試資料集的郵件中只有少部分是垃圾郵件，例如 10%。在這種情況下，要實作一個有高正確率的分類器是很容易的，只要將大部分的郵件分類成非垃圾郵件即可。因爲有 90% 的郵件實際就是非垃圾郵件 (non-spam)，所以即使將 spam 誤判爲 non-spam，正確率還是可以維持很高。前述所給的垃圾郵件分類器混淆矩陣就是此種情況。在所有輸入的郵件中，垃圾郵件 (spam mail) 只有 10%，分類器即使只能將 100 封 spam 正確判斷出 20 封爲 spam，但因爲它可將大部分的 non-spam 判斷爲 non-spam，所以按照前面的正確率公式，正確率仍高達 85%，計算如下：

$$\text{accuracy rate} = \frac{TP + TN}{N} = \frac{850}{1000} = 85\%$$

垃圾郵件分類器在乎的是被判斷爲垃圾郵件就是眞正的垃圾郵件 (TP)，而且正常郵件 (non-spam) 被誤判爲垃圾郵件 (FP) 的比例要很低。垃圾郵件是目標類別，目前這個情況是要求 TP 遠大於 FP。這時評估指標就要改用精準率 (或稱爲精準度)，也就是精準度要高。以前述的混淆矩陣爲例，計算出 prescision 爲

$$\text{precision rate} = \frac{TP}{TP + FP} = \frac{20}{20 + 50} = \frac{20}{70} = 29\%$$

發現 precision rate 非常低，顯然不符合要求，因爲被分類器判斷爲垃圾郵件的有大部分其實是正常郵件。顯然具有此混淆矩陣的垃圾郵件分類器不適用，必須再研發另一款比較適合的分類器。假設經過一段時間，終於研發出新的垃圾郵件分類器，具有以下的混淆矩陣。

prediction actual	Yes	No
Yes	70 (TP)	30 (FN)
No	20 (FP)	880 (TN)

基於此一混淆矩陣所計算出來的 precision rate，如下：

$$\text{precision rate} = \frac{70}{70+20} = \frac{70}{90} = 78\%$$

精準率已經從 29% 提高到 78%，也就是 100 封被分類爲垃圾郵件的，其中有 78 封的確是垃圾郵件。基於同一個混淆矩陣，也可算出召回率。

召回率計算如下：

$$\text{recall rate} = \frac{\text{TP}}{\text{TP}+\text{FN}} = \frac{70}{70+30} = \frac{70}{110} = 70\%$$

如果從召回率判斷，100 封垃圾郵件中，有 70 封可正確分類爲垃圾郵件，但在 100 封垃圾郵件仍然會有 30 封會被漏判爲正常郵件，也就是漏判比例還頗多的。就垃圾郵件分類來說，將正常郵件誤判成垃圾郵件比較嚴重，將垃圾郵件誤判成正常郵件尚可接受。因此，以垃圾郵件的應用場合，精準度是比較適當的效能評估指標。

召回率 (recall rate) 的適用場合，以許多大學都會實施的成績期中預警爲例，「成績須預警」就是目標類別，也就是有檢測出就須預警所以是 positive。召回率的分子是 TP(true positive)，也就是被系統正確判斷爲「成績須預警」的學生人數。分母則是實際上「成績須預警」的學生總人數。當召回率高，表示「成績須預警」者大部分都可以被偵測出來，這也是成績預警系統的目的。召回率高，如果精準率低，也就是 FP(false positive) 仍會有一定的學生人數，代表本來有些成績不需預警的學生卻被告知「成績須預警」。雖然這種情況，還算可以接受，但是在有些應用的場合，不僅精準度要高，召回率也要高。然而這兩者通常無法同時滿足。

召回率及精準率，如果單看一種指標，如前所述可能會偏於一端。如果召回率及精準率都同等重要，有一個稱爲 Fl score 或叫 F1 measure 的指標，可以當做折衷的評估指標。F1 measure 的公式如下：

$$\text{F measure} = \frac{2}{\frac{1}{\text{precision}} + \frac{1}{\text{recall}}}$$

F1 measue 實際上只是 F measure 的特例，F measure 可以使用調整參數 β 的方式來設定 precision rate 及 recall rate 的權重。F measure 的公式如下：

$$\text{F measure} = F_\beta = (1+\beta)^2 \times \frac{\text{precision} \times \text{recall}}{(\beta^2 \times \text{precision}) + \text{recall}}$$

當 $\beta = 0$ 時，F measure 就是 precision rate，當 β 是無限大時，F measure 就是 recall rate。也就是，若要強調 recall 則 β 調大一點，若要強調 precision 則 β 調小一點。

當我們要比較多個不同的分類器的效能時，可以先求出所有分類器的混淆矩陣 (confusion matrix)，然後再算出各種效能評估指標，然後再依應用領域本身重視的是那一個指標，再據以挑選適合的分類器。

在不同領域，所偏重的分類器效能評估指標不盡相同。例如分類器也常應用在醫學領域，醫學上有一些常用的指標，包括盛行率 (prevalence)、敏感度或稱靈敏度 (sensitivity) 及特異度 (specificity)。TP + FN(眞陽性及僞陰性) 是實際罹病的總人數，盛行率的定義如下：

$$\text{prevalence} = \frac{TP + FN}{N}, \ N=TP+FP+FN+TN$$

若 N 是人口數，則 prevalence 則代表實際得病者占總人口的比例，代表流行病的盛行情況。sensitivity 代表診斷方法是否夠靈敏可以將眞正得病的人診斷出來。sensitivity 其實就是前面所提到的 recall rate。

靈敏度的定義如下：

$$\text{sensitivity} = \frac{TP}{TP + FN}$$

有些情況，我們會想知道實際有罹病，卻未被檢測出來的機率。此稱爲僞陰性率 (false negative rate，FNR)。僞陰性率也被稱爲 type- II error。FNR 的公式如下：

$$\text{FNR} = \frac{FN}{TP + FN} = 1 - \text{sensitivity}$$

很明顯 FNR = 1–sensitivity。當敏感度高時，僞陰性率就低。也就是，當檢測方法的敏感度高時，若大量檢測時，當檢測結果是陰性，判斷爲未罹病會是一個可靠的判斷。有時也會將僞陰性率稱爲漏診率，僞陰性率低相當於漏診率低。僞陰性也叫做第二型錯誤 (Type-II error)。

另外還有一種稱爲特異度 (specificity) 的效能指標。特異度是指未罹患疾病確實也被檢測爲陰性者的機率，特異度的公式如下：

$$\text{specificity} = \frac{TN}{FP + TN}$$

有些情況，我們會想知道實際未罹病，卻被檢測爲陽性的機率。此稱爲僞陽性率 (false positive rate，FPR)。FPR 的公式如下：

$$FPR = \frac{FP}{FP + TN} = 1 - \text{specificity}$$

當特異度高時，表示 FPR 低，也就是僞陽性率低。僞陽性率低的意義是若被診斷爲陽性，那眞正罹病的機率就很高，也就是誤判爲罹病的機率小。僞陽性率也叫誤診率，也被稱爲第一型錯誤 (type-I error)。

接下來，我們將以 iris 資料集爲例，使用決策樹進行分類，建立混淆矩陣，並計算分類器的各項效能指標。本範例使用訓練資料集做爲測試資料集。爲了簡化討論，我們只檢視二元分類器的效能。因此我們只取用 iris 資料集的 versicolor 與 virginica 子資料集，也就是只取用第 51 筆至第 150 筆的資料紀錄。iris 前 50 筆是屬於 setosa，在這個例子就不取用。Python 的 sklearn.metrics 模組有一個 confusion_matrix(…) 方法，只要給定實際的分類結果與分類器的分類結果，就可以計算出混淆矩陣。範例程式碼如圖 8-1-1 所示。

```
File  Edit  Format  Run  Options  Window  Help
from sklearn.datasets import load_iris
from sklearn import tree
import matplotlib.pyplot as plt
from sklearn.metrics import  confusion_matrix

iris = load_iris()
X = iris.data[50:149,:]
y = iris.target[50:149]

clf = tree.DecisionTreeClassifier(min_samples_split=6,max_depth=3)
clf = clf.fit(X, y)

testX=X
test_y=y
result=clf.predict(testX)
Mtx=confusion_matrix(test_y,result)
N=Mtx[0,0]+Mtx[0,1]+Mtx[1,0]+Mtx[1,1]
print("Accurancy is : ", ( Mtx[0,0]+Mtx[1,1])/N )
print("Sensitivity is : ", Mtx[0,0]/(Mtx[0,0]+Mtx[0,1]) )
print("Precision is : ",  Mtx[0,0]/(Mtx[0,0]+Mtx[1,0]) )
print("Speificity is : ",  Mtx[1,1]/(Mtx[1,0]+Mtx[1,1]) )
                                                   Ln: 21  Col: 58
```

▲圖 8-1-1　範例 Ex8_1_conf.py

因為只分兩類：versicolor 與 virginica，我們將 versicolor 類別為視為目標類別。程式碼中，Mtx[0,0] 是 TP，Mtx[0,1] 是 FN，Mtx[1,0] 是 FP，Mtx[1,1] 則是 TN。所得到的 Accurancy、Sensitivity、Precision、Recall、以及 Specificity 都是 0.98。線性迴歸分類器、類神經網路、SVM 分類器也可以使用類似上述的作法得到效能指標，這部分請參考前三章自行完成。Ex8_1_conf.py 的執行結果如下文字方塊所示。

```
=== RESTART: D:\Python\book\chapter8\example\Ex8_1_conf.py ===
Accurancy is :  0.9797979797979798
Sensitivity is :  0.98
Precision is :  0.98
Speificity is :  0.9795918367346939
```

測試 AI 分類器模型的效能時，有一個基本觀念非常重要，就是盡量避免使用訓練資料集來建立混淆矩陣，而是要使用與訓練資料集不同的測試資料集。簡單來說，訓練資料集用來做為機器學習演算法的輸入以得到模型，而測試資料集 (testing data set) 則用來做為模型的輸入以建立混淆矩陣。一般會使用 80–20 法則，也就是就所收集資料集的 80% 做為訓練資料集，20% 做為測試資料集。為了避免所訓練的模型產生偏差，80–20 的法則必須使用隨機方式進行資料紀錄選擇。

在前面的範例中，我們是以全部的資料集做爲模型訓練用。如果要將資料集分成訓練用與測試用，一個作法是先建立資料紀錄的索引編號，再基於這些索引編號以隨機的方式選出 80% 做爲訓練資料集，其他的 20% 的資料紀錄則做爲測試資料集。接下來，我們仍以 iris 資料集來說明上述的作法。程式碼內容顯示於圖 8-1-2 的 Ex8_1_lib.py 與圖 8-1-3 的 Ex8_1_conf_02.py。Ex8_1_lib.py 我們定義了兩個函式，getTrnIdx(low,mpy,N) 與 getTestIdx(trnNum,low,high)。trnNum =getTrnIdx(low,mpy,N) 可以從 low 至 low + (mpy-1) 之間的整數隨機取出 N 個整數後儲存在 trnNum 陣列，testNum=getTestIdx(trnNum,low,high) 則可以從 low 至 high 之間找出不在 trnNum 中的整數，之後儲存在 testNum 陣列中。

```
File  Edit  Format  Run  Options  Window  Help
from numpy import random
import numpy as np

def getTrnIdx(low,mpy,N):
 num=[]
 total=0
 n = int(low + np.floor(mpy*random.uniform(size=1)))
 num.append(n)
 total=total+1
 while (True):
    n = int(low + np.floor(mpy*random.uniform(size=1)))
    flag=1
    for i in num:
       if (n == i):
          flag=0
    if (flag == 0):
       continue
    else:
       num.append(n)
       total=total+1
    if total == N:
       return num

def getTestIdx(trnNum,low,high):
  testNum=[]
  for i in range(low,high):
    flag=1
    for n in trnNum:
       if (i == n):
          flag=0
    if (flag == 1):
      testNum.append(i)
  return testNum
                                                  Ln: 32  Col: 23
```

▲圖 8-1-2　範例 Ex8_1_lib.py 程式碼

```
File  Edit  Format  Run  Options  Window  Help
1  from sklearn.datasets import load_iris
2  from sklearn import tree
3  from sklearn.metrics import  confusion_matrix
4  import Ex9_1_lib as mylib
5
6  trnNum1=mylib.getTrnIdx(50,50,30)
7  testNum1=mylib.getTestIdx(trnNum1,50,100)
8  trnNum2=mylib.getTrnIdx(100,50,30)
9  testNum2=mylib.getTestIdx(trnNum2,100,150)
10
11 iris = load_iris()
12 X=[]
13 y=[]
14 for n in trnNum1:
15     X.append(iris.data[n,:])
16     y.append(iris.target[n])
17
18 for n in trnNum2:
19     X.append(iris.data[n,:])
20     y.append(iris.target[n])
21
22 clf = tree.DecisionTreeClassifier(min_samples_split=6,max_depth=3)
23 clf = clf.fit(X, y)
24
25 testX=[]
26 test_y=[]
27 for n in testNum1:
28     testX.append(iris.data[n,:])
29     test_y.append(iris.target[n])
30
31 for n in testNum2:
32     testX.append(iris.data[n,:])
33     test_y.append(iris.target[n])
34
35 result=clf.predict(testX)
36 Mtx=confusion_matrix(test_y,result)
37 N=Mtx[0,0]+Mtx[0,1]+Mtx[1,0]+Mtx[1,1]
38 print("Accurancy is : ", ( Mtx[0,0]+Mtx[1,1])/N )
39 print("Sensitivity is : ", Mtx[0,0]/(Mtx[0,0]+Mtx[0,1]) )
40 print("Precision is : ",  Mtx[0,0]/(Mtx[0,0]+Mtx[1,0]) )
41 print("Speificity is : ",  Mtx[1,1]/(Mtx[1,0]+Mtx[1,1]) )
                                                    Ln: 41  Col: 59
```

▲圖 8-1-3　範例 Ex8_1_conf_02.py 程式碼

Ex8_1_conf_02.py 的第 11 行至 20 行是依照 80-20 原則隨機取出原始資料集 iris 的 60% 做爲訓練資料集。第 25 行至 33 行則是取出其它的 40% 做爲測試資料集。執行 Ex8_1_conf.py 四次，由於每次所使用的訓練資料集與測試資料集都不一樣，因此所得到的各項指標也不相同，如下表所示。

RESTART: D:/Python/book/chapter8/example/Ex8_1_conf_02.py	
Accurancy is : 0.9 Sensitivity is : 1.0 Precision is : 0.83 Speificity is : 0.8	Accurancy is : 0.95 Sensitivity is : 0.95 Precision is : 0.95 Speificity is : 0.95
Accurancy is : 0.95 Sensitivity is : 0.9 Precision is : 1.0 Speificity is : 1.0	Accurancy is : 0.875 Sensitivity is : 0.85 Precision is : 0.89 Speificity is : 0.9

針對分類器的效能評估，Python 的 sklearn.metrics 模組提供了 classification_report(y,result) 函式，只要給定樣本的實際分類標記向量 (例如 y)，以及分類器的分類結果 (例如 result)，就可以得到各項效能評估指標。另外，針對多類別，此函式亦適用。圖 8-1-4 爲展示範例 Ex8_1_fi.py 的程式碼。

```
File Edit Format Run Options Window Help
from sklearn.datasets import load_iris
from sklearn import tree
from sklearn.metrics import  classification_report
import Ex9_1_lib as mylib

trnNum0=mylib.getTrnIdx(0,50,30)
testNum0=mylib.getTestIdx(trnNum0,0,50)
trnNum1=mylib.getTrnIdx(50,50,30)
testNum1=mylib.getTestIdx(trnNum1,50,100)
trnNum2=mylib.getTrnIdx(100,50,30)
testNum2=mylib.getTestIdx(trnNum2,100,150)

iris = load_iris()
X=[]
y=[]
for n in trnNum0:
    X.append(iris.data[n,:])
    y.append(iris.target[n])
for n in trnNum1:
    X.append(iris.data[n,:])
    y.append(iris.target[n])
for n in trnNum2:
    X.append(iris.data[n,:])
    y.append(iris.target[n])
clf = tree.DecisionTreeClassifier(min_samples_split=6,max_depth=3)
clf = clf.fit(X, y)

testX=[]
test_y=[]
for n in testNum0:
    testX.append(iris.data[n,:])
    test_y.append(iris.target[n])
for n in testNum1:
    testX.append(iris.data[n,:])
    test_y.append(iris.target[n])
for n in testNum2:
    testX.append(iris.data[n,:])
    test_y.append(iris.target[n])

result=clf.predict(testX)
scores=classification_report(test_y,result,target_names=["setosa","versicolor","virginica"])
print(scores)
                                                                    Ln: 42 Col: 0
```

▲圖 8-1-4　範例 Ex8_1_fi.py 程式碼

Ex8_1_fi.py 的執行結果如下之文字方塊所顯示。

```
===== RESTART: D:/Python/book/chapter8/example/Ex8_1_f1.py ====
        precision   recall      f1-score    support
  setosa        1.00  1.00  1.00  20
  versicolor  0.87  1.00  0.93  20
  virginica   1.00  0.85  0.92  20
  accuracy                  0.95  60
  macro avg   0.96  0.95  0.95  60
  weighted avg      0.96  0.95  0.95  60
```

當多類別時，classification_report(⋯) 執行結果的解讀如下，以 virginica 的 recall rate 爲 0.85 爲例，其計算方式是本身有 20 個樣本，若被分類爲其他類別就是漏判，也就是僞陰 (FN)，因此有 (20-20*0.85)，也就是 3 個樣本被誤判。再以 virginica 的 precision 爲 1.0 爲例，setosa 與 versicolor 總共 40 個樣本，若被分類爲 virginica 就是誤判，也就是僞陽，因爲 precision 爲 1.0，所以沒有誤判。從執行結果來看，classification_report(⋯) 也可以產生 f1-score 指標。

8-2 ROC 曲線

魚與熊掌難以兼得，對於一個檢測方法，例如快篩，若要有高敏感度，也就是僞陰性率 (FNR) 要低，相當於眞陽性率要高。因爲關注的焦點是 FNR，亦即希望不漏判，很有可能就會疏忽僞陽性，也就是有可能會有許多陰性的狀況被誤判爲陽性。此觀念只要將檢測方法等效於將樣本的度量値與一個閥値 (threshold value) 做比較即可理解。將閥値設定爲一個値之後，若度量値高於這個閥値就表示是陽性，小於此閥値就表示是陰性。閥値設得越小，實際爲陽性被檢測出的機率就高，也就是敏感度就高，但是僞陽性率也會高。因爲閥値小時，雖然大多數陽性都會被檢測出來，但可能也會連帶使得僞陽性增加，亦即未罹病也被檢測爲罹病。口語一點的說法，閥値比較小時，檢測爲陽性的結果是較不可靠的，還需再進一步檢測，反之，閥値設得越大，實際爲陽性被檢測出的機率越低，也就是敏感度低，但是因閥値大，誤判機率 (僞陽性率) 也會低。依此論述，敏感度與僞陽性率，也就是 Sensitivity 與 1-Specificity 大致呈現正相關。Sensitivity 高，僞陽性率就高。

縱軸爲 Sensitivity，橫軸爲 1-Specificity，隨著每一個閥值的變化，將其對應的 (1-Specificity, Sensitivity) 的點標出後連成一個曲線，就可以繪出類似如圖 8-2-1 的圖。

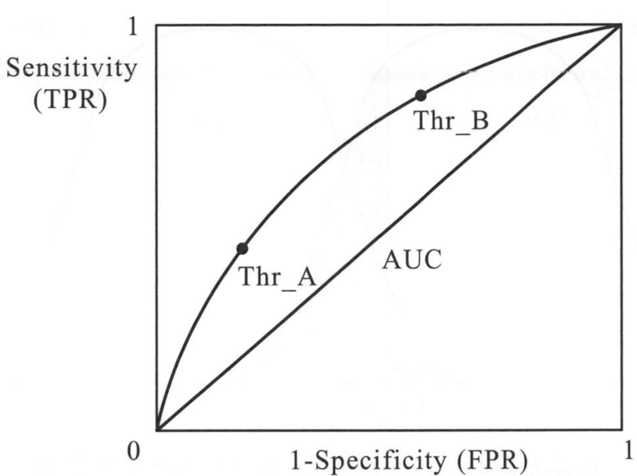

▲圖 8-2-1　分類器 (1-Specificity Sensitivity) 的變化圖

這種圖被稱爲接收者操作曲線 (receiver operating characteristic curve，ROC)。

sensitivity 也稱爲眞陽性率 (true positive rate，TPR)，1-Specificity 也叫做僞陽性率 (false positive rate，FPR)。在曲線上的任何一個點都會對應到一個閥值，基於此閥值會得到一組 (1-Specificity, Sensitivity)。在圖 8-2-1 曲線上，我們特別標出 Thr-A 與 Thr-B 表示是在不同的閥值所得到的 (1-Specificity, Sensitivity)。

那 ROC 曲線是如何畫出來的，如前所述，是變化閥值後統計 (FPR，TPR) 所畫出來的。爲了解釋這個概念，我們假設有這樣的一種情況，要檢測的樣本，不論其實際爲陽性或陰性，經過某分類器的計算之後最終都會轉換成一個度量値。若將這些度量値由小而大繪製成直方圖 (histogram)。實際陰性 Negative 類別的樣本之度量値，以及實際陽性 Positive 類別的樣本度量値的直方圖形狀會類似常態分配，分別出現在左右兩邊，示意圖如圖 8-2-2 所示。

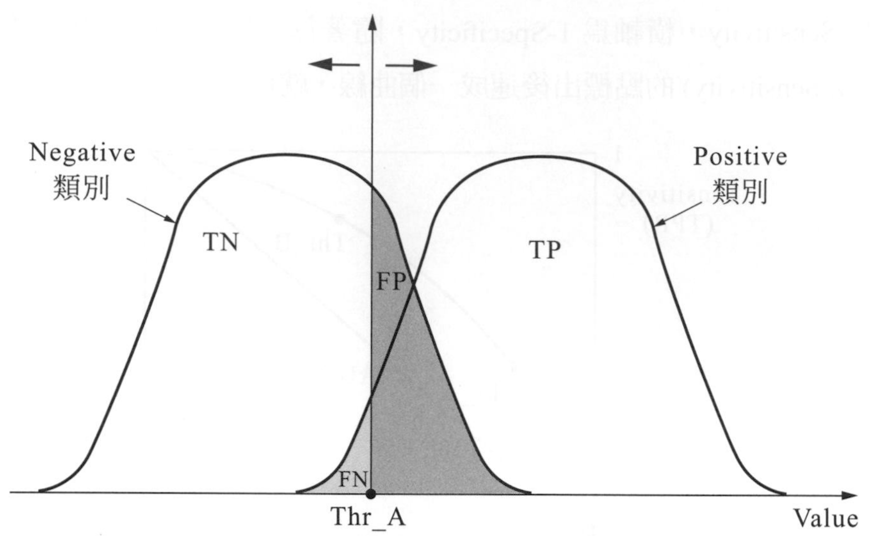

▲圖 8-2-2　直方圖類似常態分配形狀的度量值

實際陽性類別的樣本之度量值爲右邊的分佈圖，實際陰性類別的樣本的則爲左邊的分佈圖。一旦某閥值決定後，TN、FP、TP、FN 就跟著可決定。以圖 8-2-2 爲例，當 Thr_A 決定之後，以 Ngative 類別的直方圖曲線來說，TN(true negative) 會落在閥值的曲線左側，FP 則落在閥值之曲線右側。以 Positive 類別來說，落在閥值右側的爲 TP(true positive)，落爲閥值左側的爲 FN(false negative)。

一旦 TP、FN、TN、FP 確定了，1-Specificity 及 Sensitivity 就可以被計算出來。Thr_A 往右或往左移動，TP、FN、TN、FP 也就跟著變化，當然 1-Specificity 及 Sensitivity 也會跟著改變。也就是每變化一個臨界值 (閥值)，就可以得到一組 (1-Specificity, Sensitivity)。

將 (1-Specificity, Sensitivity) 的變化繪製成曲線就可以構成 ROC 曲線。ROC 曲線上通常也會標記出若干個閥值 (threshold values)。ROC 曲線圖可以將由左下至右上對角線當做參考基準，若有一個分類器或檢測方法的 ROC 曲線剛好就是那條對角線，那表示此分類器沒有任何鑑別度。在對角線上的 TPR 與 FPR 是相等的，也就是不論是實際有罹病或實際未有罹病，分類器都以相同機率判斷有罹病或未罹病，這相當於用猜的。ROC 曲線越偏往左上角，表示僞陽性率越低，敏感度越高。左上角的點 (0,1) 代表僞陽性最小 (0.0)，敏感度最大 (1.0)，是理想分類器。如果要爲分類器決定一個閥值，ROC 上最接近 (0,1) 的那一個點所對應的閥值就是最佳選擇。

要比較兩種分類器的優劣，一個方法是分別繪製這 2 個分類器的 ROC 曲線，並計算 ROC 曲線下的面積 (area under curve, AUC)，擁有最大的 AUC 的分類器就是效能比較好的。參考圖 8-2-1，AUC 的 ROC 曲線是在寬度與長度均為 1.0 的正四方形內，所以 AUC 的值必然是介於 0 與 1 之間。一般來說，若使用 AUC 評價分類器效能可以參考以下的規則：

1. 0.9 - AUC - 1.0 代表極佳的鑑別力 (outstanding discrimination)
2. 0.8 - AUC - 0.9 代表優良 (excellent discrimination)
3. 0.7 - AUC - 0.8 為可接受 (acceptable)
4. AUC = 0.5 無鑑別力 (no discrimitination)

為了展示 ROC 曲線的繪製，我們假設有一個分類器已針對資料集的每一筆資料紀錄進行運算後得到了一個度量值 (measurement)，每一筆資料紀錄屬於兩種分類之一，不是 "Healthy" 就是 "Ill"。圖 8-2-3 的程式 Ex8_2_roc_01.py 就模擬這樣的一種情況。執行結果則顯示於圖 8-2-4。

M1 陣列是 Healthy 這一分類的資料紀錄所對應的度量值，M2 陣列是 Ill 這一個類別的資料紀錄所對應的度量值。它們都是在常態分配下隨機產生的，只是平均值 (mean) 與標準差不一樣，mean = 1.5，sd = 0.45 模擬第一種類別的度量值分佈，mean= 1，sd = 0.55 模擬第二種類別的度量值分佈。我們總共產生 200 筆，兩個類別各 100 筆。為了查看內容，我們顯示了第 97 筆到 104 筆的度量值：[1.51 1.62 1.63 1.23 1.81 0.99 0.26 2.18]。第 97 到 100 筆是 Healthy 分類，而第 101 到 104 筆是 ILL 分類。觀察目前顯示的度量值，兩個類別的度量值並非可明顯區分。假設設定一個臨界值閥值 1.25，若度量值大於此臨界值則歸類為 Healthy，小於此度量值則歸類為 Ill。那麼，第 100 筆的 1.23 會被誤判為 Ill，第 104 筆的 2.18 會被誤歸類 (漏判) 為 Healthy。圖 8-2-4 則是此程式所畫出的 ROC 曲線，圖中我們也特別繪出對角線的那一條 ROC 曲線，若有任何分類器的 (1.0-Specifisity, Sensitivity) 落在此一對角線 ROC 曲線就表示根本不可用。

```
from numpy import random
import numpy as np
from sklearn.metrics import confusion_matrix
import matplotlib.pyplot as plt

M1=random.normal(loc=1.5, scale=0.45,size=(100,))
M2=random.normal(loc=1.0, scale=0.55,size=(100,))
D1=np.array([1]*100)
D2=np.array([0]*100)

Measure=np.hstack((M1,M2))
y=np.hstack((D1,D2))

one_specificity = []
sensitivity = []
thr=[0.2,0.6,1.1,1.4,1.9,2.3]
for val in thr:
    result=[]
    for m in Measure:
        if (m >= val):
            result.append(1)
        else:
            result.append(0)
    cMtx = confusion_matrix(y,result)
    FPR =  cMtx[1,0]/(cMtx[1,0]+cMtx[1,1])
    one_specificity.append(FPR)
    TPR =  cMtx[0,0]/(cMtx[0,0]+cMtx[0,1])
    sensitivity.append(TPR)

plt.plot(one_specificity,sensitivity)
plt.plot([0.0,1.0],[0.0,1.0])
plt.show()
```

▲圖 8-2-3　範例 Ex8_2_roc_01.py 程式碼

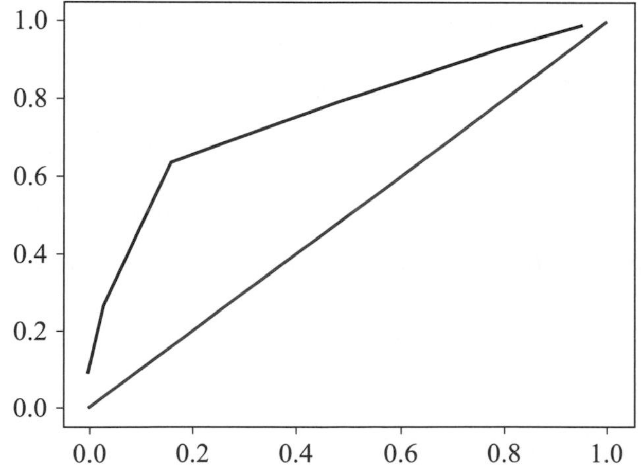

▲圖 8-2-4　範例 Ex8_2_roc_01.py 所模擬的 ROC 曲線

從上述討論可以看出，不同的閥值會對應到不同的 FPR 與 TPR。以 FPR 為橫軸，TPR 為縱軸，不同閥值會得到一個 (FPR,TPR) 座標點，將不同的閥值所產生的座標點串連起來就可以畫出 ROC。為了方便可以繪出 ROC 圖及算出 AUC 面積，Python 的 sklearn.metrics 模組提供 roc_curve(true_y, measure_y) 與 roc_auc_score(true_y, measure_y) 函式，只要給定樣本實際分類的標記向量 true_y 與樣本的分類器度量值 measure_y，就可以分別繪出 ROC 曲線與計算出 AUC(Area Under Curve) 面積。為了展示 roc_curve(true_y, meas_y) 與 roc_auc_score(true_y, meas_y) 函式的作用，我們再撰寫一個程式來展示，如圖 8-2-5 的 Ex8_2_roc_02.py 所示。程式的第 19 行，fpr, tpr, thresholds = roc_curve(true_y, measure_y) 就是呼叫 roc_curve(…)，之後會得到 FPR、TPR資料向量，據此再繪出ROC曲線。本範例所得到的 AUC 如以下的文字方塊所示。

```
== RESTART: D:/Python/book/chapter8/example/Ex8_2_auc_01.py ==
AUC 為：  0.83562672
```

File Edit Format Run Options Window Help

```
1 import numpy as np
2 import matplotlib.pyplot as plt
3 from sklearn.metrics import roc_auc_score, roc_curve
4
5 n=10000                        #樣本數
6 ratio = .75                     #75%為標記0
7 n_0 = int((1-ratio) * n)
8 n_1 = int(ratio * n)
9 #樣本的標記向量
10 true_y = np.array([0] * n_0 + [1] * n_1)
11 #分類器之樣本的度量值
12 measure_y = np.array(
13     np.random.uniform(0, .7, n_0).tolist() +
14     np.random.uniform(.3, 1, n_1).tolist()
15 )
16
17 auc=roc_auc_score(true_y, measure_y)
18 print(" AUC 為: ",auc)
19 fpr, tpr, thresholds = roc_curve(true_y, measure_y)
20 plt.plot(fpr, tpr)
21 plt.show()
```

Ln: 6 Col: 26

▲圖 8-2-5　範例 Ex8_2_roc_02.py 的程式碼

Ex8_2_roc_02.py 所繪出的 ROC 曲線顯示於圖 8-2-6。無論從 ROC 圖形判斷或從 AUC 的值爲 0.836 判斷，目前的分類器效能是可以接受的。

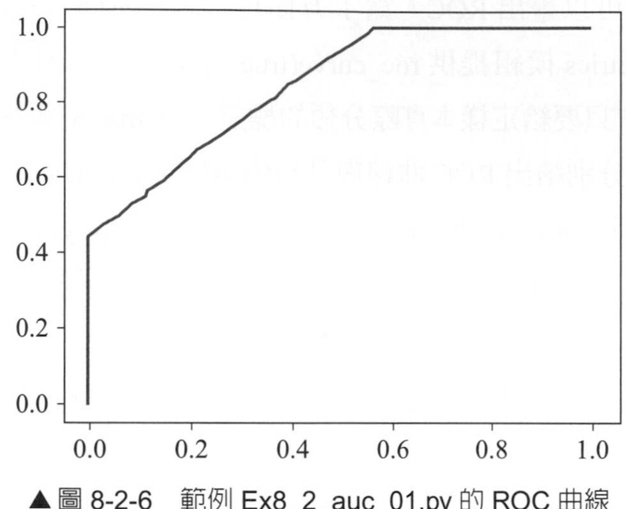

▲圖 8-2-6　範例 Ex8_2_auc_01.py 的 ROC 曲線

許多人會有一個疑問，是否所有分類器都會有 ROC 曲線？實際上，並不是所有的分類器都能得到 ROC 曲線。可以繪出 ROC 曲線的分類器是那些最終可以類比於使用閥值進行分類的分類器。這可以分成兩種不同情況討論。一種是在呼叫分類器機器學習演算法時的參數設定，不同的參數值會產生不同的分類器結果，也就是具有不同的效能。這也相當於閥值的變化，也可據此繪出 ROC，然後選擇具有最折衷的 FPR 與 TPR 的參數組合當做分類器的參數。

另外一種是可以設定閥值 (門檻值) 做爲分類判斷的分類器。這種分類器，每筆資料紀錄輸入到模型就會得到不同的度量值，度量值與門檻值比較後進行分類判斷。如果有多個此種分類器要選擇，繪出 ROC 曲線並計算出 AUC，AUC 面積大者即是較佳的分類器。

8-3 殘差分析

迴歸分析是常被採用的資料分析方法，尤其在給定自變項輸入值希望就可以得到應變項預測值的應用場合。但是如何評估一個迴歸模型的效能？以及若有多個迴歸模型要選用時，有何評估準則？以上兩個問題都可以透過殘差 (residual error) 分析來解決。所謂殘差是指實際度量值與迴歸模型的預測值之間的差值，這裡的實際度量值是訓練資料集或測試資料集的應變項欄位值。以一個二元一次的迴歸分析爲例，若已得到自變項 $\{x_1, x_2\}$ 的係數 $\{a, b\}$ 與補償量 c，估測值 $\hat{y}$ 即可依照下列數學式算出。

$$\hat{y} = ax_1 + bx_2 + c$$

將估測值 $\hat{y}$ 與實際的 y 相減，可得到誤差值的通式如下：

$$e = (\hat{y} - y)$$

一般情況會算出所有誤差值平方的總和並加以平均，也就是 (mean square error，MSE) 做爲評估指標。若 y_i 代表第 i 筆資料紀錄的應變項欄位值，則殘差就是 $\varepsilon_i = y_i - \hat{y}$，MSE 的計算方式如下：

$$\text{MSE} = \frac{1}{n}\sum_{i=1}^{n}(\hat{y} - y)^2$$

若有多個迴歸模型可以選用時，算出每個模型的 MSE，然後選用具有最小的 MSE 的那一個，這是很常用的方法。

若想了解模型預測的結果與實際數據的符合程度還可以使用決定係數 (coefficient of determination)，決定係數的記號為 R^2，用來判斷模型所預測的數據與實際量測數據之間的符合性。決定係數的定義如下：

$$R^2 = \frac{SSR}{SST}$$

$$SSR = \sum_{i=1}^{n} \left(\hat{y}_i - \bar{y}\right)^2$$

$$SST = \sum_{i=1}^{n} \left(y_i - \bar{y}\right)^2$$

$$\bar{y} = \frac{1}{n} \sum_{i=1}^{n} y_i$$

SSR(sum of squares for regression)，也就是迴歸預測值 ($\hat{y}_i$) 與實際數據平均值 $\bar{y}$ 的差值的平方和。而 SST(sum of squares for total) 是實際數據值 (y_i) 與實際數據平均值之差值的總平方和。當 R^2 越接近 1.0 代表模型配適度越好。由於可證明 SST=SSR+SSE，而 SST 是 R^2 公式的分母項，所以 R^2 的值會小於 1.0。

SSE(sum of squared error) 是誤差平方和，也叫做 RSS 殘差平方和 (Residual Sum of Squares)，可以表示如下式：

$$RSS = SSE = \sum_{i=1}^{n} \left(y_i - \hat{y}_i\right)^2$$

前面已提到常被使用來評估預測值與實際值的擬合度的指標 MSE，其實就等效於 SSE 除以資料總筆數 n，它們的關係如下：

$$MSE = \frac{SSE}{n} = \frac{1}{n} \sum_{i=1}^{n} \left(y_i - \hat{y}_i\right)^2$$

圖 8-3-1 的範例 Ex8_3_res_01.py 是展示上述各項計算公式的範例程式。程式中，我們任意給定 6 筆二維的自變數資料 X，以及依變數資料向量 y。假設依變數與自變數之間存在線性迴歸的關係，y = a1 * x1 + a2*x2 + b。基於訓練資料集，可以學習得到線性迴歸公式的 {a1,a2} 與 b 等係數值。使用這些係數，將二維自變數資料代入迴歸關係式，可以得到依變數估計值。之後可以算出誤差量、MSE、SSR、SST 及決定係數。

```
import numpy as np
from sklearn.linear_model import LinearRegression

def estimate(a,b,x):
  est=a[0]*x[0]+a[1]*x[1]+b
  return est

X = np.array([[-3,2] ,[7,2],[3,-4],[6,7],[-5,-8],[7,9]])
y = np.array([[6], [5], [8],[2],[-2],[5]])
y_est = []

# 假設y = a1 * x1 + a2*x2 + b
reg = LinearRegression().fit(X, y)
a=reg.coef_[0]
b=reg.intercept_[0]

#基於求出的係數算出預測值
for x in X:
  y_est.append(estimate(a,b,x))
#誤差值向量
error=y[:,0]-y_est
MSE=np.sum(np.power(error,2))/6.0
print(f'MSE={MSE}')
y_bar=np.sum(y[:,0])/6.0
print(f'y_bar={y_bar}')
SSR=np.sum(np.power(y_est-y_bar,2))
print(f'SSR={SSR}')
SST=np.sum(np.power(y[:,0]-y_bar,2))
print(f'SST={SST}')
R_sqr_val=SSR/SST
print(f'決定係數 R^2={R_sqr_val}')
print("由模型算出的 R^2",reg.score(X, y))
```

▲圖 8-3-1　範例 Ex8_3_res_01.py 的程式碼

程式執行的結果如以下的文字方塊所示。

```
== RESTART: D:/Python/book/chapter8/example/Ex8_3_res_01.py ==
MSE=8.608121722759028
y_bar=4.0
SSR=10.35126966344583
SST=62.0
決定係數 R=0.166955962313642
由模型算出的 R^2 = 0.166955962313642
```

Python 的 LinearModel(…) 方法所得到的迴歸模型之 score(X,y) 函式也可以算出決定係數，如程式的第 32 行。從執行結果來看，依照我們前面的公式或使用模型的 score(…) 方法算出的決定係數是相同的，都是 0.166955962313642。這值遠小於 1.0，接近 0.0，表示我們所做的假設“依變數與自變數之間存在線性迴歸”不成立。

從原始自變數資料 x1 與 x2，可以衍生出另外的自變數，例如 x3=x1*x2、x4=x1^2.0、x5=x2^2.0、x6=abs(x1)…等，甚至可以將其它非線性函數作用在 x1 或 x2 上當做爲另一個新的自變數。依此，又可以假設各種線性迴歸的關係，例如：

y = a1 * x1 + a2*x2 + b

y = a1 * x1 + a2*x2 + a3*x3 + b

y = a1 * x1 + a2*x2 + a3*x3 + a4*x4 + b

y = a1 * x1 + a2*x2 + a3*x3 + a4*x4 + a5*x5 + b

y = a1 * x1 + a2*x2 + a3*x3 + a4*x4 + a5*x5 + a6*x6 + b

上述的線性迴歸式都可以基於衍生欄位的訓練資料集，例如 $\{x_1, x_2, x_3\}$ 等，再呼叫 LinearRegression.fit(…) 得到各模型的係數。圖 8-3-2 的範例 Ex8_3_res_02.py 是展示這些不同線性迴歸模型的係數，並計算出它們的決定係數。程式的第 14 行 X1=np.stack((x3,x2,x3),axis=1) 就是重新建構的訓練資料集，第 16 行 reg = LinearRegression().fit(X1, y) 執行後就可以學習出線性迴歸模型。其它建構新訓練資料集與應用線性迴歸機器學習模型的情況都依此類推。

```
import numpy as np
from sklearn.linear_model import LinearRegression

X = np.array([[-3,2] ,[7,2],[3,-4],[6,7],[-5,-8],[7,9]])
y = np.array([[6], [5], [8],[2],[-2],[5]])

# y = a1 * x1 + a2*x2 + b
reg = LinearRegression().fit(X, y)
print(f'R_square_value for 2 fields is {reg.score(X,y)}')

x1=X[:,0]
x2=X[:,1]
x3=X[:,0]*X[:,1]
X1=np.stack((x3,x2,x3),axis=1)
# y = a1 * x1 + a2*x2 + a3*x3 + b
reg = LinearRegression().fit(X1, y)
print(f'R_square_value for 3 fields is {reg.score(X1,y)}')

x4=np.power(X[:,0],2.0)
X2=np.stack((x3,x2,x3,x4),axis=1)
# y = a1 * x1 + a2*x2 + a3*x3 + a4*x4 + b
reg = LinearRegression().fit(X2, y)
print(f'R_square_value for 4 fields is {reg.score(X2,y)}')

x5=np.power(X[:,1],2.0)
X3=np.stack((x3,x2,x3,x4,x5),axis=1)
# y = a1 * x1 + a2*x2 + a3*x3 + a4*x4 + a5*x5 + b
reg = LinearRegression().fit(X3, y)
print(f'R_square_value for 5 fields is {reg.score(X3,y)}')

x6=np.abs(X[:,0])
X4=np.stack((x3,x2,x3,x4,x5,x6),axis=1)
# y = a1 * x1 + a2*x2 + a3*x3 + a4*x4 + a5*x5 + a6*x6 + b
reg = LinearRegression().fit(X4, y)
print(f'R_square_value for 6 fields is {reg.score(X4,y)}')
```

▲圖 8-3-2　範例 Ex8_3_res_02.py 的程式碼

程式中，針對每一個線性迴歸模型，都使用 reg.score(…) 算出對應的決定係數，執行結果如以下的文字方塊所示。

```
== RESTART: D:\Python\book\chapter8\example\Ex8_3_res_02.py ==
R_square_value for 2 fields is 0.16695596231364251
R_square_value for 3 fields is 0.7168807482169539
R_square_value for 4 fields is 0.7200597275192295
R_square_value for 5 fields is 0.9838149726135955
R_square_value for 6 fields is 1.0
```

觀察執行的結果，可以發現當自變數的欄位越多時，決定係數就越接近 1.0。如果使用決定係數做爲線性迴歸模型效能的判斷依據，越接近 1.0 就表示該線性迴歸模型越可以被接受。其實這是只以決定係數評估線性迴歸模型效能所造成的一種誤解。

R^2 的最大問題是，當增加自變項的個數時，因爲可調整的參數變多，預測值會越來越接近實際值，所以 R^2 值會變大。感覺上這應該是比較好的擬合效果，但因爲 R^2 的計算是以訓練資料集爲範圍，在實際應用時，若新樣本不在資料集範圍內，也就是“模型不認識樣本”時，反而有可能產生偏差很大的預測結果，這種現象稱爲過度擬合 (overfitting)。爲避免這種現象，調整型 R^2 (Adjusted R^2) 就考慮自由度的增加而對 R^2 加以修正：

$$\text{Adjusted } R^2 = 1-\left(1-R^2\right)\frac{(n-1)}{(n-k-1)}$$

上式的 k 就是自由度，也就是自變數的個數。

如果 R^2 與 Adjusted R^2 有明顯差距，則表示擬合不佳，須逐一剔除自變項後，重新進行模型的機器學習，然後再計算 R^2 與 Adjusted R^2 並加以評估。

圖 8-3-3 的範例 Ex8_3_res_03.py 針對 Ex8_3_res_02.py 的例子，也計算出調整型決定係數。執行結果如以下的文字方塊所示。

```
== RESTART: D:/Python/book/chapter8/example/Ex8_3_res_03.py ==
R_square_value for 2 fields is          0.16695596231364251
Adj R2 for 2 fields is                 -0.3884067294772624
R_square_value for 3 fields is          0.7168807482169539
Adj R2 for 3 fields is                  0.2922018705423848
R_square_value for 4 fields is          0.7200597275192295
Adj R2 for 4 fields is                 -0.39970136240385234
```

觀察執行的結果，可以看到調整型決定係數就不見得是與自變數的欄位數目呈正相關，甚至還會出現負數。這就表示有擬合不佳的情況發生。

```
File  Edit  Format  Run  Options  Window  Help
import numpy as np
from sklearn.linear_model import LinearRegression

X = np.array([[-3,2] ,[7,2],[3,-4],[6,7],[-5,-8],[7,9]])
y = np.array([[6], [5], [8],[2],[-2],[5]])

# y = a1 * x1 + a2*x2 + b
reg = LinearRegression().fit(X, y)
r2=reg.score(X,y)
print(f'R_square_value for 2 fields is {r2}')
k=2
N=6
Adj_R2=1.0 - (1-r2)*(N-1)/(N-k-1)
print(f'Adj R2 for 2 fields is {Adj_R2}')

x1=X[:,0]
x2=X[:,1]
x3=X[:,0]*X[:,1]
X1=np.stack((x3,x2,x3),axis=1)
# y = a1 * x1 + a2*x2 + a3*x3 + b
reg = LinearRegression().fit(X1, y)
r2=reg.score(X1,y)
print(f'R_square_value for 3 fields is {r2}')
k=3
Adj_R2=1.0 - (1-r2)*(N-1)/(N-k-1)
print(f'Adj R2 for 3 fields is {Adj_R2}')

x4=np.power(X[:,0],2.0)
X2=np.stack((x3,x2,x3,x4),axis=1)
# y = a1 * x1 + a2*x2 + a3*x3 + a4*x4 + b
reg = LinearRegression().fit(X2, y)
r2=reg.score(X2,y)
print(f'R_square_value for 4 fields is {r2}')
k=4
Adj_R2=1.0 - (1-r2)*(N-1)/(N-k-1)
print(f'Adj R2 for 4 fields is {Adj_R2}')
                                        Ln: 36  Col: 41
```

▲圖 8-3-3　範例 Ex8_3_res_03.py 的程式碼

迴歸分析模型的自變數的欄位數目選擇準則還可以使用 AIC(akaike information criterion) 或 BIC(bayesian information criteriaon)。AIC 叫做赤池資訊準則，是由日本統計學家赤池弘次創立和發展的。AIC 可用來選擇具有最少自由度但能最好地解釋資料的模型。AIC 越小的模型，效能越佳。BIC 與 AIC 類似，BIC 的自由度懲罰項比 AIC 的大，可以避免過擬合 (overfitting)。AIC 與 BIC 都可以基於殘差分析而得到，本書省略此細節，只列出最後結果。假設模型的誤差項服從常態分佈，則 AIC 與 BIC 可以表示如下：

$$\mathrm{AIC} = 2k + n \cdot \ln(\frac{\mathrm{RSS}}{n})$$

$$\mathrm{BIC} = k \cdot n \cdot \ln(n) + n \cdot \ln\left(\frac{\mathrm{RSS}}{n}\right)$$

上式中，k 是模型要預測的係數總數目，n 是資料筆數。有關 k 之數值，可以將迴歸式的偏差量算入或不算入。若不算入，k 就是自變數的題目。

爲了進一步闡述 AIC、BIC、R-squared、與 Adjusted R-squared 在迴歸模型效能評估上之應用，我們進行以下計算機模擬實驗。

實驗一：以公式 y = a0 + a1* x1 + a2*x2 ， {a0,a1,a2} = { 2.5，– 3.4，6 .7}，並假設 x1 與 x2 爲均質分布的隨機變數，產生 200 筆資料紀錄，然後運用 LinearRegression.fit(···) 函式求得迴歸模型係數，再找出各評估指標。

程式碼如圖 8-3-4 範例 Ex8_3_aic_01.py 的內容。程式碼中，x1=random.uniform(-10.0,10.0,size=(N,)) 會從 –10 倒 10 之間以相同機率產生 200 個隨機值。依前述公式產生的 y。x1、x2、y 構成資料集 {X,y}。

```
File  Edit  Format  Run  Options  Window  Help
import numpy as np
from sklearn.linear_model import LinearRegression
from numpy import random

a0=2.5
a1=-3.4
a2=6.7
N=200
x1=random.uniform(-10.0,10.0,size=(N,))
x2=random.uniform(-5.0,5.0,size=(N,))
X = np.stack((x1,x2),axis=1)
y = a0+a1*x1 +a2*x2

reg = LinearRegression().fit(X, y)
print("a0 = ", reg.intercept_)
print("[a1,a2] = " ,reg.coef_)


r2=reg.score(X,y)
print(f'R2 = {r2}')
k=2
Adj_R2=1.0 - (1-r2)*(N-1)/(N-k-1)
print(f'Adj_R2 =  {Adj_R2}')

y_est=reg.predict(X)
error=y-y_est
MSE=np.sum(np.power(error,2))/N
AIC=2*k + N*np.log(MSE)
print(f'AIC = {AIC}')

BIC=k*np.log(N)+N*np.log(MSE)
print(f'BIC = {BIC}')
                                         Ln: 32  Col: 21
```

▲圖 8-3-4　範例 Ex8_3_aic_01.py 的程式碼

執行結果如下之文字方塊所示。

```
== RESTART: D:/Python/book/chapter8/example/Ex8_3_aic_01.py ==
a0     =  2.500000000000001
[a1,a2] =  [-3.4  6.7]
R2     =  1.0
Adj_R2 =  1.0
AIC    =  -12949
BIC    =  -12942
```

從執行結果來看，{a0,a1,a2} 都學習到原先所設定的值。R-squared 與 Adjusted R-squared 都是 1.0，表示是完美的預測，也就是 MSE 爲 0.0。AIC 與 BIC 有很小的負值，分別是 –12949 與 –12942，表示預測效果甚佳。這個範例是完美的預測，這不意外，因爲在程式碼中產生 y 的公式中沒有引入任何誤差項。

實驗二： 引入誤差項。以方程式 y=a0 + a1*x1 + a2*x2 + e，{a0,a1,a2} = { 2.5，–3.4，6.7} 產生 200 筆資料紀錄，然後運用 LinearRegression.fit(…) 函式求得迴歸模型係數，再找出各評估指標。程式碼如圖 8-3-5 範例 Ex8_3_aic_02.py 的內容。程式碼的第 11 行，e=random.normal(loc=0.0,scale=1.0,size=(N,)) 是產生平均值 0，標準差 1.0 的常態分配之雜訊。

```
File  Edit  Format  Run  Options  Window  Help
1  import numpy as np
2  from sklearn.linear_model import LinearRegression
3  from numpy import random
4
5  a0=2.5
6  a1=-3.4
7  a2=6.7
8  N=200
9  x1=random.uniform(-10.0,10.0,size=(N,))
10 x2=random.uniform(-5.0,5.0,size=(N,))
11 e=random.normal(loc=0.0,scale=1.0,size=(N,))
12 X = np.stack((x1,x2),axis=1)
13 y = a0+a1*x1 +a2*x2 + e
14
15 reg = LinearRegression().fit(X, y)
16 print("a0 = ", reg.intercept_)
17 print("[a1,a2] = " ,reg.coef_)
18
19
20 r2=reg.score(X,y)
21 print(f'R2 = {r2}')
22 k=2
23 Adj_R2=1.0 - (1-r2)*(N-1)/(N-k-1)
24 print(f'Adj_R2 =  {Adj_R2}')
25
26 y_est=reg.predict(X)
27 error=y-y_est
28 MSE=np.sum(np.power(error,2))/N
29 AIC=2*k + N*np.log(MSE)
30 print(f'AIC = {AIC}')
31
32 BIC=k*np.log(N)+N*np.log(MSE)
33 print(f'BIC = {BIC}')
                                        Ln: 33  Col: 21
```

▲圖 8-3-5　範例 Ex8_3_aic_02.py 的程式碼

執行結果如下之文字方塊所示。從執行結果可觀察到，線性迴歸模型機器學習得到的 {a0,a1,a2}={2.526, –3.407, 6.695} 並不是原來用來模擬的 {2.5, –3.4, 6.7}，而是有些差異。這個原因是在產生依變數 y 時，我們引入了雜訊項 e 所造成的。引入雜訊項也影響了 AIC、BIC、R-squared、與 Adjusted R-squared 等評估指標的值，已經不再是完美擬合。然而，因爲假設的模型與實際產生資料的模型是一樣的，所以 R-squared、與 Adjusted R-squared 都仍然接近 1.0。這表示所求得的 {a0, a1, a2} 係數與 y=a0 + a1*x1 + a2*x2 的模型是適用的。

```
a0       =  2.525732472173172
[a1,a2]   =  [-3.40708959  6.69495617]
R2       =  0.9986120047489901
Adj_R2   =  0.9985979134266448
AIC      =  4.694868979021715
BIC      =  11.291503712117787
```

實驗三： 引入誤差項但數據產生使用 x1^2。以公式 y = a0 + a1*x1^2 + a2*x2 + e，{a0,a1,a2} = { 2.5,–3.4,6.7} 產生 200 筆資料紀錄，然後運用 LinearRegression.fit(⋯) 函式求得迴歸模型係數，再找出各評估指標。本實驗的 y 值產生公式，其中 x1 是以平方項方式出現。我們假設多個迴歸分析模型，程式碼如圖 8-3-6(a) 與圖 8-3-6(b) 範例 Ex8_3_aic_03.py 的內容。

```
File  Edit  Format  Run  Options  Window  Help
import numpy as np
from sklearn.linear_model import LinearRegression
from numpy import random
from sklearn.metrics import mean_squared_error

def calculate_aic(n, mse, num_params):
        aic = n * np.log(mse) + 2 * num_params
        return aic
def calculate_bic(n, mse, num_params):
        bic = n * np.log(mse) + num_params * np.log(n)
        return bic
random.seed(100)
a0=2.5
a1=-3.4
a2=6.7
N=200

x1=random.uniform(-10.0,10.0,size=(N,))
x2=random.uniform(-5.0,5.0,size=(N,))
e=random.normal(loc=0.0,scale=1.0,size=(N,))
y = a0+a1*np.power(x1,2.0) + a2*x2 + e #產生y

X = np.stack((x1,x2),axis=1) #y = a0 + a1*x1 + a2*x2
reg = LinearRegression().fit(X, y)
a=[reg.intercept_,reg.coef_[0],reg.coef_[1] ]
print(a)

r2=reg.score(X,y)
k=2
Adj_R2=1.0 - (1-r2)*(N-1)/(N-k-1)
R=[r2,Adj_R2]
print(R)

y_est=reg.predict(X)
MSE = mean_squared_error(y, y_est)
AIC=calculate_aic(N,MSE,k)
BIC=calculate_bic(N,MSE,k)
abi=[AIC,BIC]
print(abi)

                                                    Ln: 42  Col: 0
```

(a) 範例 Ex8_3_aic_03.py 的前半程式碼

▲圖 8-3-6

```
File  Edit  Format  Run  Options  Window  Help
x3=np.power(x1,2.0)
#y = a0 + a1*x1 + a2*x2 +a3*x1^2
X = np.stack((x1,x2,x3),axis=1)
reg = LinearRegression().fit(X, y)
a=[reg.intercept_,reg.coef_[0],reg.coef_[1], reg.coef_[2]]
print(a)

r2=reg.score(X,y)
k=3
Adj_R2=1.0 - (1-r2)*(N-1)/(N-k-1)
R=[r2,Adj_R2]
print(R)

y_est=reg.predict(X)
MSE = mean_squared_error(y, y_est)
AIC = calculate_aic(N,MSE,k)
BIC=calculate_bic(N,MSE,k)
abi=[AIC,BIC]
print(abi)

x4=np.power(x1,2.0)
X = np.stack((x4,x2),axis=1) #y = a0 + a1*x1^2 + a2*x2
reg = LinearRegression().fit(X, y)
a=[reg.intercept_,reg.coef_[0],reg.coef_[1]]
print(a)

r2=reg.score(X,y)
k=2
Adj_R2=1.0 - (1-r2)*(N-1)/(N-k-1)
R=[r2,Adj_R2]
print(R)

y_est=reg.predict(X)
MSE = mean_squared_error(y, y_est)
AIC = calculate_aic(N,MSE,k)
BIC=calculate_bic(N,MSE,k)
abi=[AIC,BIC]
print(abi)
                                          Ln: 82  Col: 0
```

(b) 範例 Ex8_3_aic_03.py 的後半程式碼

▲圖 8-3-6(續)

Ex8_3_aic_03.py 的程式第 12 行，random.seed(100) 是設定隨機種子，如此可以每次執行所產生的訓練資料集都會是一樣，使得此程式每次執行都可以得到相同的結果，方便觀察。從第 13 行到 21 行則是以公式 y = a0 + a1*x1^2 + a2*x2 + e，{a0,a1,a2} = { 2.5,–3.4,6.7} 產生 200 筆資料紀錄做為訓練資料集。

程式執行結果，我們整理成下表。第 23 行 X = np.stack((x1,x2),axis=1) 是假設訓練資料集的線性迴歸模型為 y = a0 + a1*x1 + a2*x2，參照下表第一列，不僅所學得的係數完全與 { 2.5,–3.4,6.7} 不同，決定係數也都接近 0.0，AIC 與 BIC 也都很大。這表示此模型完全不適用。第 43 行 X = np.stack((x1,x2,x3),axis=1) 是假設訓練資料集的線性迴歸模型為 y = a0 + a1*x1 + a2*x2 +a3*x1^2 。參照下表第二列，所學得的係數與 { 2.5,–3.4,6.7} 接近，除了多一個 0.005，決定係數也都接近 1.0，AIC 與 BIC 也都很小。這表示此模型非常適用。第 62 行 X = np.stack((x4,x2),axis=1) 是假設訓練資料集的線性迴歸模型為 #y = a0 + a1*x1^2 + a2*x2。參照下表第三列，所學得的係數與 { 2.5,–3.4,6.7} 接近，決定係數也都接近 1.0，AIC 與 BIC 也都很小。這表示此模型非常適用。

模型假設	係數	{R-Sqr, Adj_R-Sqr}	{AIC,BIC}
y = a0 + a1*x1 + a2*x2	{ –111.82, –2.349, 3.280}	{ 0.024, 0.014}	{ 1862.7, 1869.3}
y = a0 + a1*x1 + a2*x2 + a3*x1^2.0	{ 2.424, 0.005, 6.697, –3.397}	{ 0.9999, 0.9999}	{ 0.956, 10.851}
y = a0 + a1*x1^2 + a2*x2	{ 2.419, –3.397, 6.697}	{ 0.9999, 0.9999}	{–0.88, 5.71}

後兩個模型都是適用模型是因為所假設的線性迴歸模型與產生訓練資料集的模型皆將 x1^2 加入了。然而，在實際應用時，我們並不知道訓練資料集的產生模型。當我們使用變數變換，基於原始自變數資料衍生與擴增欄位與內容時，總會找到適合的模型，而且可能有多個，但有些可能是過度擬合，那麼我們要選擇哪一個。這時就可以看 AIC 與 BIC，當 AIC 與 BIC 在多個模型的值都很接近時，就選擇自變數欄位最少的那一個。以本範例來說，應該選用 y = a0 + a1*x1^2 + a2*x2，而這就擬合原本訓練資料集的產生模型。

針對多個線性迴歸的決定係數都很接近 1.0，使用 AIC 與 BIC 判斷該選用那一個模型，有時仍然還會誤判，尤其如果測試資料集就是使用訓練資料集的情況。實務上，還有另一種選擇的準則就是觀察各個線性迴歸模型的整體 p-value 與個別係數的 p-value。

如第 7 章所述，迴歸模型之假設條件是誤差項要服從常態分配，而且其平均值爲 0.0。若誤差項的標準差爲 a，也就是變異數爲 a^2 則誤差項 ε_i 機率分配應類似 N(0,a)。

誤差值 (ε_i) 是迴歸模型預測值 ($\hat{y}_i$) 與實際值 (y_i) 的差值，也就是 $\varepsilon_i = \hat{y}_i - y_i$。若要誤差值的平均值爲 0，表示 ($\hat{y}_i$) 與 ($y_i$) 要有相同的平均值。若 ($\hat{y}_i$) 與 ($y_i$) 也能有相同的變異數，那就表示迴歸模型的預測效果甚佳。F 檢定 (F-test) 可以用來檢測兩個服從常態分配的資料群，是否有相同的標準差。R 的 summary(…) 函式可以算出 F 值。如果查閱統計數學推導的相關書籍，F 值 (F value) 可以由 SSR、SST 及 SSE 得到。F 值得到後，可以算出 p 值 (p-value)。從 p 值就可以判斷常態分佈的假設符不符合。這也是一種評估模型的方法，其細節本書就不討論，有興趣者可以自行參考統計分析的相關書籍。

圖 8-3-7 的 Ex8_3_norm.py 展示了線性迴歸模型未擬合與有擬合到產生資料集的模型時，殘差的直方圖。在這個範例中，殘差是另外產生測試資料集輸入到線性迴歸式後所求得。圖 8-3-8 與圖 8-3-9 分別是未擬合與有擬合到模型時的殘差之直方圖。很明顯有擬合到模型時，所得到的直方圖近似常態分配；反之則不會近似常態分配。

```
File  Edit  Format  Run  Options  Window  Help
import numpy as np
from sklearn.linear_model import LinearRegression
from numpy import random
import matplotlib.pyplot as plt

random.seed(100)
a0=2.5
a1=-3.4
a2=6.7
N=200

#產生訓練資料集
x1=random.uniform(-10.0,10.0,size=(N,))
x2=random.uniform(-5.0,5.0,size=(N,))
e=random.normal(loc=0.0,scale=1.0,size=(N,))
y = a0+a1*np.power(x1,2.0) + a2*x2 + e

#產生測試資料集
t_x1=random.uniform(-10.0,10.0,size=(1000,))
t_x2=random.uniform(-5.0,5.0,size=(1000,))
t_e=random.normal(loc=0.0,scale=1.0,size=(1000,))
t_y = a0+a1*np.power(t_x1,2.0) + a2*t_x2 + t_e

X = np.stack((x1,x2),axis=1) #y = a0 + a1*x1 + a2*x2
reg = LinearRegression().fit(X, y)
testX = np.stack((t_x1,t_x2),axis=1)
y_est=reg.predict(testX)
error=t_y-y_est
plt.hist(error)
plt.show()

x4=np.power(x1,2.0)
X = np.stack((x4,x2),axis=1) #y = a0 + a1*x1^2 + a2*x2
reg = LinearRegression().fit(X, y)
t_x4=np.power(t_x1,2.0)
testX = np.stack((t_x4,t_x2),axis=1)
y_est=reg.predict(testX)
error=t_y-y_est
plt.hist(error)
plt.show()
                                                    Ln: 42  Col: 0
```

▲ 圖 8-3-7　範例 Ex8_3_norm.py 的程式碼

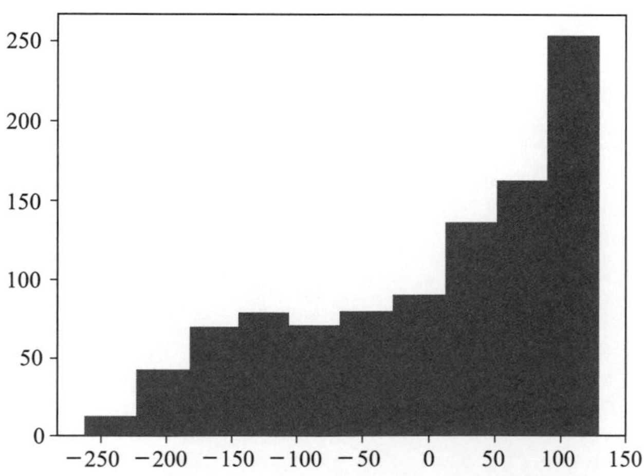

▲ 圖 8-3-8　模型不匹配時之殘差直方圖

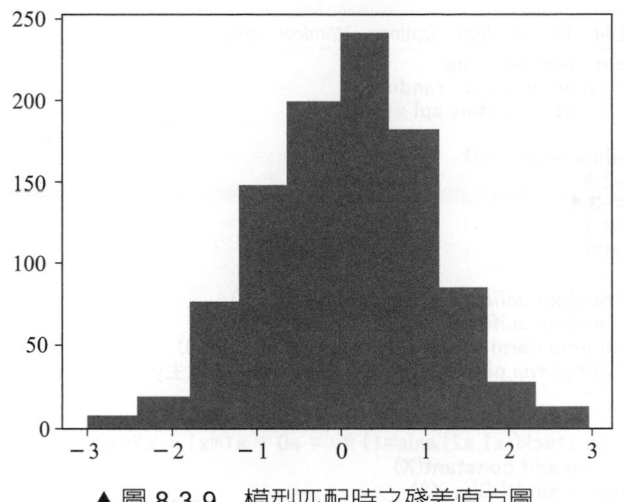

▲圖 8-3-9　模型匹配時之殘差直方圖

Python 的線性迴歸模型的機器學習模組除了 LinearRegression 之外，還有另一個 statsmodels.api 模組，其 OLS(…) 方法也可以完成線性迴歸模型的機器學習。statsmodels.api 模組的額外功能是可以總結 (summay) 整體線性迴歸模型經由 F-test 所得到 p-value 之外，也可以計算出各個係數的 p-value。本書不深入討論 p-valu 的意義，只要記得在 95% 的信心水準下，只要 p-value 小於 0.025 就是可以接受的模型或係數。

圖 8-3-10 的 Ex8_3_ols_01.py 是展示 statsmodels.api 模組的 OLS(…) 方法的範例。程式第 19 與 20 行，model = sm.OLS(y, X2) 及 est2 = model.fit() 即是給定訓練資料集後進行線性迴歸機器學習。程式第 12 行的 X2 = sm.add_constant(X)，其目的是在 X 的最左邊加入元素值均為 1.0 的向量。這是因為 OLS(…) 預設是針對沒有偏差量的線性迴歸公式進行學習，也就是只學習 y = a1*x1 + a2*x2 的 {a1, a2}，為了能學習到 y = a0 + a1*x1 + a2*x2 的 {a0, a1, a2}，相當於要加上 x0 的欄位使成 y = a0*x0 + a1*x1 + a2*x2，而 x0 資料向量的每個元素都是 1.0。

```
File  Edit  Format  Run  Options  Window  Help
1  import numpy as np
2  from numpy import random
3  import statsmodels.api as sm
4
5  random.seed(100)
6  a0=2.5
7  a1=-3.4
8  a2=6.7
9  N=200
10
11 x1=random.uniform(-10.0,10.0,size=(N,))
12 x2=random.uniform(-5.0,5.0,size=(N,))
13 e=random.normal(loc=0.0,scale=1.0,size=(N,))
14 y = a0+a1*np.power(x1,2.0) + a2*x2 + e #產生y
15
16
17 X = np.stack((x1,x2),axis=1) #y = a0 + a1*x1 + a2*x2
18 X2 = sm.add_constant(X)
19 model = sm.OLS(y, X2)
20 est2 = model.fit()
21 print(est2.summary())
22
23 x3=np.power(x1,2.0)
24 #y = a0 + a1*x1 + a2*x2 +a3*x1^2
25 X = np.stack((x1,x2,x3),axis=1)
26 X2 = sm.add_constant(X)
27 model = sm.OLS(y, X2)
28 est2 = model.fit()
29 print(est2.summary())
30
31 x4=np.power(x1,2.0)
32 X = np.stack((x4,x2),axis=1) #y = a0 + a1*x1^2 + a2*x2
33 X2 = sm.add_constant(X)
34 model = sm.OLS(y, X2)
35 est2 = model.fit()
36 print(est2.summary())
                                              Ln: 16  Col: 0
```

▲圖 8-3-10　範例 Ex8_3_ols_01.py 的程式碼

Ex8_3_ols_01.py 的第 21 行，est2.summary() 可以總結 p-value。我們將執行結果整理於下表。

模型假設	係數名稱 (係數值) (p-value)	F-test 的 p-value
y = a0 + a1*x1 + a2*x2	a0　−111.8183　0.000 a1　−2.3493　0.069 a2　3.2802　0.200	0.0908
y = a0 + a1*x1 + a2*x2 + a3*x1^2.0	a0　2.4236　0.000 a1　0.0049　0.069 a2　6.6970　0.000 a3　−3.3974　0.000	0.0000
y = a0 + a1*x1^2 + a2*x2	a0　2.4193　0.000 a1　−3.3973　0.000 a2　6.6972　0.000	0.0000

第一列的結果，{a1,a2}={–2.3493, 3.2802} 所對應的 p-value 爲 {0.069, 0.200}，皆大於 0.025，F-test 的 p-value 也大於 0.025。這表示不符合 95% 的信賴度，因此可以判斷未擬合到訓練資料集的產生模型，所以是不適用的模型。第二列的結果，{a1,a2,a3}={0.0049, 6.6970, –3.3974} 所對應的 p-value 爲 {0.069, 0.000,0.000}，除第一個大於 0.025，其它兩個的 p-value 皆接近 0.0，另外 F-test 的 p-value 也接近 0.0。這表示幾乎具 100% 的信賴度，因此可以判斷有擬合到訓練資料集的產生模型。但因爲 a1 的 p-value 大於 0.025 表示信賴度不高，也就是將此一係數去掉對模型並沒有顯著的影響，甚至可以減少過度擬合的機會。第三列的結果就是將第二列的 a1 去掉時的情況。{a1,a2,a3}={2.4193, –3.3973, 6.6972} 所對應的 p-value 都接近 0.0，F-test 的 p-value 也接近 0.0，都表示這一個模型的擬合度甚佳。

9-1　*k* 最近鄰分類演算法

k 最近鄰 (k-Nearest Neighbor，kNN) 是找出 *k* 個最接近的鄰居的意思。也就是每個輸入樣本都從已知分類的資料集中找出它最接近的 *k* 個資料紀錄來詮釋這個輸入樣本。kNN 是 Cover 和 Hart 在 1968 年所提出的分類演算法。kNN 是一種基於實例的學習 (instance-based learning)，屬於懶惰學習 (lazy learning)，也就是 kNN 沒有外顯的學習過程，亦即沒有模型訓練的階段。資料集的每筆資料紀錄都已有分類標記 (Label) 和自變數值 (特徵向量)，當收到輸入的新樣本資料紀錄後就進行以下的處理。如果所收到的輸入樣本在特徵空間中的 *k* 個最鄰近的樣本中的大多數屬於某一類別，則該樣本就歸為該類別。kNN 可以看做是採多數決。圖 9-1-1 為 kNN 分類器的示意圖，x 是新輸入向量，以此例來說，k=5 因有 4 個接近 x 的資料紀錄屬於 A，所以 x 會被歸類為類別 A。

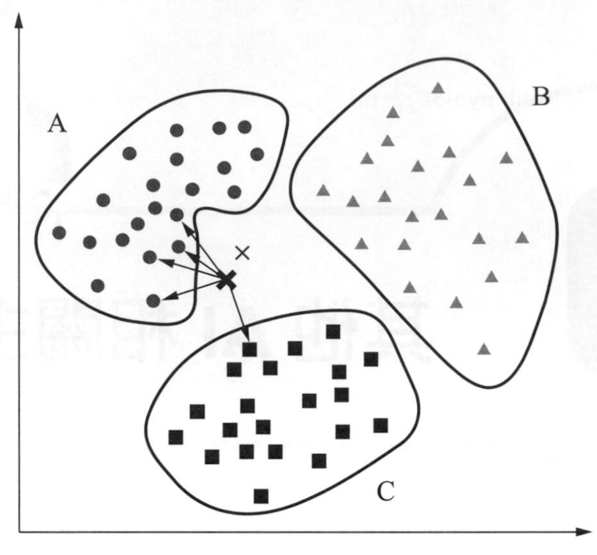

▲圖 9-1-1　kNN 分類器示意圖

kNN 演算法如以下的文字方塊所示。

> 第一步：設定 k 值並取得輸入新樣本 x。
>
> 第二步：計算 x 與所有既存的資料點的距離。
>
> 第三步：找出 k 個與 x 最接近的資料點。
>
> 第四步：檢視 k 個資料點分屬於哪些類別。
>
> 第五步：將 x 歸類為在第四步有最多資料點的那一個類別。

接下來，我們以一個簡單的例子來展示 kNN 演算法。圖 9-1-2 是繪出範例資料集的散佈圖之 Python 程式範例。圖 9-1-3 即爲散佈圖的結果。

```
File  Edit  Format  Run  Options  Window  Help
import numpy as np
import matplotlib.pyplot as plt

new_X=[-4.2,0.1]
X=np.array([[-1,-2],[-3,-1],[-5,-2],[-4,-2],
          [-1,4],[-3,4],[-2,3],[-3,2],[4,4],[4,6],[5,4],[3,5]])
y=['A','A','A','B','B','B','C','C','C']
Xa=X[0:4,0]; Ya=X[0:4,1];
Xb=X[4:8,0]; Yb=X[4:8,1];
Xc=X[8:12,0]; Yc=X[8:12,1];
plt.plot(Xa,Ya, 'x')
plt.plot(Xb,Yb, 'o')
plt.plot(Xc,Yc, '*')
plt.plot(new_X[0],new_X[1],'H',ms=18)
plt.text(-3, -2, 'A', fontsize = 18)
plt.text(-2, 5, 'B', fontsize = 18)
plt.text(4.8, 5.1, 'C', fontsize = 18)
plt.text(-5.2, -0.4, 'new_X(-4.2,0.1)', fontsize = 15)
plt.show()
                                                    Ln: 19  Col: 10
```

▲圖 9-1-2　knn01_data_set 散佈圖繪製程式

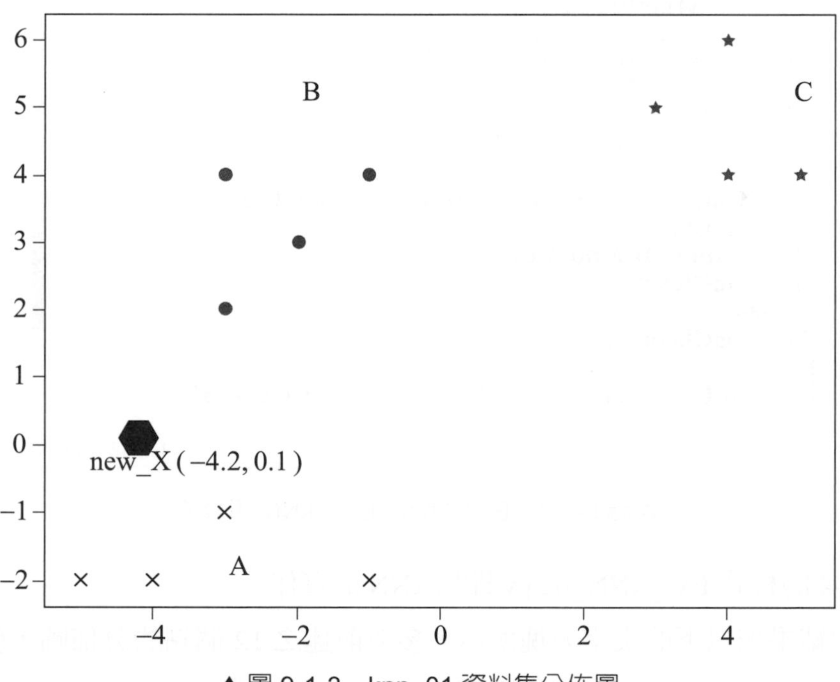

▲圖 9-1-3　knn_01 資料集分佈圖

File Edit Format Run Options Window Help

```
import math
import numpy as np
import matplotlib.pyplot as plt
def getDist(a,b):
    temp=(a[0]-b[0])**2+(a[1]-b[1])**2
    dist=math.sqrt(temp)
    return dist

dist=[]
new_X=[-4.2,0.1]
X=np.array([[-1,-2],[-3,-1],[-5,-2],[-4,-2],[-1,4],[-3,4],
            [-2,3],[-3,2],[4,4],[4,6],[5,4],[3,5]])
y=['A','A','A','A','B','B','B','B','C','C','C','C']
for  i in range(0,12):
    b=X[i]
    temp=getDist(new_X,b)
    dist.append(temp)

sorted_idx=sorted(range(len(dist)), key=lambda k: dist[k])
print("The index after sorting: ")
print(sorted_idx)
num_A=0; num_B=0; num_C=0;
for i in range(0,5):
    if (y[sorted_idx[i]]=="A"):
        num_A=num_A+1
    if (y[sorted_idx[i]]=="B"):
        num_B=num_B+1
    if (y[sorted_idx[i]]=="C"):
        num_C=num_C+1

if ((num_A > num_B) and (num_A > num_C)):
    isClass='A'
elif (num_B > num_C):
    isClass='B'
else:
    isClass='C'

print("This sample is classified as " + isClass)
```

Ln: 38 Col: 48

▲圖 9-1-4　Ex9_kNN_02.py kNN 演算法

圖 9-1-4 的程式 Ex9_kNN_02.py 即爲 kNN 的實作。

執行的結果如以下的文字方塊所示，參考前述之 12 個點的分佈圖，**就給定的資料點** (–4.2,0.1)，**分類結果是令人滿意的**。

```
==== RESTART: D:/Python/book/chapter9/kNN/Ex9_kNN_02.py ====
The index after sorting:
[1, 3, 2, 7, 6, 0, 5, 4, 11, 8, 10, 9]
This sample is classified as A
```

Python 的 sklearn.neighbors 模組的 KneighborsClassifier(…) 方法實現了 kNN 演算法。圖 9-1-5 的程式碼是以前一個例子的 12 個資料點所建立的 kNN 分類器。

```
File  Edit  Format  Run  Options  Window  Help
1 from sklearn import datasets
2 from sklearn.neighbors import KNeighborsClassifier
3 import numpy as np
4
5 new_X=[[-4.2,0.1]]
6 X=np.array([[-1,-2],[-3,-1],[-5,-2],[-4,-2],[-1,4],[-3,4],
7             [-2,3],[-3,2],[4,4],[4,6],[5,4],[3,5]])
8 y=['A','A','A','A','B','B','B','B','C','C','C','C']
9
10 knn = KNeighborsClassifier(n_neighbors=5)
11 knn.fit(X,y)
12 test_X=X
13 result=knn.predict(test_X)
14 print("以訓練資料集做為測試資料集的結果：")
15 print(result)
16 print("new_X(-4.2,0.1)的分類結果: ", knn.predict(new_X))
17
                                                Ln: 16  Col: 52
```

▲圖 9-1-5　knn_03 sklearn 的 KneighborsClassifier(…) 範例

上述程式的第 10 行 knn = KNeighborsClassifier(n_neighbors=5) 設定 k 值爲 5。執行結果如以下的文字方塊所示。

```
==== RESTART: D:/Python/book/chapter9/kNN/Ex9_kNN_03.py ====
以訓練資料集做為測試資料集的結果：
['A' 'A' 'A' 'A' 'B' 'B' 'B' 'B' 'C' 'C' 'C' 'C']
new_X(-4.2,0.1) 的分類結果：  ['A']
```

使用訓練資料集做爲測試資料集，分類結果是正確的。另外，以 new_X (-4.2,0.1) 依最接近原則，分類結果也是正確的。

接下來，我們以實際的案例來測試 kNN 演算法的效能。測試資料使用 iris 鳶尾花資料集。程式碼如圖 9-1-6 所示，

```
File  Edit  Format  Run  Options  Window  Help
import numpy as np
from sklearn import neighbors, datasets
from sklearn import metrics

iris = datasets.load_iris()
X = iris.data
y = iris.target
for i in range(0,len(y)):
    if y[i]=="setosa":
        y[i]=0
    if y[i]=="versicolor":
        y[i]=1
    if y[i]=="virginica":
        y[i]=2

for k in [5,10,15,20]:
  clf = neighbors.KNeighborsClassifier(n_neighbors=k)
  clf.fit(X, y)
  res = clf.predict(X)
  print("當k值為 ", k , " 時, 混淆矩陣為:")
  print(metrics.confusion_matrix(y, res))
                                          Ln: 21  Col: 41
```

▲圖 9-1-6　kNN_04 鳶尾花資料集之 kNN 演算法

執行的結果以混淆矩陣的形式呈現，如以下的文字方塊所示。從第一個混淆矩陣的結果來看，50 筆 setosa 都分類正確，50 筆的 versicolor 有 3 筆被誤判成 virginica，而 50 筆的 virginica 有 2 筆被誤判成 versicolor。

```
==== RESTART: D:/Python/book/chapter9/kNN/Ex9_kNN_04.py ====
當 k 值為   5   時，混淆矩陣為：
[[50   0    0]
 [ 0   47   3]
 [ 0   2   48]]
當 k 值為   10   時，混淆矩陣為：
[[50   0    0]
 [ 0   49   1]
 [ 0   2   48]]
當 k 值為   15   時，混淆矩陣為：
[[50   0    0]
 [ 0   49   1]
 [ 0   1   49]]
當 k 值為   20   時，混淆矩陣為：
[[50   0    0]
 [ 0   48   2]
 [ 0   1   49]]
```

kNN 演算法的 k 值，也就是要設定要找出多少個最接近的資料點，對分類器的效能有顯著的影響。上例中，我們分別以 k = 5,10,15,20 做測試。從結果來看，不同的 k 值之分類效能的確不同。因此，對 kNN 而言，適當的 k 值如何選擇是一個議題。除此之外，決定最接近之"距離"計算方式也會影響分類效能。雖然最常用的是歐幾里得幾何距離 (Euclidean distance)，但是還有其他的選擇。sklearn 的 KneighborsClassifier 方法也可以使用 distance 組態參數設定不同的距離計算方式。有興趣者可以參考網路的文件說明，自行測試。

9-2 單純貝氏分類器

貝氏分類器 (Bayesian classifier) 是以貝氏定理 (Bayes' Theorem) 爲基礎，藉由機率模型來判斷新輸入資料向量樣本的歸屬類別。

貝氏定理的核心是條件機率的應用，條件機率的公式如下：

$$P(A|B)=\frac{P(B|A)\times P(A)}{P(B)}$$

上式中 $P(A)$ 與 $P(B)$ 分別爲 A 事件與 B 事件的發生機率。$P(A|B)$ 是在 B 事件已發生的條件下，A 事件的發生機率；$P(B|A)$ 則是 A 事件已發生的條件下，B 事件的發生機率。

舉一個情境來說明貝氏公式。假設有編號分別爲甲、乙、丙、丁的箱子，箱子甲內有 30 顆球、乙有 20 顆、丙有 10 顆、箱子丁內有 40 顆球。球有黑白兩色，黑色的球落在甲、乙、丙、丁四個箱子，分別占比爲 1/3、3/4、1/2、1/4。若桌上已出現一顆黑球，已知是從甲、乙、丙、丁等四個箱子取出，那麼請問這個球是從編號甲的箱子取出的機率爲多少？

爲了解這個問題，我們定義以下的事件，$P(B)$ 是黑球出現的機率，$P(A)$ 是球從編號甲的箱子取出的機率，$P(B|A)$ 是給定編號甲的箱子取出黑球的機率。$P(B|A)$ 相當於編號甲的箱子已限定的條件上，取出黑球的機率。從前段的敘述，很顯然 $P(B|A)=\frac{1}{3}$，$P(A)=\frac{30}{100}=0.3$。總球數有 100 顆，黑球總共有 $30\times\frac{1}{3}+20\times\frac{3}{4}+10\times\frac{1}{2}+40\times\frac{1}{4}=40$，因此 $P(B)=\frac{40}{100}=0.4$。本問題可以描述成「看到一顆黑球，那麼此黑球是從編號甲的箱子取出的機率」記爲 $P(A|B)$。依照貝斯公式，

$$P(A|B)=\frac{P(B|A)\times P(A)}{P(B)}=\frac{\frac{1}{3}\times 0.3}{0.4}=\frac{1}{4}=0.25$$

上述的例子中，$P(A)$、$P(B)$、$P(B|A)$ 都必須是要算得出來，$P(A|B)$ 才能計算出來。

套用在二元分類的問題，已知的條件是已收集到資料集，記爲 D，將 $P(C_1)$ 定義爲類別 C_1 發生的機率，$P(C_2)$ 定義爲類別 C_2 發生的機率。若資料集的資料筆數爲 N，N_{C1} 是資料筆數中標記爲 C_1 的筆數，N_{C2} 是標記爲 C_2 的筆數，因此從訓練資料集即可估計

$$P(C_1)=\frac{N_{C1}}{N}\;;\;P(C_2)=\frac{N_{C2}}{N}$$

分類的問題是針對新輸入參數 x，我們要判斷其歸屬類別爲 C_1 或 C_2。依據貝氏分類器的規則，如果我們可以得到 $P(C_1|x)$ 與 $P(C_2|x)$，它們分別是給定 x 的條件下，其來自 C_1 與 C_2 的機率。套用貝氏公式，我們有

$$P(C_i|x)=\frac{P(x|C_i)P(C_i)}{P(x)}$$

上式中的 $P(x|C_i)$ 可以從訓練資料集估計得到，其計算方式是給定 C_i 類別的所有樣本，其中特徵值 x 發生的機率。舉例來說，若有一個資料集如表 9-2-1，是記錄 15 筆依據天氣狀況，再做是否出門決策之資料集。記錄時間假設是在不同天，是否出門只有 Yes 與 No 兩種決策，weather_Type 就是特徵值，有三種離散值分別是 Sunny、Cloudy、Rainy。

▼表 9-2-1

編號	weather_Type	是否出門
1	Sunny	NO
2	Cloudy	Yes
3	Cloudy	NO
4	Rainy	Yes
5	Rainy	Yes
6	Rainy	NO
7	Cloudy	Yes
8	Sunny	NO
9	Sunny	Yes
10	Rainy	Yes
11	Sunny	Yes
12	Cloudy	Yes
13	Cloudy	Yes
14	Rainy	NO
15	Rainy	Yes

給定類別爲 Yes 時，Sunny 發生的機率 $P(\text{Sunny}\,|\,\text{Yes})=\dfrac{2}{10}$，分母 10 是資料集中，標記爲 Yes 的筆數，分子數値 2 是 10 筆 Yes 中；weather_Type 爲 Sunny 的筆數，分別是第 9 與第 11 筆。同理 $P(\text{Sunny}\,|\,\text{No})=\dfrac{2}{5}$。依此類推，我們也可算出 $P(\text{Rainy}\,|\,\text{Yes})=\dfrac{4}{10}$；$P(\text{Rainy}\,|\,\text{No})=\dfrac{2}{5}$；$\text{P(cloudy} \mid \text{Yes)}=\dfrac{4}{10}$；$\text{P(cloudy} \mid \text{No)}=\dfrac{1}{5}$。另外，$P(\text{Yes})=\dfrac{10}{15}$；$P(\text{No})=\dfrac{5}{15}$。

如果現在觀察到 weather_Typ== Sunny，那應該歸類爲 Yes 或 No。決策判斷規則爲當 $P(\text{Yse}\,|\,\text{Sunny})>P(\text{No}\,|\,\text{Sunny})$ 時歸類爲 Yes，否則歸類爲 No。也就是當 $r=\dfrac{P(\text{Yse}\,|\,\text{Sunny})}{P(\text{No}\,|\,\text{Sunny})}>1.0$ 時歸類爲 Yes。反之，當 $r\le 1.0$ 歸類爲 No。

從貝氏公式可知

$$P(\text{Yes}\,|\,\text{Sunny})=\frac{P(\text{Sunny}\,|\,\text{Yes})\times P(\text{Yes})}{P(\text{Sunny})}$$

$$P(\text{No}\,|\,\text{Sunny})=\frac{P(\text{Sunny}\,|\,\text{No})\times P(\text{No})}{P(\text{Sunny})}$$

因此

$$r=\frac{P(\text{Yes}\,|\,\text{Sunny})}{P(\text{No}\,|\,\text{Sunny})}=\frac{P(\text{Sunny}\,|\,\text{Yes})\times P(\text{Yes})}{P(\text{Sunny}\,|\,\text{No})\times P(\text{No})}=\frac{\frac{2}{10}\times\frac{10}{15}}{\frac{2}{5}\times\frac{5}{15}}=\frac{\frac{1}{5}\times\frac{2}{3}}{\frac{2}{5}\times\frac{1}{3}}=1.0$$

因 $r=1.0$，所以歸類爲 No。

前述的例子是在輸入向量只有一個維度時，當輸入向量 X 爲多維度時，例如 $X=\{x_1,x_2,\ldots,x_n\}$，這時貝氏二元分類器的變成要計算以下的機率値：

$$P(C_i\,|\,X)=\frac{P(X|C_i)\times P(C_i)}{P(X)}$$

單純貝氏分類器是假設 X 的各個元素 x_j 的特徵值都是互相獨立的，在此假設下

$$P(X \mid C_i) = \prod_{j=1}^{n} P(x_j \mid C_i),\ i = 1, 2$$

令 $r = \dfrac{P(C_1 \mid X)}{P(C_2 \mid X)}$，可以得到

$$r = \frac{P(X \mid C_1) \times P(C_1)}{P(X \mid C_2) \times P(C_2)} = \frac{\prod_{j=1}^{n} P(x_j \mid C_1) \times P(C_1)}{\prod_{j=1}^{n} P(x_j \mid C_2) \times P(C_2)}$$

當 $r > 1$ 時，X 歸類為 C_1；反之，歸類為 C_2。

若已收集到一個 3 個維度的資料集，如表 9-2-2。

▼表 9-2-2

weather_Type	Temp	Humidity	Lebel
Sunny	Hot	High	NO
Cloudy	Hot	High	NO
Cloudy	Hot	High	NO
Rainy	Mild	High	Yes
Rainy	Cool	Normal	NO
Rainy	Cool	Normal	NO
Cloudy	Cool	Normal	Yes
Sunny	Mild	High	NO
Sunny	Cool	Normal	Yes
Rainy	Mild	Normal	Yes
Sunny	Mild	Normal	Yes
Cloudy	Mild	High	Yes
Cloudy	Hot	Normal	Yes
Rainy	Mild	High	NO
Rainy	Hot	High	Yes

從這個資料集可以得到以下各事件的機率，

$$P(C_1) = P(\text{Yes}) = \frac{8}{15}$$

$$P(C_2) = P(\text{No}) = \frac{7}{15}$$

$$P(\text{Sunny} \mid \text{Yes}) = \frac{3}{8} \text{ ; } P(\text{Rainy} \mid \text{Yes}) = \frac{2}{8} \text{ ; } P(\text{Cloudy} \mid \text{Yes}) = \frac{3}{8}$$

$$P(\text{Sunny} \mid \text{No}) = \frac{2}{7} \text{ ; } P(\text{Rainy} \mid \text{No}) = \frac{3}{7} \text{ ; } P(\text{Cloudy} \mid \text{No}) = \frac{2}{7}$$

$$P(\text{Hot} \mid \text{Yes}) = \frac{2}{8} \text{ ; } P(\text{Mild} \mid \text{Yes}) = \frac{4}{8} \text{ ; } P(\text{Cool} \mid \text{Yes}) = \frac{2}{8}$$

$$P(\text{Hot} \mid \text{No}) = \frac{3}{7} \text{ ; } P(\text{Mild} \mid \text{No}) = \frac{2}{7} \text{ ; } P(\text{Cool} \mid \text{No}) = \frac{2}{7}$$

$$P(\text{High} \mid \text{Yes}) = \frac{3}{8} \text{ ; } P(\text{Normal} \mid \text{Yes}) = \frac{5}{8}$$

$$P(\text{High} \mid \text{No}) = \frac{5}{7} \text{ ; } P(\text{Normal} \mid \text{No}) = \frac{2}{7}$$

若給定新輸入向量 x=[Cloudy , Cool , Normal]，我們可以計算出

$$r = \frac{P(\text{Cloudy} \mid \text{Yes}) \times P(\text{Cool} \mid \text{Yes}) \times P(\text{Normal} \mid \text{Yes}) \times P(\text{Yes})}{P(\text{Cloudy} \mid \text{No}) \times P(\text{Cool} \mid \text{No}) \times P(\text{Normal} \mid \text{No}) \times P(\text{No})}$$

$$= \frac{(\frac{3}{8} \times \frac{2}{8} \times \frac{5}{8}) \times \frac{8}{15}}{(\frac{2}{7} \times \frac{2}{7} \times \frac{2}{7}) \times \frac{7}{15}} = \frac{3 \times \frac{2}{8} \times \frac{5}{8}}{2 \times \frac{2}{7} \times \frac{2}{7}} = \frac{3 \times 2 \times 5 \times 7 \times 7}{2 \times 2 \times 2 \times 8 \times 8} = 2.87$$

因 $r > 1.0$，因此歸類為 y=Yes。

若給定新輸入向量 x=[Sunny , Cool , High]，則對應的 r 計算如下：

$$r = \frac{P(\text{Sunny} \mid \text{Yes}) \times P(\text{Cool} \mid \text{Yes}) \times P(\text{High} \mid \text{Yes}) \times P(\text{Yes})}{P(\text{Sunny} \mid \text{No}) \times P(\text{Cool} \mid \text{No}) \times P(\text{High} \mid \text{No}) \times P(\text{No})}$$
$$= \frac{\frac{3}{8} \times \frac{2}{8} \times \frac{3}{8} \times \frac{8}{15}}{\frac{2}{7} \times \frac{2}{7} \times \frac{5}{7} \times \frac{7}{15}} = \frac{3 \times \frac{2}{8} \times \frac{3}{8}}{2 \times \frac{2}{7} \times \frac{5}{7}} = \frac{3 \times 2 \times 3 \times 7 \times 7}{2 \times 2 \times 5 \times 8 \times 8} = 0.69$$

因為 $r < 1$ ，所以歸類為 No。

從上述 r 的計算公式中，我們看到 r 的分子與分母都是由多個小於 1.0 的機率值連乘起來。當特徵值的維度很多時，相乘起來的值可能會很小，有可能發生向下溢位 (underflow)。這時可以取 log 的方式解決。

$$\log r = \sum_{j=1}^{n} \log P(x_j \mid C_1) + \log P(C_1) - \sum_{j=1}^{n} \log P(x_j \mid C_2)$$

當 $\log r > 0.0$ 歸類為 C_1，否則歸類為 C_2 。

貝氏分類器適合在訓練資料集的樣本數足夠多的情況。當樣本數數目夠多的時候，從眾多樣本計算出的機率不容易有偏差，可以有效避免過度擬合 (overfiting) 的問題。

然而當樣本數少時，在計算條件機率時，很有可能因為某一個類別的某種特徵的樣本數過少，導致該條件機率趨近於 0.0。這樣就會造成偏差，也就是即使其他特徵值的條件機率大，也會因為相乘而使得整體機率的值過小。解決的方法是使用等化樣本大小 (equivalent sample size) 來解決這個問題，作法是在分母及分子分別加上樣本數 M，M 乘上一個先驗機率 (prior probability)，P 而通常 $P = \frac{1}{k}$，如下式。

$$P(x_j \mid C_i) = \frac{n_j + M \cdot \frac{1}{k}}{N_{ci} + M}$$

k 是 x_i 特徵值的值域大小量，例如前例的 Temp(溫度) 有 Hot、Mild、Cool 三種，所以 $k=3$。

舉例來說，當 $M=48$ 時，

$$P(\text{Hot}\mid\text{Yes})=\frac{2+48\times\frac{1}{3}}{8+48}=\frac{18}{56}=0.32$$

會比原本的 $\frac{2}{8}$ 大。

另外，前述的推導是特徵值爲離散 (Discrete) 的情況，也就是離散的類別隨機數。當特徵值爲連續變化時，也就是連續隨機數 (Continuous Random Variable) 時，特徵隨機數可以假設爲遵循某種機率分配。最常用的機率分配是常態分配，若特徵參數 x_j 的常態分配的平均數與標準差爲 (μ_{jc}, a_{jc}^2) 則在類別 C 已知爲 C_i 的情況下，X 發生的機率可以表示如下：

$$X=(x_1,x_2,\ldots x_j,\ldots x_n)$$

$$P(X\mid C_i)=\frac{\pi_{j=1}^{n} N(x_j,\mu_{jci},a_{jci}^2)\times P(C_i)}{P(X)}\ ,i=1,2$$

若假設 $P(C_1)=P(C_2)$，則二元分類的問題，

$$r=\frac{P(X\mid C_1)}{P(X\mid C_2)}=\frac{\pi_{j=1}^{n}P(x_j\mid C_1)}{\pi_{j=1}^{n}P(x_j\mid C_2)}=\frac{\pi_{j=1}^{n}N(x_j,\mu_{jc1},a_{jc1}^2)}{\pi_{j=1}^{n}N(x_j,\mu_{jc2},a_{jc2}^2)}$$

當 $r>1.0$ 時，X 歸類爲 C_1；反之，X 歸類爲 C_2。上式是假設 $P(x_j \mid c_i)$ 呈常態分配，也就是

$$P(x_j\mid C_i)=\frac{1}{\sqrt{2\pi a_{ci}^2}}\exp\left[-\frac{(x_j-\mu_{jci})^2}{2a_{jci}^2}\right]=N(x_j,\mu_{jc2},a_{jc1}^2)$$

Python 的 sklearn.naive_bayes 模組的 CategoricalNB(…) 方法可以實現 Naïve Bayes 分類演算法。圖 9-2-1 就是單純貝氏分類演算法使用 CategoricalNB(…) 方法完成表 9-2-2 訓練資料集的程式碼。

File　Edit　Format　Run　Options　Window　Help

```
from sklearn.naive_bayes import CategoricalNB
from sklearn.preprocessing import OrdinalEncoder
import pandas as pd
import numpy as np

df = pd.read_csv('Go_out_or_not.csv')
weather = df['weather_Type'].values.reshape(-1,1)
temp = df['Temp'].values.reshape(-1,1)
humidity = df['Humidity'].values.reshape(-1,1)

# Using ordinal encoder to convert the categories
# in the range from 0 to n-1
wea_enc = OrdinalEncoder()
weather_ = wea_enc.fit_transform(weather)
temp_enc = OrdinalEncoder()
temp_ = temp_enc.fit_transform(temp)
humidity_enc = OrdinalEncoder()
humidity_ = humidity_enc.fit_transform(humidity)
# Stacking all the features
X = np.column_stack((weather_,temp_,humidity_))
# Changing the type to int
X = X.astype(int)

"""
X=np.array([[0,2, 1], [1 ,2, 1], [1 ,2, 1], [2 ,1, 1],
 [2 ,0, 0], [2 ,0, 0], [1 ,0, 0], [0 ,1, 1], [0 ,0, 0],
 [2 ,1 ,0],[0 ,1, 0], [1 ,1 ,1], [1 ,2 ,0], [2 ,1 ,1],
 [2 ,2 ,1]])
"""
y=df["Travel"].values
clf = CategoricalNB()
clf.fit(X, y)
y_result = clf.predict(X)
print(y)
print(y_result)

```

Ln: 36　Col: 0

▲圖 9-2-1　Ex9_bayes_001 程式碼

上述程式碼的第 13 行到第 22 行是將原本類別變數轉變成整數編碼，舉例而言，{Sunny, Hot, High} 編碼爲 {0,2,1}。這是因爲 weath_Type 有 3 種值，{sunny, cloudy, Rainy} 分別爲編碼爲 {0、1、2}，Temp 有 3 種值 {cool, Mild, Hot} 分別編碼爲 Humidity 有兩種值 {High, Normal}，編碼成 {0,1} 依此類推。上述程式碼的執行結果如下所示：

```
==  RESTART: D:/Python/book/chapter9/Bayes/Ex9_bayes_001.py  ==
['NO' 'NO' 'NO' 'Yes' 'NO' 'NO' 'Yes' 'NO' 'Yes' 'Yes' 'Yes'
'Yes' 'Yes' 'NO' 'Yes']

['NO' 'NO' 'NO' 'NO' 'Yes' 'Yes' 'Yes' 'NO' 'Yes' 'Yes' 'Yes'
'Yes' 'Yes' 'NO' 'NO']
```

第一行是實際的分類，第二行是貝氏分類器的分類結果。比較之後，可以發現，準確率爲 11/15 = 0.73。這算是差強人意，也是預期的結果，因爲本範例的樣本數目僅有 15 筆。

Python 使用 CategoricalNB(…) 方法實現離散特徵值的情況下之單純貝氏分類器，也提供 GaussianNB(…) 方法實現特徵值是連續變化時的情況。圖 9-2-2 是以 iris 訓練資料集爲例，展示 GaussianNB(…) 方法的應用。以此例來說，分類的準確性高達 95%。

```
File  Edit  Format  Run  Options  Window  Help
from sklearn import datasets
from sklearn.model_selection import train_test_split
from sklearn.naive_bayes import GaussianNB
from sklearn import metrics

iris = datasets.load_iris()
X=iris.data
y=iris.target


X_train,X_test,y_train,y_test=train_test_split(X,y,test_size=0.4,
                                               random_state=1)

gnb=GaussianNB()
gnb.fit(X_train,y_train)
y_pred=gnb.predict(X_test)
print("Gaussian Naive Bayes model accuracy: ",
      metrics.accuracy_score(y_test,y_pred)*100)
#Gaussian Naive Bayes model accuracy:  95.0
                                                    Ln: 19  Col: 43
```

▲圖 9-2-2　Ex9_bayes_002.py 的程式碼

9-3　主要成分分析

降維 (dimention reduction) 在機器學習領域是一個很重要的議題。當自變數資料向量的維度很高時，AI 模型的待解參數也會隨之增加，如此一來就需要更多的資料樣本數。另外，有一種稱為 Hughes(Hughes Phenomenon) 或維度詛咒 (curse of dimensionality) 的現象，是指模型的預測 / 分類能力通常會隨著維度數 (變數) 增加而上升，但是如果樣本數沒有隨之增加的情況下，那麼預測 / 分類能力增加到一定程度之後，反而會隨著維度的持續增加而減小。解決此類問題的作法是運用降維技術。降維顧名思義是將資料向量由高維度降到低維度，可以想成是數據壓縮。合乎應用目的的之維技術必須符合以下條件，就是當維度數 (變數) 減少時，降維後的資料集與原本的資料集特性不能差太多，也就是必須保留足夠多的訊息量。

目前最常用的降維方法是 PCA(principle components analysis)，主成分分析法。直觀來看，PCA 是以若干個主要成分值構成降維後的資料向量，以下是推導過程。PCA 推導需要用到向量投影，向量投影的概念如圖 9-3-1 所示。

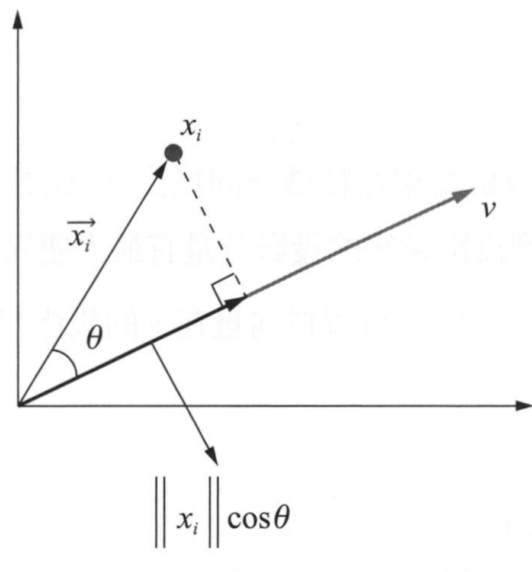

▲圖 9-3-1　向量投影的示意圖

x_i 是訓練資料集中的第 i 筆資料向量，也可以理解成第 i 筆的資料紀錄。x_i 在 v 的投影向量爲 $\|x_i\|\cos\theta\frac{v}{\|v\|}$。$\|x_i\|\cos\theta$ 是投影向量的長度，$\frac{v}{\|v\|}$ 則是投影向量的方向。$\|x_i\|$ 與 $\|v\|$ 代表向量長度，x_i 與 v 的內積如下式所表示。

$\langle x_i, v\rangle = \|x_i\|\|v\|\cos\theta$，也就是 $\cos\theta = \frac{\langle x_i, v\rangle}{\|x_i\|\|v\|}$。所以可以將 x_i 在 v 的投影向量表示成 x_i 與 v 的內積關係，進一步推導如下：

$$\|x_i\|\cos\theta\frac{v}{\|v\|} = \|x_i\|\frac{\langle x_i, v\rangle}{\|x_i\|\|v\|}\frac{v}{\|v\|} = \frac{\langle x_i, v\rangle}{\|v\|^2}v$$

如果 v 爲單位向量 (unit)，$\|v\| = 1$，可以得到下式：

$$\|x_i\|\cos\theta\frac{v}{\|v\|} = \langle x_i, v\rangle v = (v^T x_i)v$$

v 就是主成分單位向量，$v^T x_i$ 則是 x_i 在主成分向量上的投影量，也就是主成分值。

假設有 n 筆資料紀錄樣本點 $\{x_1, x_2, \cdots\cdots, x_n\}$，$x_i$ 的維度爲 d，投影軸爲 v，那麼 x_i 在 v 上的投影量爲 $\{v^T x_1, v^T x_2, \cdots\cdots, v^T x_n\}$。

主成份分析的基本假設是希望在特徵空間找到適當的投影軸 (向量)，然後資料集的所有特徵值向量投影到投影軸後的投影分量有最大變異量。也就是找到向量 v 使得變異數 σ^2 有最大值，資料集所有資料向量在 v 的投影量的變異數 (variance) 總和如下式的計算：

$$\sigma^2 = \frac{1}{n}\sum_{i=1}^{n}(v^T x_i - \mu)^2$$

μ 是投影分量的平均值。

在進行主成分分析前，會針對原始資料集的資料向量進行歸一化，也就是各向量都會先減去其平均值。所以可以將 x_i 視爲已經過歸一化處理 (Normaligation) 的特徵值向量，也就是，我們有

$$\frac{1}{n}\sum_{i=1}^{n} x_i = 0$$

故 $\mu = \frac{1}{n}\sum_{i=1}^{n}(v^T x_i) = \frac{v^T}{n}\sum_{i=1}^{n} x_i = 0$，因此有下列的推導：

$$\sigma^2 = \frac{1}{n}\sum_{i=1}^{n}(v^T x_i - \mu)^2 = \frac{1}{n}\sum_{i=1}^{n}(v^T x_i - 0)^2 = \frac{1}{n}\sum_{i=1}^{n}(v^T x_i)^2$$

由上式可知，資料集的資料向量進行歸一化之後，變異數的計算變得簡潔許多。由此可知，PCA 的前提是要先將資料向量位移 (shift) 到 0 (也就是每個分量變數的平均數是 0)，主要好處有兩個，第一個是 shift 到 0 不會影響投影軸的方向，第二是公式推導會簡單很多。再進一步推導如下：

$$\begin{aligned}\sigma^2 &= \frac{1}{n}\sum_{i=1}^{n}(v^T x_i)^2 = \frac{1}{n}\sum_{i=1}^{n}(v^T x_i)(v^T x_i)^T \\ &= \frac{1}{n}\sum_{i=1}^{n}(v^T x_i x_i^T v) = v^T\left(\frac{1}{n}\sum_{i=1}^{n} x_i x_i^T\right)v = v^T C v \qquad ①\end{aligned}$$

這裡的 C 爲訓練資料集的資料向量之各分量平均值爲 0 時的共變異數矩陣 (covariance matrix)。

$$C = \frac{1}{n}\sum_{i=1}^{n} x_i x_i^T$$

若 d 代表值向量的維度，而與 $x_i^T = \left[x_i^{(1)} \cdots x_i^{(d)} \right]$ 分別爲 $x_i = \begin{bmatrix} x_i^{(1)} \\ \vdots \\ x_i^{(d)} \end{bmatrix}$ 是第 i 筆的資料向量及其轉置向量。它們分別是 $d \times 1$ 與 $1 \times d$ 的矩陣。C 是 $d \times 1$ 的矩陣與 $1 \times d$ 的矩陣相乘，因此是一個 $d \times d$ 的矩陣，可以表示如下：

$$C = \frac{1}{n} X^T X = \begin{bmatrix} \frac{1}{n}\sum_{i=1}^{n}(x_1^{(i)})^2 & \frac{1}{n}\sum_{i=1}^{n}x_1^{(i)}x_2^{(i)} & \cdots & \frac{1}{n}\sum_{i=1}^{n}x_1^{(i)}x_d^{(i)} \\ \frac{1}{n}\sum_{i=1}^{n}x_2^{(i)}x_1^{(i)} & \frac{1}{n}\sum_{i=1}^{n}(x_2^{(i)})^2 & \cdots & \frac{1}{n}\sum_{i=1}^{n}x_2^{(i)}x_d^{(i)} \\ \vdots & \vdots & \ddots & \vdots \\ \frac{1}{n}\sum_{i=1}^{n}x_d^{(i)}x_1^{(i)} & \frac{1}{n}\sum_{i=1}^{n}x_d^{(i)}x_2^{(i)} & \cdots & \frac{1}{n}\sum_{i=1}^{n}x_d^{(i)}x_d^{(i)} \end{bmatrix}$$

很明顯 C 是一個 $d \times d$ 的對稱矩陣。

如前所述，主成份分析是在找投影軸 (也就是投影向量) 讓資料點投影後的投影分量的變異量最大，這是最佳化問題，表示如下式：

$$v = \arg\max v^T C v \qquad v \in R^d, \|v\| = 1$$

因爲有限制條件 $\|v\| = 1$，所以可以引入 Lagrange 轉換，也就是需要最佳化的參數會多一個 λ。

新的最佳化目標函數如下式：

$$f(v,\lambda) = v^T C v - \lambda(\|v\| - 1) = v^T C v - \lambda(v^T v - 1)$$

使用偏微分求解，也就是令 f 對兩個參數 v 及 λ 的微分等於 0，得到以下兩式：

$$\frac{\partial f(v,\lambda)}{\partial v} = 0 \rightarrow 2Cv - 2\lambda v = 0 \rightarrow Cv = \lambda v$$

$$\frac{\partial f(v,\lambda)}{\partial \lambda} = 0 \rightarrow v^T v - 1 = 0 \rightarrow \|v\| = 1$$

從這兩式可以看出，v 符合下列條件即可得解，

$$Cv = \lambda v$$

$$\|v\| = 1$$

參考線性代數的書籍，上式其實就是 C(共變異數矩陣) 的特徵值 (eigenvalue, λ) 和特徵向量 (eigenvector, v) 的求解問題。因爲 C 是一個 $d \times d$ 的距陣，因此符合條件的特徵向量有 d **個**例如 $d = 4$ 時，若特徵向量爲 $\{v_1, v_2, v_3, v_4\}$ ，都有各自的特徵值 $\{\lambda_1, \lambda_2, \lambda_3, \lambda_4\}$ 。另外由於 C 是一個對稱矩陣，因此它的特徵向量之間是正交關係 (Orthogonal relationship)。由於 $Cv = \lambda v$ ，所以由①式可知

$$\sigma^2 = v^T Cv = v^T \lambda v = \lambda v^T v = \lambda$$

也就是說，若將每個特徵向量 (eigenvector)v 都做爲投影軸，那麼投影分量的變異數就等於其特徵值 (eigenvalue) λ。依照投影的目的，是要找投影軸，使得投影後的值有最大的變異數。所以選用的原則就是從有最大的特徵值的特徵向量開始，舉例來說，如果一個有 10 個維度的資料向量所構成的資料集，現在要將維度由 10 降爲 5。雖然會得到 10 組 $\{v, \lambda\}$，只要選擇前 5 大特徵值所對應的特徵向量做爲投影軸。之後，每一筆資料向量再分別投影到這 5 個投影軸上得到 5 個投影分量，將這 5 個投影分量做爲新資料向量。最後就會得到資料筆數不變，但是維度由 10 降爲 5 的新資料集。

圖 9-3-2 是以原本有 4 個維度的 iris 資料集爲例，應用 PCA 降爲 2 個維度的範例。

```
from sklearn.preprocessing import StandardScaler
from sklearn import datasets
from sklearn.decomposition import PCA
import pandas as pd
import matplotlib.pyplot as plt

iris = datasets.load_iris()
X=iris.data
y=iris.target
X = StandardScaler().fit_transform(X)

pca = PCA(n_components=2)
pcs = pca.fit_transform(X)
print("Information maintained for two pca : ")
print(pca.explained_variance_ratio_) #[0.72962445 0.22850762]
pcaDf = pd.DataFrame(data = pcs
             , columns = ['pca1', 'pca2'])
pcaDf["target"]=y

fig = plt.figure(figsize = (6,6))
ax = fig.add_subplot(1,1,1)
ax.set_xlabel('Principal Component 1', fontsize = 15)
ax.set_ylabel('Principal Component 2', fontsize = 15)
ax.set_title('2 component PCA', fontsize = 20)
targets = [0, 1, 2]
colors = ['r', 'g', 'b']
for target, color in zip(targets,colors):
    indices = pcaDf['target'] == target
    ax.scatter(pcaDf.loc[indices, 'pca1']
               , pcaDf.loc[indices, 'pca2']
               , c = color
               , s = 50)
ax.legend(targets)
ax.grid()
plt.show()
```

▲圖 9-3-2　應用 PCA 降維於 iris 資料集

圖 9-3-3 是降爲 2 個維度後，將新資料集的所有資料向量依其原本的分類標記繪成散佈圖。觀察結果，三個類別在三維平面座標上明顯可分，也就是 PCA 的確具有降維的效果。

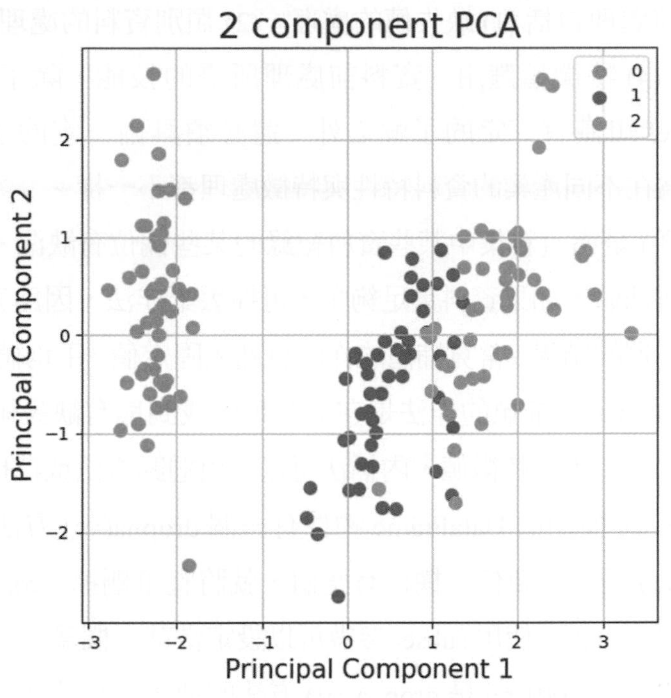

▲圖 9-3-3　PCA 降為 2 維後繪散佈圖

降維的另一個好處是可加速機器學習的速度。舉例來說，若有一個 Dataset，其維度高達 784 個，訓練資料集的樣本數多達 60,000 筆，測試資料集的樣本數多達 10,000 筆，如果直接套用 ML Algorithm，會太耗時間，就可使用 PCA 降維後再進行機器學習。

9-4　資料前處理

AI 模型基本上可以視爲針對訓練資料集的塑模 (Modeling)，機器學習演算法就是塑模的技術。目前已有許多平台與套件都已經實現不同類型的機器學習演算法的函式與方法。就編程 (Coding) 的角度而言，機器學習幾乎不用再自己造輪子。因此 AI 應用的關鍵在訓練資料集是否有足夠的代表性，資料集的筆數與品質越佳，經由機器學習所學到的模型之推論結果越佳。資料集的品質、特徵的擇用決定機器學習的上限。學術領域的研究對象主要是以 Model 爲主，從學理的角度探討不同資料特性下最佳適用 Model。但從應用的角度，依業界經驗，約有 80% 的時間花費在資料蒐集與資料前處理。資料前處理包含資料清理、特徵選用及特徵處理。

常見的資料前處理包括 (1) 缺失值的處理、(2) 類別資料的處理 (有序、無序)、(3) 特徵值縮放、(4) 特徵值選用。資料前處理所需的技能，除了需具備統計學知識與對各類 Model 知識有一定的了解之外，還必須具備一定的產業知識 (Domain Knowledge)，因為在不同產業的資料特性與特徵處理都不一樣。

缺失值 (空值) 是指資料集中某些資料紀錄的某些欄位有缺漏。缺失值的處理主要有兩種：丟棄與補值。如果資料量足夠多，可採丟棄作法，因為丟棄少量資料紀錄並不會影響機器學習的結果。常見補值的作法有補入固定值、平均值、眾數、中位數、或者較進階的內插值。內插值的作法是在資料集中找到與有缺失值樣本最接近的樣本，使用內插法補足缺失的特徵值，內插法可以使用迴歸方法或拉格朗日插值法。

Python 的 Pandas 模組的 DataFrame 物件有一個 dropna(…) 方法可將具有空值的資料去除。dropna() 預設只要任一欄位有空值，就將整筆刪掉。ropna(how='all') 只會將欄位全部為空值才去掉。使用 subset 參數可以設定當某一欄為空時才刪除。圖 9-4-1 的範例程式 Ex9_4_miss_001.py 是 dropna(…) 方法的運用。程式所讀入的資料集的某些資料紀錄含有空值。作用 dropna 到一個 DataFrame 並不會改變原本資料框的內容，因此需要將去掉缺失值的資料集儲存到一個新 DataFrame。

File Edit Format Run Options Window Help

```
import numpy as np
import pandas as pd


df = pd.read_csv('expData.csv')
print(df)
newDf=df.dropna()
print(newDf)
newD=df.dropna(subset=['F5'])
#print(newDf)
df=df.dropna(how='all')
print(df)
df['F5'] = df['F5'].fillna(df['F5'].mean())
#print(df)
df['F4'] = df['F4'].fillna(df['F4'].mode())
#print(df)
df['F3'] = df['F3'].fillna(df['F3'].median())
#print(df)
df['F2'] = df['F2'].fillna(df['F2'].min())
print(df)
```

Ln: 20 Col: 9

▲圖 9-4-1　範例 Ex9_4_miss_001.py 的程式碼

範例 Ex9_4_miss_001.py 的執行結果如以下的文字方塊所示。

```
= RESTART: D:/Python/book/Chapter9/preData/Ex9_4_miss_001.py
    F1    F2    F3     F4     F5
0  7.4   5.0  8.0   10.0    8.4
1  6.7   6.0  1.0   NaN    7.7
2  5.4   NaN  NaN  11.0    NaN
3  NaN  NaN  NaN  NaN    NaN
4  1.0   5.0   7.0   8.0    11.0

    F1    F2    F3     F4     F5
0   7.4  5.0  8.0  10.0   8.4
4   1.0  5.0  7.0   8.0  11.0


    F1    F2    F3     F4     F5
0   7.4  5.0  8.0  10.0    8.4
1   6.7  6.0  1.0   NaN    7.7
2   5.4  NaN  NaN  11.0    NaN
4   1.0  5.0  7.0   8.0  11.0

   F1    F2    F3     F4      F5
0  7.4   5.0  8.0  10.0   8.400000
1  6.7   6.0  1.0  10.0   7.700000
2  5.4   5.0  7.0  11.0   9.033333
4  1.0   5.0  7.0   8.0  11.000000
```

使用 DataFrame 的 fillna(...) 方法可以針對某些欄位的缺失值進行補值，範例 Ex9_4_miss_001.py 也展示補入平均數、眾數、中位數、最小值的語法。

許多機器學習演算法都是針對數值資料進行處理，因此若欄位值爲名目或類別 (Categorical) 型態，則需要將之轉成數值型態。Categorical 型態的資料分成有序與無序兩種。有序的名目資料通常可直接使用數值替換，例如 XL, L, M, S, XS 就是有序的名目資料，因具有大小順序的關係，可以使用 9, 7 , 5, 3, 1 來代替。

但是像 Gender 欄位的三種值 Male, Female, Not Specified 就是名目資料，在一些應用場合仍然可以使用 0,1,2 之類的數值來代替。但因爲每種值都是等價的，另一種方法是找到一種替代的方式，使它們與原點的距離都相等。One-hot encoding 是其中一種方法，作法是將 Male, Female, Not Specified 所屬 Gender 欄位由一個欄位拆成三個欄位，例如將 Male 值對應成 (1,0,0)，Female 對應成 (0,1,0)，Unspecified 對應成 (0,0,1)。如此一來，這三個替代值與原點的距離都是 1，就可以達成我們所要的結果。One-hot encoding 只適合名目類別少的情況，如果類別種類太多時會多出許多維度，造成維數災難之類的問題。

Dataframe 的 map(...) 方法可以直接完成無序名目資料值的對應，但要先以 Dictiinary 給定對應值。圖 9-4-2 的範例 Ex9_4_miss_002.py 先建立含有名目欄位的資料框，再將名目欄位值對應成數值。

```
File  Edit  Format  Run  Options  Window  Help
import pandas as pd

df = pd.DataFrame(
    [['goog', 'M', 10.9, 1],
    ['fair', 'L', 15.5, 2],
    ['bad', 'XL', 13.3, 1],
    ['good','S',20.6,2]]
)
df.columns = ['eval', 'size', 'price', 'label']
size_map = {
    'XL':4,
    'L':3,
    'M':2,
    'S':1
}
df['size'] = df['size'].map(size_map)
print(df)

onehot_encd = pd.get_dummies(df['eval'], prefix = 'eval')
df = df.drop('eval',axis=1)
newdf=pd.concat([onehot_encd, df],axis=1)
print(newdf)
                                          Ln: 22  Col: 12
```

▲圖 9-4-2　範例 Ex9_4_miss_002.py 的程式碼

欄位 eval 跟 size 都是名目資料。size 欄位，我們使用 map(...) 方法將之轉換成數值標記，如程式第 10 行到第 16 行。eval 欄位，我們使用 get_dummies(...) 方法轉換成 One-hot encoding 的數值資料，如程式第 19 行到第 21 行。prefix='eval' 是設定新欄位前的前綴詞，另外，欄位轉成多個 One-hot encoding 欄位後，原本的 eval 欄位就可以刪除 (drop)。

欄位特徵值的縮放 (scaling) 是很重要的資料前處理技術。這是因爲大部分的 Model 的成本函數都是由特徵空間資料點的距離以直接或間接方式構成再逐步求得 Model 參數的最佳值，例如梯度下降法就是典型的例子。假設某一個欄位的特徵值的動態範圍 (Dynamic Range) 過大，則該 Model 的成本函數會被這個特徵所支配。舉例來說當某一個特徵值範圍在 0 與 1000 之間，另一個爲 1 到 5 之間，成本函數是以特徵值向量做衡量，當在進行梯度下降演算法時，等高線圖會是橢圓的形狀，因此收斂時無法直接朝圓心最低點前進。如果先完成特徵縮放後再求解能夠讓梯度下降演算法收斂更快。

特徵值縮放主要有兩種方法：Normalization(歸一化) 與 Standardization(標準化)。最常見的 Normalization 爲縮放至 0 至 1 之間，也就是 Normalization 之後的值範圍會介在 0~1 之間。原本的最大值變成 1.0，最小值變成 0.0，歸一化的公式如下：

$$x_{\text{norm}(i)} = \frac{x_{(i)} - x_{\min}}{x_{\max} - x_{\min}}$$

$x_{(i)}$ 代表某欄位的第 i 個紀錄值，$x_{\min}$、$x_{\max}$ 分別是所有紀錄的最小值與最大值。

經過 Standardization 之後的特徵欄位的平均值會變爲 0，標準差變爲 1，具體公式如下：

$$x_{\text{std}(i)} = \frac{x_{(i)} - \mu_x}{\sigma_x}$$

μ_x 與 a_x 分別是欄位所有值的平均值與標準差。

一般的情況，Standardization 的效能會優於 Normalization，主要是因爲 Standardization 之後，特徵欄位的值會接近常態分佈，不會有偏單邊的情況。另外 Standardization 的另一個好處是使得離群值 (outlier) 對 Model 的機器學習之影響大爲減低。

圖 9-4-3 的範例 Ex9_4_nor_01.py 即展示上述兩種特徵值縮放的方法，所使用的範例是 iris 資料集。第一個欄位 sep_L 進行歸一化的縮放，第二個欄位 sep_W 進行標準化的縮放。程式執行的結果如以下的文字方塊所示。

```
= RESTART: D:/Python/book/Chapter9/preData/Ex9_4_nor_01.py
   sep_L  sep_W  tep_L  tep_W  target_names
0    5.1    3.5    1.4    0.2             0
1    4.9    3.0    1.4    0.2             0
2    4.7    3.2    1.3    0.2             0
      sep_L     sep_W  tep_L  tep_W  target_names
0  0.222222  1.015602    1.4    0.2     0
1  0.166667  -0.131539    1.4    0.2     0
2  0.111111   0.327318   1.3    0.2     0
```

```
File Edit Format Run Options Window Help
import pandas as pd
from sklearn import datasets
iris = datasets.load_iris()
x = pd.DataFrame(iris['data'], columns=['sep_L','sep_W','tep_L','tep_W'])
y = pd.DataFrame(iris['target'], columns=['target_names'])
data = pd.concat([x,y], axis=1)
print(data.head(3))
data['sep_L'] = (data['sep_L'] - data['sep_L'].min())/¥
                (data['sep_L'].max() - data['sep_L'].min())

data['sep_W'] = (data['sep_W'] - data['sep_W'].mean())/¥
                (data['sep_W'].std())
print(data.head(3))
                                                        Ln: 13 Col: 19
```

▲圖 9-4-3 範例 Ex9_4_nor_01.py 的程式碼

資料前處理的特徵參數選用就包含比較廣的類型，例如去除不重要的欄位、基於某些欄位衍生出新的欄位、高度線性相關的兩欄位只保留一個，以及欄位數目多時的降維處理。如何決定哪些欄位不重要與如何衍生出新欄位會牽涉到領域知識，也就是需具備領域知識與經驗者才具備選擇能力。決定欄位之間是否存在高度線性相關以相關係數分析法即可做到。至於降維技術，PCA(主成分分析法) 是首選方法。

9-5 集成學習

集成學習 (Ensemble learning) 是將多個監督式學習的模型以系統化的方式整合在一起，目的是希望能產生一個效能更強大的模型，叫做集成評估器 (ensemble estimator)。

在實務上，Ensemble learning 可以有效地提升預測準確率。依據處理方式的不同，集成學習可以分爲三類，分別是 Bagging、Boosting 及 Stacking。Bagging 是 Bootstrap aggregating 的縮寫，作法是將訓練資料集隨機取樣成多個子訓練資料集，再分別得到模型，最後再整合成一個最終模型。Stacking 會產生多個不同的基礎模型，再將這些基礎模型的推論結果當做新模型的訓練資料集以訓練出一個新模型。Boosting 與 Bagging 的取樣方式不同，Boosting 的初始化階段使用不放回的方式從訓練樣本中隨機抽取一個子集，而 Bagging 採用的是放回的取樣方式。

Boosting 可以整合多個非常簡單的分類器，這些分類器的效能可能僅優於隨機猜想，因此被稱爲弱學習機。一個典型的弱學習機的例子就是單層決策樹。Boosting 演算法針對難以區分的資料紀錄樣本中弱學習機分類錯誤的那些樣本上增加權重後再重新進行學習以提高最終分類器的效能。Boosting 由四個步驟組成：

1. 從訓練資料集中以不放回抽樣方式隨機取一個子訓練資料集，訓練一個弱學習機的模型 M1。
2. 從訓練資料集中以不放回抽樣方式隨機取一個子訓練資料集，並將 M1 中的錯誤分類樣本之 50% 加入到子訓練資料集中，訓練得到弱學習機的模型 M2。
3. 從訓練資料集中取得 M1 和 M2 分類結果不一致的樣本做爲新訓練資料集，再以此資料集訓練第三個弱學習機 M3。
4. 針對新輸入資料向量，以多數決的方式從弱學習機 M1、M2 和 M3 的推論結果得到最中分類結果。

除了簡單的 Boosting 演算法，Boosting 還有其他的演算法：AdaBoost、Gradient Boosting 及 XGboost。在實際應用中，Boosting 演算法仍然存在明顯的高方差問題，也就是過擬合的問題，雖然與 Bagging 相比，Boosting 可以同時降低偏差與方差。

接下來，我們以 Bagging 爲例進一步探討集成學習，Bagging 的概念如下圖所示。組成集成評估器的每個演算法模型叫做本基評估器 (base estimator)，如圖 9-5-1 的 Model_1 到 Model_N。

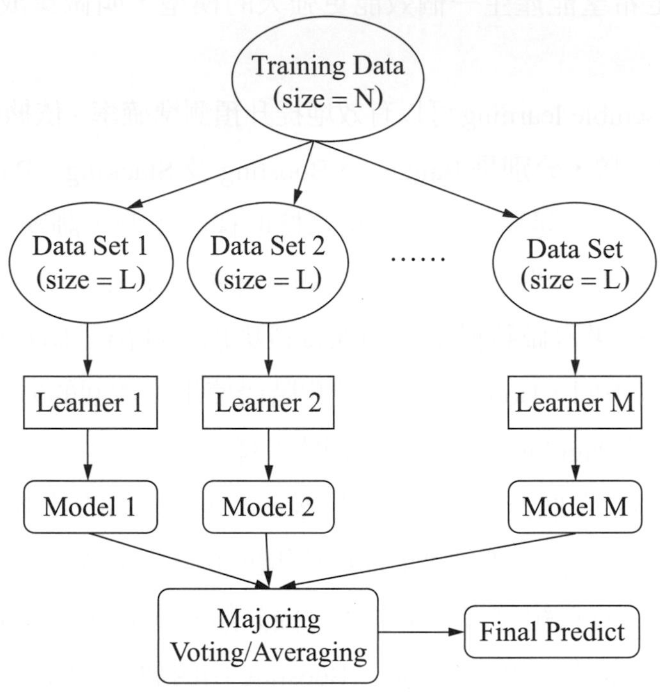

▲圖 9-5-1　集成學習之 Bagging 示意圖

Bagging 應用隨機取樣的方法來建立 DataSet_1、DataSet_2、……、DataS_M 等資料集，作法是從原始資料集 (Size=N) 中隨機取樣 L 個資料紀錄構成一個子資料集，之後再將這些樣本放回原始資料集，再取樣 L 個構成另一個子資料集。此種取出後再放回的取樣方式，我們稱之爲 bootstrap。依此，訓練出 M 個模型。當有新的輸入資料向量時，每個模型都會產出推論結果，再經由投票或權重平均決定最終結果。投票方式是一個模型一票的票票等值的方式，適用離散式的推論結果。權重平均是不同模型使用不同的加權值，適用連續式的推論結果。

Bagging最常見的例子是隨機森林。Python有提供隨機森林模型的機器學習模組，叫做 RandomForestClassifier。圖 9-5-2 就是將隨機森林應用在鳶尾花 (iris) 的分類上的程式碼。

```
1  import numpy as np
2  import pandas as pd
3  from sklearn import datasets
4
5  iris = datasets.load_iris()
6  df = pd.DataFrame(iris.data, columns=iris.feature_names)
7  #df['species'] = np.array([iris.target_names[i] for i in iris.target])
8
9  from sklearn.model_selection import train_test_split
10 X_train, X_test, y_train, y_test = train_test_split(df[iris.feature_names],
11                                   iris.target, test_size=0.5,
12                                   stratify=iris.target, random_state=123456)
13 from sklearn.ensemble import RandomForestClassifier
14 rf = RandomForestClassifier(n_estimators=100, random_state=123456)
15 rf.fit(X_train, y_train)
16 from sklearn.metrics import accuracy_score
17 predicted = rf.predict(X_test)
18 accuracy = accuracy_score(y_test, predicted)
19 print(f'Mean accuracy score: {accuracy:.3}') #Mean accuracy score: 0.933
```

▲圖 9-5-2　隨機森林應用於 iris 資料集的程式範例 Ex9_4_forest_01.py

圖 9-5-2 的程式使用 train_test_split(...) 方法將原始資料集分成訓練資料集與測試資料集，如程式碼第 9 行到第 12 行。隨機森林的分類準確率為 0.933。

Python 也有提供 Bagging 的模組，BaggingClassifier，圖 9-5-3 是是使用 iris 資料集，以 BaggingClassifier(...) 方法的程式範例。BaggingClassifier 的基礎預測器可以使用不同類型的模型，例如決策樹，SVM，或者單純貝式分類器。程式中，我們使用 SVM，核函數預設為 rbf。另外，我們也將其類型的模型，以註解的方式保留在程式碼中，如程式的第 15 到第 17 行，只要將註解符號取消即可進行測試。

File Edit Format Run Options Window Help

```
from sklearn import datasets
from sklearn.ensemble import BaggingClassifier
from sklearn.model_selection import train_test_split
import matplotlib.pyplot as plt

iris=datasets.load_iris()
X=iris.data
y=iris.target
X_train, X_test, y_train, y_test = train_test_split(X, y,test_size=0.2,random_state=10)

from sklearn import tree
from sklearn import svm
from sklearn.naive_bayes import GaussianNB

#clf=tree.DecisionTreeClassifier()
#clf=svm.SVC(kernel="linear")
#clf=GaussianNB()
clf=svm.SVC()

bagging=BaggingClassifier(base_estimator=clf,n_estimators=10,
                          bootstrap=True,bootstrap_features=True,
                          max_features=0.5,max_samples=0.7)
print(bagging)
bagging.fit(X_train,y_train)
bagging.predict(X_test)
sc1=bagging.score(X_train,y_train)
print(sc1)
sc2=bagging.score(X_test,y_test)
print(sc2)
plt.scatter(X[:,2],X[:,3],c=y)
plt.show()
```

Ln: 31 Col: 10

▲圖 9-5-3　Bagging 應用於 iris 資料集的程式範例 Ex9_4_gau_01.py

上述程式的執行結果如以下的文字方塊所示。

```
== RESTART: D:/Python/book/Chapter9/ensemble/Ex9_4_gau_01.py ==
BaggingClassifier(base_estimator=SVC(), bootstrap_features=True,
                  max_features=0.5, max_samples=0.7)
0.9416666666666667
1.0
```

很顯然，Bagging 的作法可以得到很好的效能。

A-1 Python 開發環境介紹

一、IDLE

IDLE 是 Integrated Development and Learning Environment 的縮寫，是 Python 預設的整合開發環境，也就是下載並安裝 Python 軟體後，IDLE 也會一併完成安裝。因爲這是 Python 內建的，因此本書使用 IDLE 做爲主要的開發環境。

二、PyCharm

PyCharm 是捷克公司 JetBrains 所開發的一種整合式開發環境 (IDE)，主要用於 Python 程式開發。PyCharm 提供代碼分析、圖形化除錯器、整合測試器、版本控制系統等工具，並且支援 Django 網站開發。PyCharm 的下載網址爲：https://www.jetbrains.com/pycharm/download/#section=windows，建議選擇 Community 版本。

三、Visual Studio

Microsoft Visual Studio(簡記爲 VS 或 MSVS) 是微軟公司所發展的程式開發工具與套件系列產品。VS 是完整的開發工具集，包括了整個軟體開發生命週期中所需要的大部分工具，例如 UML 工具、程式碼管控工具、整合開發環境 (IDE) 等。

四、Spyder

Spyder 是一個使用基於 Python 語言的開放原始碼之跨平台科學運算整合開發環境 (IDE)。Spyder 整合了 NumPy、SciPy、Matplotlib 與 IPython，以及其他開源軟體工具。

五、Google Colab

Colaboratory(也稱爲 Colab) 是一種基於 Jupyter Notebook 的虛擬機，透過瀏覽器就能撰寫與執行 Python 程式。Jupyter Notebook 是介於編輯器及 IDE (Spider、PyCharm) 之間的互動式開發與執行環境。Jupyter Notebook 可讓您在編寫程式時運用其直譯式的特性，並且很容易的將執行結果以資料視覺化的方式呈現。Colab 將文件，例如程式代碼，儲存在 Google 雲端端硬碟。Colab 目前可支援 Python 2 和 Python 3 核心。Colab 好處是支援 TensorFlow 機器學習演算法框架。依照以下三個步驟即可開始使用 Colab。

1. 使用 Google 帳號登入 Chrome 瀏覽器
2. 連結下列網址進入 Colab
3. https://colab.research.google.com/notebooks/welcome.ipynb?hl=zh_tw

   點擊左上角「檔案 > 新增筆記本」即可開始使用 Colab。如圖 A-1-1 所示。

▲圖 A-1-1　Colab 的首頁

六、Anaconda

可以將 Anaconda 看做是 Python 的懶人包，除了包含 Python 核心還包含了 Python 常用的資料分析、機器學習、視覺化等套件。Anaconda 的優點是省時，一鍵即可安裝完 90% 常用 Python 套件，缺點是占儲存空間。

A-2　安裝 Python

學習 Python 程式設計，第一步是安裝用來編輯與執行 Python 程式的開發環境，IDLE。首先使用瀏覽器連結到 Python 的官方網站，www.python.org。點擊「Downloads/Windows」，找到適合自己 Windows 作業系統的發行版本，例如選「Download Windows installer (64-bit)」會將 python-3.10.5-amd64.exe 安裝檔下載到電腦，如圖 A-2-1。

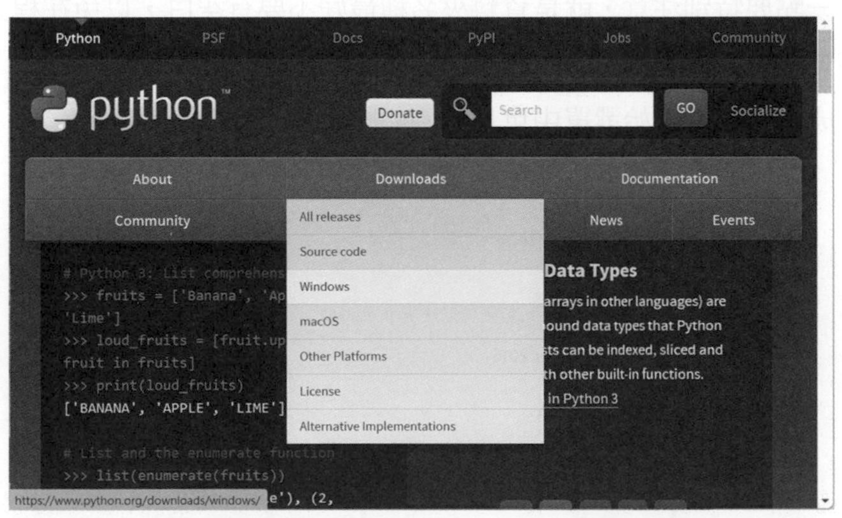

▲圖 A-2-1　至官網下載 Python 安裝執行檔

執行「python-3.10.5-amd64.exe」會看到開始安裝的畫面，記得勾選「Add Python 3.10 to PATH」之後點擊上方第一個選項「Install Now」，如圖 A-2-2 所示。

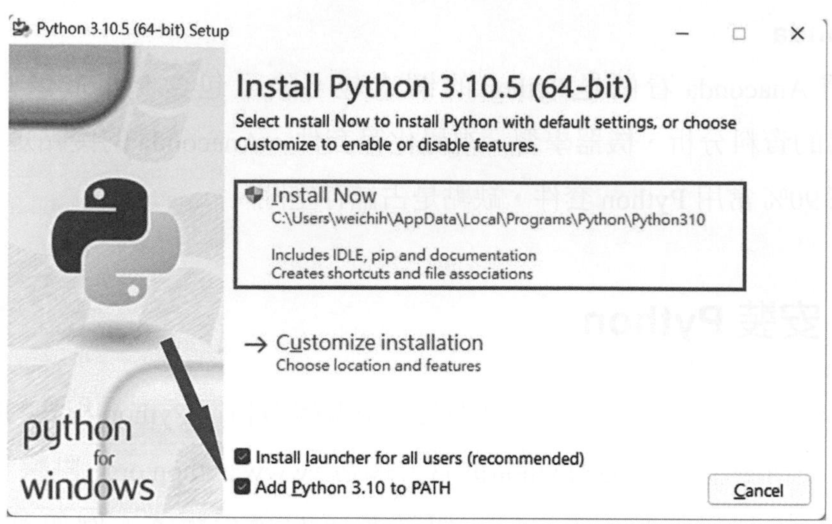

▲圖 A-2-2　Python 安裝畫面

安裝過程中，可以自己設定 Python 的安裝資料夾，當然也可以使用預設的資料夾。但是有一點要特別注意，就是資料夾名稱最好不要有空白，以免在程式內發生檔案或資料夾無法存取 (Access) 的狀況。

安裝完成之後，在開始選單中可以找到如圖 A-2-3 的捷徑圖示。

▲圖 A-2-3　開始選單中的 Python 捷徑圖示

點擊「Python 3.10 (64 bits)」後會出現 Python 直譯器 (Interpreter) 主控台，畫面如圖 A-2-4 所示。

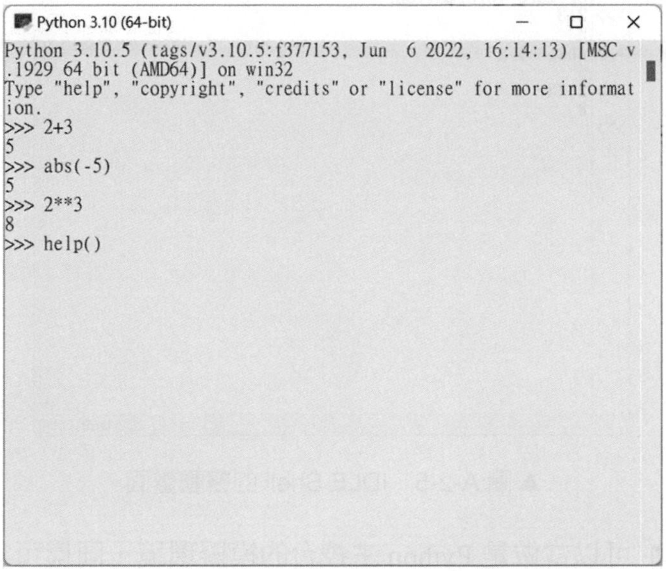

```
Python 3.10 (64-bit)
Python 3.10.5 (tags/v3.10.5:f377153, Jun  6 2022, 16:14:13) [MSC v
.1929 64 bit (AMD64)] on win32
Type "help", "copyright", "credits" or "license" for more informat
ion.
>>> 2+3
5
>>> abs(-5)
5
>>> 2**3
8
>>> help()
```

▲圖 A-2-4　Python 主控台畫面

主控台的背景預設爲黑色，文字前景爲白色。若要改變可以於主控台的標題欄位按下滑鼠右鍵後點擊「內容 / 航廈」，再設定背景與前景色即可。在主控台就可以執行 Python 語法，如圖 A-2-4 所示，鍵入「2+3」、「abs(-5)」、或「a**3」之後按下 Enter 鍵，執行結果就會呈現在主控台上。

在主控台上編寫 Python 程式代碼，只適用在一次只執行一行代碼的情況，如果是多行即不適用。針對要編寫多行程式的情況，可以使用 IDEL 圖形化界面 (User Graphic User Interface，GUI) 軟體，點擊如圖 A-2-3 的「IDLE (Python 3.10 64-bits)」即可以啓動「IDLE Shell」，如圖 A-2-5 所示。

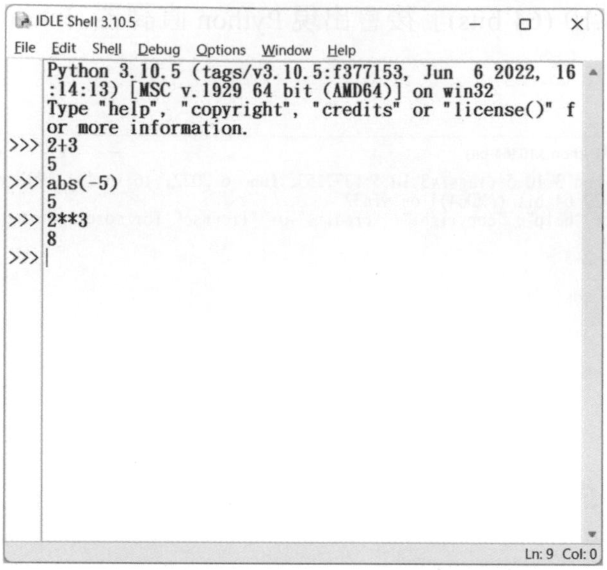

IDLE Shell 3.10.5
File Edit Shell Debug Options Window Help
Python 3.10.5 (tags/v3.10.5:f377153, Jun 6 2022, 16:14:13) [MSC v.1929 64 bit (AMD64)] on win32
Type "help", "copyright", "credits" or "license()" for more information.
>>> 2+3
5
>>> abs(-5)
5
>>> 2**3
8
>>>
Ln: 9 Col: 0

▲圖 A-2-5　IDLE Shell 的啓動畫面

「IDLE Shell」可以當做是 Python 主控台的模擬環境，同樣可以在此主控台上鍵入單行的程式代碼後按 Eneter 加以執行，如圖 A-2-5 所示。在「IDLE Shell 主控台」上方有許多功能選單，這些選單可以使用滑鼠進行操作。點擊「Options/Configure IDLE」能夠設定主控台的介面樣式，例如字型之字體與大小、背景色等。

A-3　IDLE 的使用

若要編寫多行程式，單單使用「IDLE Shell 主控台」仍然做不到，這時就可以運用 IDLE 內建的文字編輯器。從程式編寫到執行的 IDLE 操作步驟敘述如下：

1. 點擊「IDLE Shell 主控台」開啓文字編輯器即可開始編寫程式語法。舉例來說，如圖 A-3-1 我們編寫了三行程式。

untitled
File Edit Format Run Options
Window Help
print(2+3)
print(abs(-5))
print(2**3)
Ln: 3 Col: 11

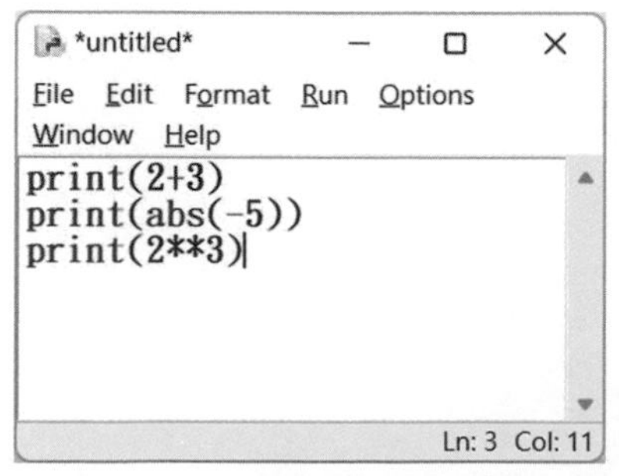

▲圖 A-3-1　IDLE 文字編輯器的使用

2. 編輯器上有許多功能選單，其中「Options/Configure IDLE」可以設定編輯樣式；點擊「Run/Run Module」就可以執行所編寫的程式碼。但是當第一次編寫時必須先儲存成副檔名為 py 的檔案才能執行，IDLE 會提示要 " 另存新檔 "，如圖 A-3-2 所示。

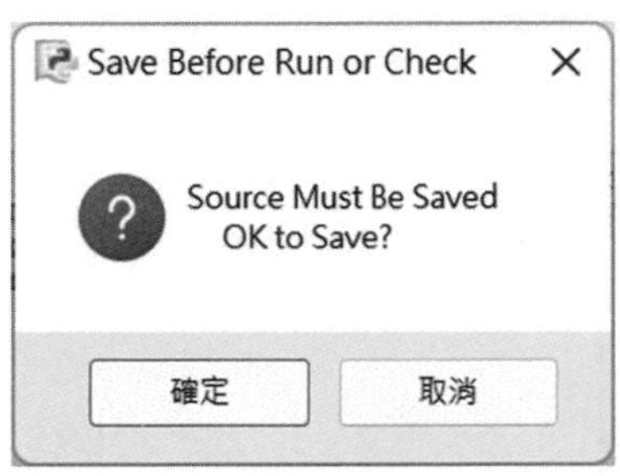

▲圖 A-3-2　另存新檔的提示畫面

一般我們會將程式檔案儲存在自訂的工作資料夾內而不是 Python 的系統資料夾，例如將上述程式另儲存於 D:\Python\MyWorkSpace 下，檔名為 test001.py，如圖 A-3-3 所示。

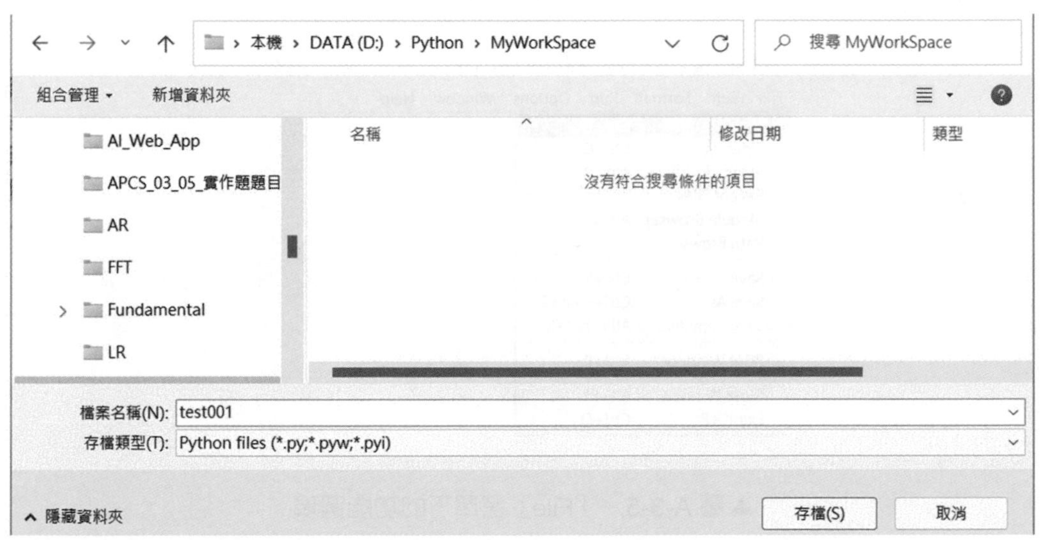

▲圖 A-3-3　將程式模組 test001.py 儲存於個人工作資料夾

將模組儲存成檔案後，點擊「Run/Run Module」即可執行程式。程式中如果有 print(…) 指令，會將結果顯示在「IDLE Shell 主控台」上，如圖 A-3-4 所示。

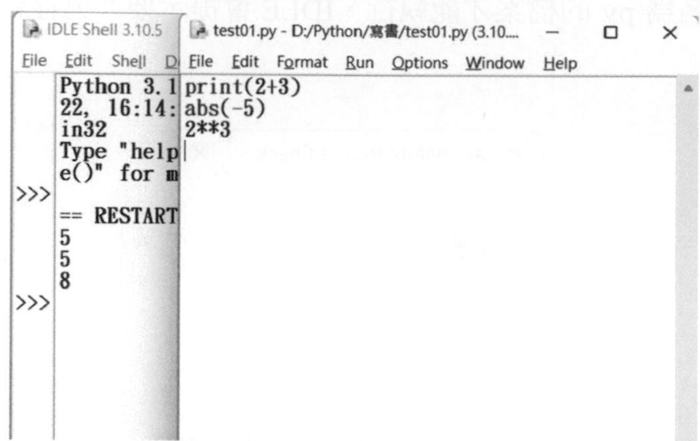

▲圖 A-3-4　print(…) 指令會將結果顯示在主控台

上述的操作是典型的程式碼編輯器 (Editor) 與「IDLE Shell 主控台」的整合應用。

3. 如果要再編寫其他的程式，可以點擊主控台與編輯器的功能表「File /New File」開啓另一個全新空白的文字編輯器，如圖 A-3-5 所示。

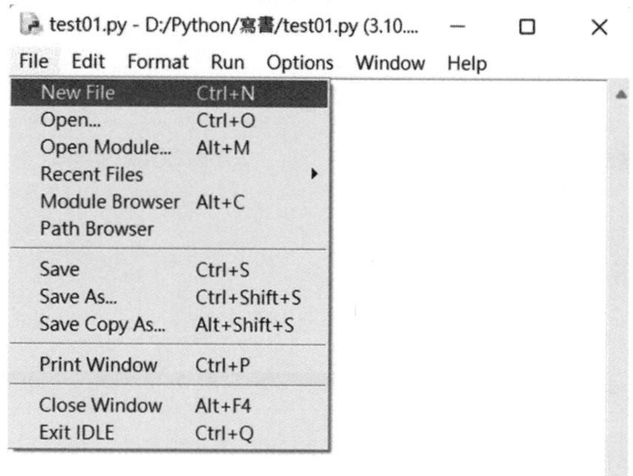

▲圖 A-3-5　「File」選單下的功能選項

4. 如果要執行已經儲存在硬碟中的模組檔案，那麼只要點擊「File/Opem」即可開啓模組檔案執行，圖 A-3-6 就是要開啓舊檔 test001.py 來執行的操作畫面。

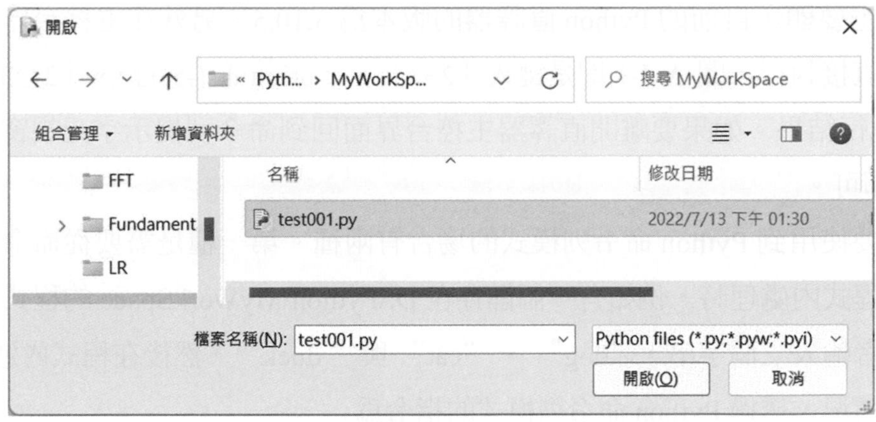

▲圖 A-3-6　開啓舊檔 test001.py 來執行的操作畫面

A-4　Python 命令列視窗模式

透過命令列提示字元視窗 (cmd.exe) 也可以啓動 Python 執行環境。在 Windows 作業系統的開始功能表快捷圖示上點擊或搜尋「cmd」後點擊，即可開啓命令列提示字元視窗，之後鍵入 python.exe 就可以建立 Python 運行環境；之後，輸入程式碼按 Enter 即可執行，如圖 A-4-1 所示。

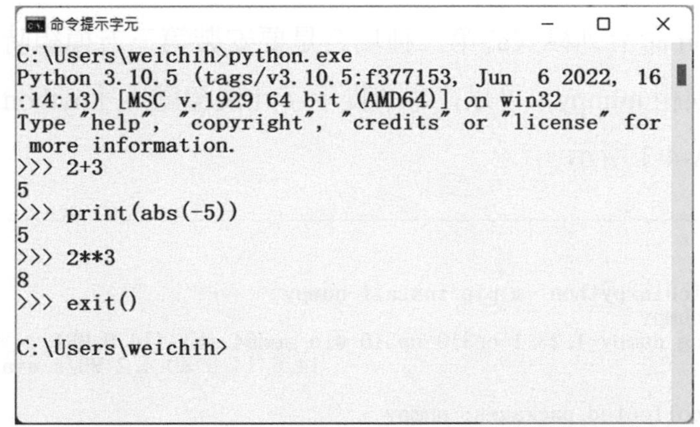

▲圖 A-4-1　Python 命令列視窗模式的執行畫面

命令列提示字元視窗樣式可以在欄位名稱按滑鼠右鍵後設定，例如設定背景色、文字顏色、字型的字體…等。於視窗上鍵入「python.exe」後按下 Enter 所出現的畫面與 A-2 節的 Python 直譯器主控台類似。在主控台介面可以看到「Python 3.10.5」

字樣，這主要顯示目前的 Python 直譯器的版本爲 3.10.5。另外在主控台界面鍵入程式碼即可直接執行，圖 A-4-1 即是鍵入「2+3」、「print(abs(-5))」、「2**3」之後按 Enter 的執行結果。如果要離開直譯器主控台界面回到命令列提示字元視窗，只要執行 exit() 即可。

會需要使用到 Python 命令列模式的場合有兩種。第一種是需要從命令列將參數值帶入到程式內處理時，例如有一個儲存在 D:\Python\MyWorkSpace 的程式 test.py 可以讓使用者輸入三個字串，“dog”、“cat” 與 “duck”，然後在程式內進行處理。針對這種情況，透過 Python 命令列模式的指令爲

「python.exe D:\Python\MyWorkSpace\test.py dog cat duck 」，操作過程如圖 A-4-2 所示。

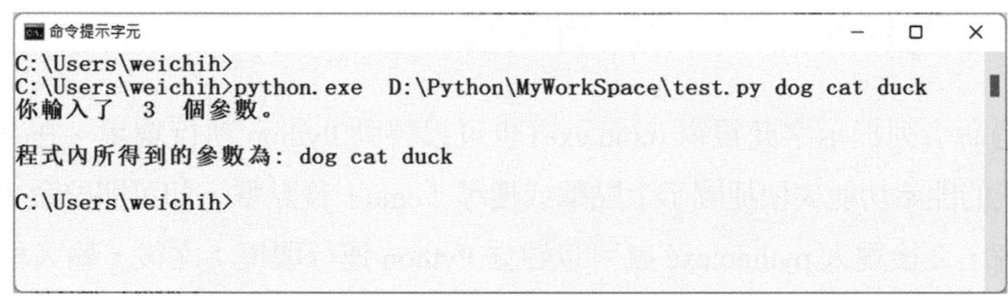

▲圖 A-4-2 命令列模式執行程式模組

使用到 Python 命令列模式的第二種場合是要安裝第三方模組時。舉例來說，如果要安裝第三方模組 numpy，可以在命令提示字元視窗鍵入「python.exe -m pip install numpy」，如圖 A-4-3 所示。

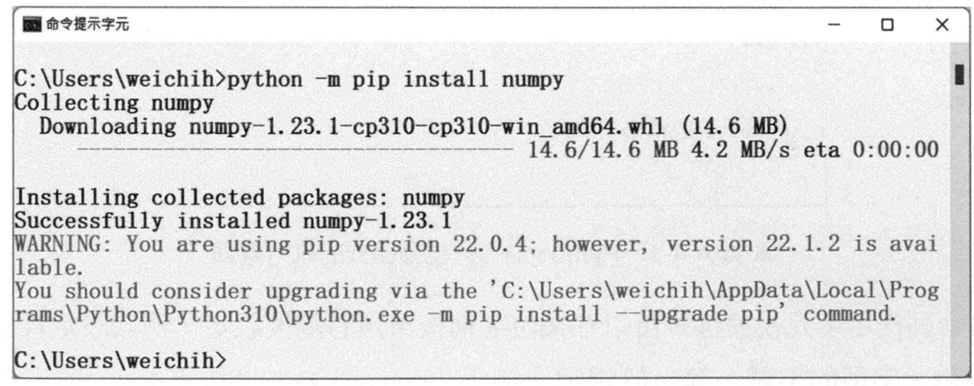

▲圖 A-4-3 使用命令列模式 Python.exe 安裝第三方模組 numpy

命令列中的 python –m 的 m 是 module (模組) 之意。Install 是安裝之意。pip 則是 Package Installer for Python 的簡寫，pip 可以看成是模組 (module) 或第三方套件 (package) 管理器。

A-5　pip 的使用

如前所述，pip 是模組管理器，可以用來安裝各種 Python 模組。使用 pip 可以用來安裝來自 Python Package Index 及其他套件儲存庫的第三方模組，Python Package Index 的網址為 https://pypi.org/，從網頁上可以看到有高達幾十萬個模組專案 (Project) 可以查詢得到，如圖 A-5-1 所示。

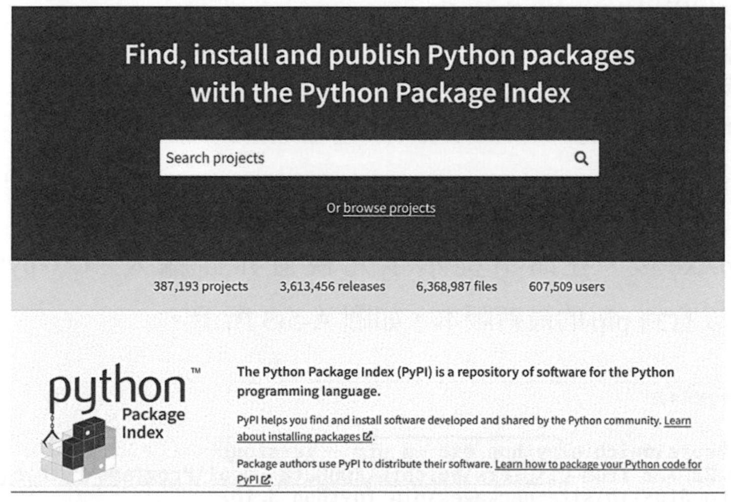

▲圖 A-5-1　Python Package Index 官網

「C:\> python.exe -m pip install numpy」是由 python.exe 間接執行 pip.exe，也就是實際上安裝 Python 套件是由 pip.exe 完成。既然如此，也可以直接執行 pip.exe 的方式安裝第三方套件，命令為「C:\> pip.exe install numpy」。當安裝 Python 運行環境時 (如 A-2 節所述)，pip.exe 一般都會一併被安裝在電腦系統上。在命令提示字元視窗界面執行「C:\>pip --version」可以檢查 pip 的版本及是否有安裝。如果此命令無法執行，主要是因為兩個原因，第一個原因是 pip.exe 未安裝，第二個原因是命令搜尋路徑 (PATH) 未設定。

若是第一個原因，可依下列的步驟安裝 pip.exe。

```
C:\> curl  https://bootstrap.pypa.io/get-pip.py -o get-pip.py
C:\> python.exe  get-pip.py
```

第一個步驟是到 pip 網站下載 get-pip.py，第二個步驟是啓動剛剛下載好的 get-pip.py 檔案。執行過程如圖 A-5-2 所示。

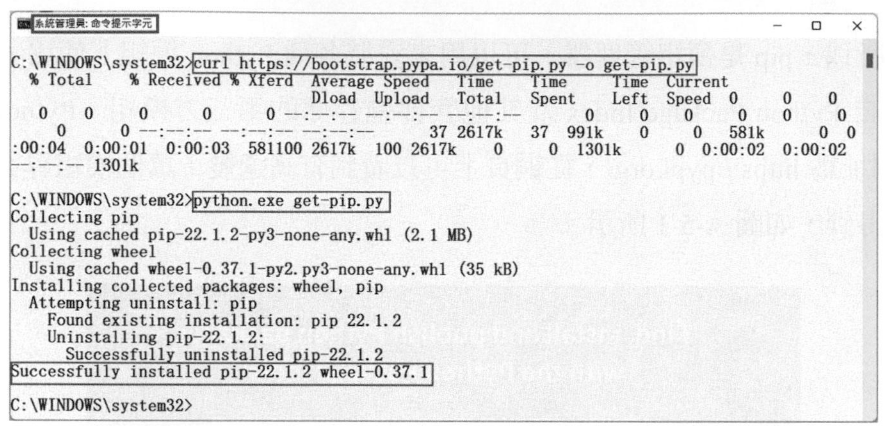

```
C:\WINDOWS\system32>curl https://bootstrap.pypa.io/get-pip.py -o get-pip.py
  % Total    % Received % Xferd  Average Speed   Time    Time     Time  Current
                                 Dload  Upload   Total   Spent    Left  Speed
C:\WINDOWS\system32>python.exe get-pip.py
Collecting pip
  Using cached pip-22.1.2-py3-none-any.whl (2.1 MB)
Collecting wheel
  Using cached wheel-0.37.1-py2.py3-none-any.whl (35 kB)
Installing collected packages: wheel, pip
  Attempting uninstall: pip
    Found existing installation: pip 22.1.2
    Uninstalling pip-22.1.2:
      Successfully uninstalled pip-22.1.2
Successfully installed pip-22.1.2 wheel-0.37.1

C:\WINDOWS\system32>
```

▲圖 A-5-2　下載並安裝 pip.exe

安裝好 pip.exe 後，在命令提示字元視窗界面輸入「C:\>python.exe –m pip --version」就可以看到 pip 的最新版本，如圖 A-5-3 所示。

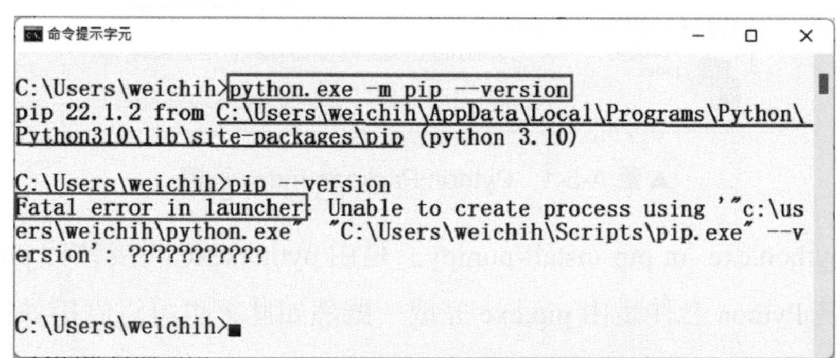

```
C:\Users\weichih>python.exe -m pip --version
pip 22.1.2 from C:\Users\weichih\AppData\Local\Programs\Python\Python310\lib\site-packages\pip (python 3.10)

C:\Users\weichih>pip --version
Fatal error in launcher: Unable to create process using '"c:\users\weichih\python.exe"  "C:\Users\weichih\Scripts\pip.exe" --version': ???????????

C:\Users\weichih>
```

▲圖 A-5-3　查詢 pip 版本的命令列

「C:\>pip.exe --version」應該也可以執行，但上圖顯示仍然無法正常執行。這就必須設定 Windows 作業系統的 PATH 環境變數，加入 pip.exe 所儲存的資料夾路徑。一般來說，pip.exe 是儲存在 C:\Users\weichih\AppData\Local\Programs\Python\Python310\Scripts\。透過下列的命令列指令可以將此資料夾路徑加入 PATH 環境變數。

```
SET
PATH=C:\Users\weichih\AppData\Local\Programs\Python\Python310\Scripts\;
 %PATH%
```

之後C:\>pip --version即可正常執行，C:\>pip uninsall numpy是將模組numpy卸載；C:\>pip list 可以列出目前已安裝的模組；C:\>pip install -U numpy 是將模組更新至最新版本。這幾個命令的執行畫面如圖 A-5-4 所示。

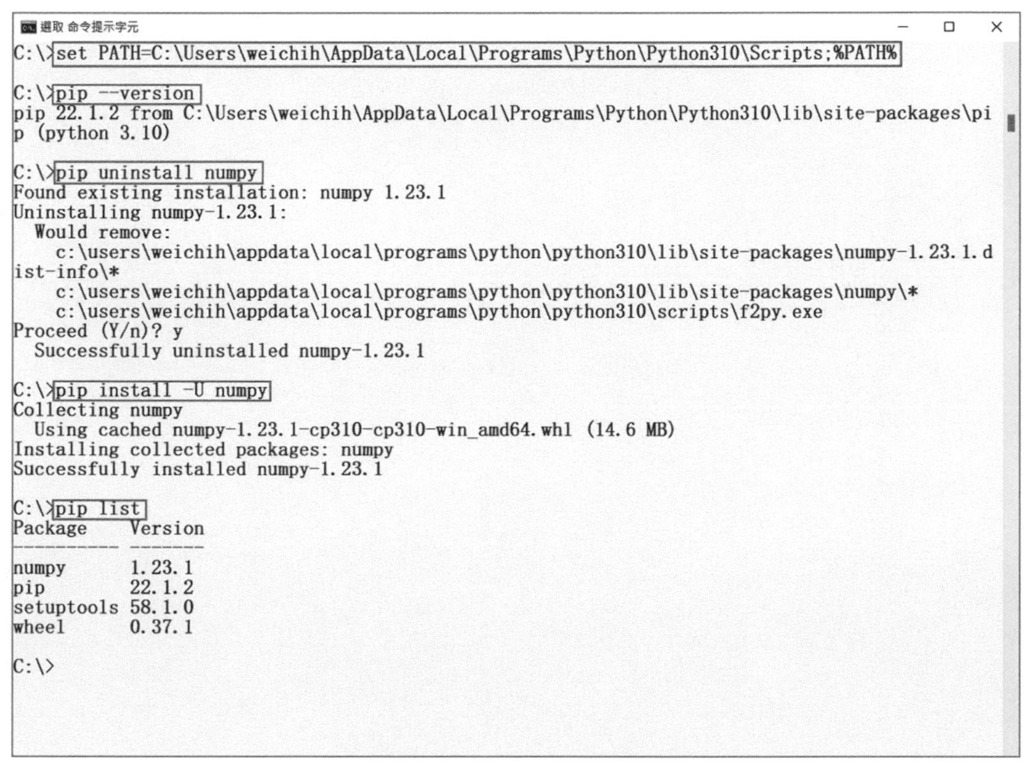

▲圖 A-5-4　pip.exe 的執行畫面

雖然 cmd 的命令提示字元視窗介面不是非常友善的介面，但是在某些場合會是很方便的管理工具，建議學習者可以多加練習。

讀者回函卡

掃 QRcode 線上填寫 ▶▶▶

姓名：＿＿＿＿＿＿＿ 生日：西元＿＿＿年＿＿＿月＿＿＿日 性別：□男 □女

電話：（ ）＿＿＿＿＿ 手機：＿＿＿＿＿＿＿

e-mail：（必填）

註：數字零，請用 Φ 表示，數字 1 與英文 L 請另註明並書寫端正，謝謝。

通訊處：□□□□□

學歷：□高中・職 □專科 □大學 □碩士 □博士

職業：□工程師 □教師 □學生 □軍・公 □其他

學校／公司：＿＿＿＿＿＿＿ 科系／部門：＿＿＿＿＿＿＿

・需求書類：

□ A. 電子 □ B. 電機 □ C. 資訊 □ D. 機械 □ E. 汽車 □ F. 工管 □ G. 土木 □ H. 化工 □ I. 設計

□ J. 商管 □ K. 日文 □ L. 美容 □ M. 休閒 □ N. 餐飲 □ O. 其他

・本次購買圖書為：＿＿＿＿＿＿＿ 書號：＿＿＿＿＿＿＿

・您對本書的評價：

封面設計：□非常滿意 □滿意 □尚可 □需改善，請說明＿＿＿＿

內容表達：□非常滿意 □滿意 □尚可 □需改善，請說明＿＿＿＿

版面編排：□非常滿意 □滿意 □尚可 □需改善，請說明＿＿＿＿

印刷品質：□非常滿意 □滿意 □尚可 □需改善，請說明＿＿＿＿

書籍定價：□非常滿意 □滿意 □尚可 □需改善，請說明＿＿＿＿

整體評價：請說明＿＿＿＿

・您在何處購買本書？

□書局 □網路書店 □書展 □團購 □其他＿＿＿＿

・您購買本書的原因？（可複選）

□個人需要 □公司採購 □親友推薦 □老師指定用書 □其他＿＿＿＿

・您希望全華以何種方式提供出版訊息及特惠活動？

□電子報 □ DM □廣告（媒體名稱＿＿＿＿）

・您是否上過全華網路書店？（www.opentech.com.tw）

□是 □否 您的建議＿＿＿＿

・您希望全華出版哪方面書籍？＿＿＿＿

・您希望全華加強哪些服務？＿＿＿＿

感謝您提供寶貴意見，全華將秉持服務的熱忱，出版更多好書，以饗讀者。

填寫日期： / /

2020.09 修訂

親愛的讀者：

感謝您對全華圖書的支持與愛護，雖然我們很慎重的處理每一本書，但恐仍有疏漏之處，若您發現本書有任何錯誤，請填寫於勘誤表內寄回，我們將於再版時修正，您的批評與指教是我們進步的原動力，謝謝！

全華圖書 敬上

勘 誤 表

書 號		書 名		作 者	
頁 數	行 數	錯誤或不當之詞句		建議修改之詞句	

我有話要說：（其它之批評與建議，如封面、編排、內容、印刷品質等・・・）

習題

機器學習 - 使用 Python

班級：__________

學號：__________

姓名：__________

CH1　AI、AI 技術與 AI 應用

1. 什麼是人工智慧？

2. AI 與 AI 技術分別是什麼概念？

3. AI 技術可以分成哪四大類？

4. AI、機器學習、深度學習是什麼關係？

5. 什麼是資料集？

6. 請問 AI 應用導入專案之流程步驟是？

7. 如何求得函數 $y = ax1 + bx2 + c$ 的係數？

8. 在一個袋子內有 10 個白球，2 個黑球，若每個球的大小質地都一樣，從袋子中取一個球，請問取到白球的機率為何？

（請沿虛線撕下）

9. 一組數值資料有30個連續奇數，由小排到大分別是：1、3、5、7、9、11、……、55、57、59，試求該組資料的算術平均數？

10. 下表為小明這個學期英文、數學及國文的成績，請使用加權平均方法算出學期總平均成績。

	比重	成績
英文	2	80
數學	1	75
國文	1	85

11. 有一組資料的數值如下：11、56、48、23、56、98、48、21、4、53、11、21、47、21，求中位數、眾數、全距各是多少？

習題

機器學習 - 使用 Python

班級：________________

學號：________________

姓名：________________

CH2　Python 基礎編程語法

1. 下列的描述式有何作用？

```
my_name = " 王小明 "
print(my_name)
```

2. 下列的描述式有何作用？

```
Dog = 17
Cat = 89
print( Dog > Cat)
print( Dog + Cat > 100)
```


3. BMI (Body Mass Index) 計算公式為：體重除以身高的平方，若 my_height 表示身高，my_weight 表示體重，請寫出可計算出 BMI 的描述式。

4. 建立一個 week 向量，代表一星期的每天名稱，再使用 for 迴圈輸出每天名稱。

5. 同第 4 題，請使用 while 迴圈輸出每天名稱。

（請沿虛線撕下）

6. 自訂一個函數 my_factorial()，只要輸入整數 n，就會計算出階乘 (n!) 的值後回傳。

7. 請使用 if 跟 else 做行程決策。早上起床看天氣，如果天氣為晴天，就在戶外跑步，如果不是晴天，就上健身房運動。

8. 請使用 if 跟 else 做行程決策。早上起床看天氣，如果天氣為晴天，就在戶外跑步，如果天氣為陰天，就去騎單車。如果天氣既不是晴天也不是陰天，那就去健身房運動。

9. 下列的描述式有何作用？

```
print( mylist[-4:-1])
print( mylist[2:5])
print( mylist[:4])
```

10. 下列的描述式有何作用？

```
mylist.append("orange")
```

習題

機器學習 - 使用 Python

班級：__________
學號：__________
姓名：__________

CH3 Python 進階編程語法

1. 什麼是 dataframe 資料結構？

2. 想知道 dataframe myDF 到底有幾列，也就是有幾筆資料記錄，可以使用哪個語法？

3. dataframe 的每一行資料集合就相當於向量，要如何取出行資料集的向量？

4. 如果 dataframe 的資料記錄有許多筆，但只要觀察前幾筆或後幾筆。可以使用哪個函數？

5. 如果要讀入 csv 檔的內容可以使用哪個函數？

（請沿虛線撕下）

6. 要建立一個長度為 10 的類別向量，各元素內容為 ("白","白","白","白","紅","紅","紅","黃","黃","黑")，請問描述式為何？

7. 要建立一個長度為 20 的向量，各元素的內容為隨機值，請寫出描述式。

8. 要建立一個 3×3 矩陣，只有從左上到右下對角線的那些元素有 1.0，其他元素都是 0.0，請寫出描述式。

9. 建一個矩陣叫做 my_mat，它是一個 3×3 的矩陣，各元素值為 0 到 10 的一個隨機整數，請寫出描述式。

10. 把 1 到 1000 依序儲存在 10×10×10 的陣列 my_arr 之中，要用索引值方式將 113 這個數字取出，請寫出描述式。

習題

機器學習 - 使用 Python

班級：________________

學號：________________

姓名：________________

CH4　資料分析的基本觀念

1. 產生 10 個介於 10 到 100 的隨機浮點數，然後儲存在一個 List 內，請寫出描述式。

2. 要計算 (6,5),(–4, –2) 兩點的距離，請寫出描述式。

3. 使用常態分佈產生一個長度為 100 的結果向量，請寫出描述式。

4. random.seed(0)，這個描述式有何作用？

5. x = numpy.random.uniform(low = 0.0,high = 1.0, sige = 10)，這個描述式有何作用？

6. x = random.normal(loc = 1,scale = 2, sige = (2,3))，這個描述式有何作用？

（請沿虛線撕下）

7. stats.quantile(data, n = 4)，這個描述式有何作用？

8. plot(x,y)，這個描述式有何作用？

9. 何謂中位數？何謂眾數？

10. 以二維座標點為例，描述分群演算法的步驟。

習題

機器學習 - 使用 Python

班級：______________

學號：______________

姓名：______________

CH5　線性迴歸模型

1. LinearRegression().fit() 的線性迴歸模型最重要的兩個參數為何？

2. 請問鳶尾花 (iris) 資料集，有幾筆觀測值 (資料紀錄) ？

3. 要知道鳶尾花 (iris) 資料集有幾個變數，請寫出描述式。

4. df 是一個 DataFrame，則 col = df.columns 這個描述式有何作用？

5. $y = x_1 + x_2 + e$ 的線性迴歸關係，其意義為何？

（請沿虛線撕下）

6. regr = LinearRegression()

   regr.fit(x,y)

   a = regr.coef

   這一段程式碼有何作用？

7. 線性迴歸模型與線性預測模型有何差別？

8. R-sguared value 有何作用？

9. 線性預測模型 (Linear Prediction Model) 的主要目的為何？

10. 羅吉斯迴歸的特點為何？

習題

機器學習 - 使用 Python

班級：________________

學號：________________

姓名：________________

CH6 線性分類器

1. 有一組氣溫與紅茶銷量的資料。請建立線性迴歸模型，並在控制台輸出係數及截距。(使用 lm() 函數)

氣溫	29	28	34	31	25	29	32	31	24	33	25	31	26	30
紅茶銷量	77	62	93	84	59	64	80	75	58	91	51	73	65	84

2. 續上題，假設明日的氣溫預測為 38 度，請問紅茶銷量預測為多少？

3. 將線性迴歸模型應用在線性分類器的主要觀念是將應變數視為數值，若應變數的值域為 { 'A' , 'B' }，如何變成數值？

4. 何謂線性可分？

5. SVM 是哪三個英文字的縮寫？

（請沿虛線撕下）

6. SVM 的支持向量的定義是什麼？

7. model = svc(kernel = "linear")

   model.fit(x,y)

   這二個描述式有何作用？

8. SVM 的核函數的定義是什麼？

9. 請寫出 RBF 核函數 (Gaussian Radial Basis Kernel Function) 的數學式。

10. 對於多元分類的問題，SVM 的 one-against-all 策略為何？

習題

機器學習 - 使用 Python

班級：________________

學號：________________

姓名：________________

CH7　非線性分類器

1. 何謂非線性分類器？

2. 請繪出 4×2×3 的類神經網路架構。

3. 類神經網路的神經元 (neuron) 會依序執行哪兩種運算？

4. 類神經網路的激勵函數 (activation function) 有何作用？

5. Sigmoid 激勵函數的數學式，請寫出。

6. accuracy=model_2.score(x,y)，這個描述式有何作用？

（請沿虛線撕下）

7. 底下這一段描述式有何作用？

```
model_2 = MLPClassifier(solver='admin',
                        activation='logistic',
                        hidden_layer-siges=(2,),
                        random-state=400)
```

8. 熵 (Entropy) 的定義為何，請舉例說明。

9. 資訊增益 (information gain) 的定義為何，請舉例說明。

10. 從訓練資料集建立決策樹模型時，決策點的決策條件有許多可能性，如何選擇最適當的決策條件？

習題

機器學習 - 使用 Python

班級：________________

學號：________________

姓名：________________

CH8　模型評估

1. Confusion Matrix 的 TP、FN、FP、TN 分別代表什麼意義？

2. Precision rate 與 TP、FN、FP、TN 的關係為何？

3. Recall rate 與 TP、FN、FP、TN 的關係為何？

4. Sensitivity 與 TP、FN、FP、TN 的關係為何？

5. Specificity 與 TP、FN、FP、TN 的關係為何？

6. 什麼是 Type-I Error ？

（請沿虛線撕下）

7. 什麼是 Type-II Error ？

8. AIC 的定義請寫出，並說明個符號的意義。

9. ROC 曲線有何用途？

10. R Squared 有何作用？

習題

機器學習 - 使用 Python

班級：________________

學號：________________

姓名：________________

CH9　其他 AI 相關主題

1. 請簡述 k 最近鄰分類器的作法。

2. kNN 的 k 之選擇對分類器效能有何影響？

3. 何謂條件機率？

4. 何謂貝氏分類器的作法，請簡述之。

5. 請簡述 PCA 的概念。

6. 對稱矩陣與特徵向量有何關係？

（請沿虛線撕下）

7. 請舉例說明名目資料。

8. 資料前處理包含哪些類型？

9. 請簡述何謂集成學習。

10. Boosting 有哪 4 個步驟？